내 몸에 보약! 제철제맛 밥상

맛있고
몸에 좋은
제철밥상

의식동원(醫食同源)이라 했다. 음식과 약의 근원이 같다는 것이니 바로 음식이 약이라는 얘기다. 예부터 우리 조상들은 인간과 자연과의 조화를 삶의 바탕으로 삼았다. 식생활에서도 예외는 아니어서 계절과 기후의 변화에 따라 재료를 선택, 음식을 만들어 먹었다. 제철재료를 음식 재료의 기본으로 여기다보니 천연의 맛을 그대로 살린 음식을 제일로 쳤으며 이 음식이야말로 인간의 건강을 지키는 근본으로 여겼다. 요즘이야 제철재료라는 것이 특별히 없을 만큼 전천후로 식품을 이용할 수 있지만 그래도 자연에 순응한 제철재료들만큼 맛있고 영양이 우수할 수는 없다.

싱싱한 제철 음식은 대지의 생명력을 가득 담고 있다. 그런 의미에서 제철 음식을 잘 챙겨먹는 일은 중요하다. 자연이 내려준 싱싱한 제철재료를 가지고 우리 몸을 맑게 해주는 건강 식단을 챙긴다면 보약이 따로 필요 없을 것이다.
봄이면 달래, 냉이, 씀바귀, 쑥갓, 두릅 등 생명이 느껴지는 채소들로 겨우내 움츠렸던 몸에 생기를 불어넣고 여름이면 고추, 부추, 상추, 장어 등 웰빙식품으로 무기력해진 몸에 탄력을 불어넣고 가을이면 버섯, 오징어, 고등어, 토란, 배추 등 싱싱한 식품으로 식욕을 북돋아주고 겨울이면 무, 굴, 김, 꽃게 등 이름만 들어도 침이 고이는 재료들로 건강하고 당당하게 추위를 이겨보자.

제철에 제맛나는 식품으로 요리를 하게 되면 일단 식품의 제맛을 느낄 수 있고, 저렴한 가격에 최고의 맛을 낼 수 있다. 최상의 영양가는 보너스. 제철식품은 우리의 몸과 밸런스가 맞아서 음식을 먹고 난 뒤에는 소화가 잘 되고 영양섭취도 원활해 건강에 이보다 좋을 순 없다. 우리 몸은 절기에 맞춰 산과 들, 바다에서 햇빛 듬뿍 받고 적절하게 비 맞으며 자란 식품들을 갈구한다. 그것이 바로 웰빙이다. 제철 에너지를 듬뿍 담은 질 좋은 재료로 만든 음식이 우리 몸을 편안하고 즐겁게 만드는 것은 너무나 당연한 일일 것이다.

이 책은 1월부터 12월까지, 월별로 제철식품을 알려주고 각 제철식품이 어떠한 효능을 가지고 있으며, 어떤 것을 고르고, 어떤 식품과 함께 먹으면 좋은지 소개한다. 그리고 그 식품으로 만드는 요리를 알려준다. 냉이로 나물을 무치기도 하고 국을 끓이기도 하며 튀김옷 입혀 튀기기도 한다. 고등어는 김치와 함께 조림을 하기도 하고 달콤짭쪼름한 양념을 발라 굽기도 한다. 같은 재료, 같은 무침이라도 고추장에 버무리느냐 된장에 양념하느냐에 따라 요리의 형태와 맛이 달라지는데, 그 맛의 변화도 독자에게 선물한다.

더불어 초보주부들을 위하여 1월에는 설, 2월에는 정월대보름, 7~8월엔 초복·중복·말복, 9월엔 추석 상차림을 소개하고, 제철채소와 제철생선의 기본 손질법과 손바닥으로 계량하는 100g 어림법, 계량컵과 계량스푼 적극 활용법, 냉동과 해동의 기초 테크닉 등도 함께 소개한다.

6월 June

7월 July

11월 *November*

12월 *December*

다양한 썰기＆손질

채소류

● 대파

어슷썰기

칼을 비스듬히 눕혀 큼직하게 썰 때는 길게, 작게 썰 때는 짧게 각도를 세워 어슷썬다.

송송썰기

둥근 모양을 살려 같은 굵기로 썬다. 양념장이나 다 끓인 찌개 위에 올릴 때 많이 사용한다.

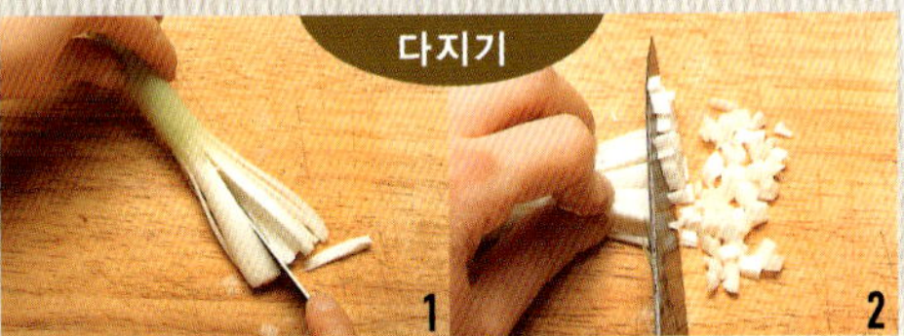
다지기

1 파의 흰부분에 길게 칼집을 여러 번 넣는다.
2 왼손으로 칼집 넣은 부분을 잡고 일정한 두께로 잘게 썰어나간다.

채썰기

1 5cm 길이로 자른 다음 다시 길이로 반 갈라 심을 빼고 한 겹씩 떼낸다.
2 한 장씩 놓고 가늘게 채썬다.

● 당근

깍둑썰기

1 껍질 벗긴 당근을 4~5cm 길이로 토막낸 후 0.5~1cm 폭으로 썬다.
2 자른 면이 아래로 가게 놓고 다시 0.5~1cm 폭으로 썰면 막대 모양이 된다. 막대썰기한 것을 같은 크기로 나란히 자르면 깍둑썰기가 되는데 깍둑썰기는 카레라이스나 스튜 등에 이용된다.

● 오이

채썰기

1 오이를 어슷하게 썬다.
2 어슷썬 오이를 왼손으로 나란히 잡고 가늘게 채썬다. 지단으로 많이 사용한다.

동글썰기

왼손으로 오이를 누르고 원하는 두께로 썬다. 특히 얇게 썰 때는 왼쪽 손가락에 칼등을 대고 써는 것이 포인트.

비져썰기

오이의 양끝을 잘라내고 지그재그로 돌려가면서 연필을 깎듯이 쓱쓱 썬다.

● 양파

채썰기

1 양파를 길게 반으로 자른 다음 도마에 엎어놓고 뿌리 쪽 양끝 부분을 잘라낸 뒤 한 번 더 반으로 자른 다음 한 잎씩 가닥가닥 떼어놓는다.
2 한 장씩 놓고 채썬다. 조금 번거로울 수 있지만 크기가 일정하고 예쁘다.

네모썰기

채썰 때처럼 양파를 길게 4등분하여 하나씩 가닥가닥 뗀다. 그런 다음 반으로 큼직하게 썬다.

다지기

1 길이로 반 잘라 자른 면이 아래로 오도록 엎어놓고 끝을 조금만 남기고 촘촘하게 칼집을 넣는다.
2 칼을 비스듬히 잡고 옆으로도 2/3까지만 칼집을 넣는다. 잘게 다지고 싶을 때는 2~3단 정도 칼집을 넣는다.
3 흐트러지지 않도록 손으로 꼭 잡고 칼집을 넣은 끝에서부터 잘게 썬다. 양념장을 만들 때 많이 사용된다.

● 고사리

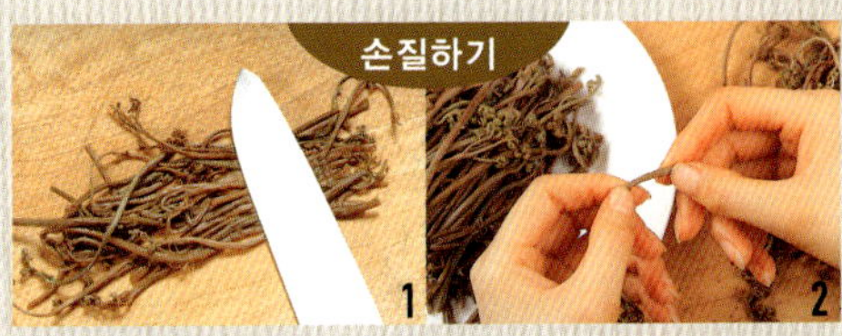
손질하기

1 손으로 만져 보아 줄기 끝의 억센 부분은 잘라내거나 칼편으로 두드려 부드럽게 한다.
2 끓는물에 데친 고사리를 찬물에 행군 다음 억센 줄기는 잘라낸다.

무

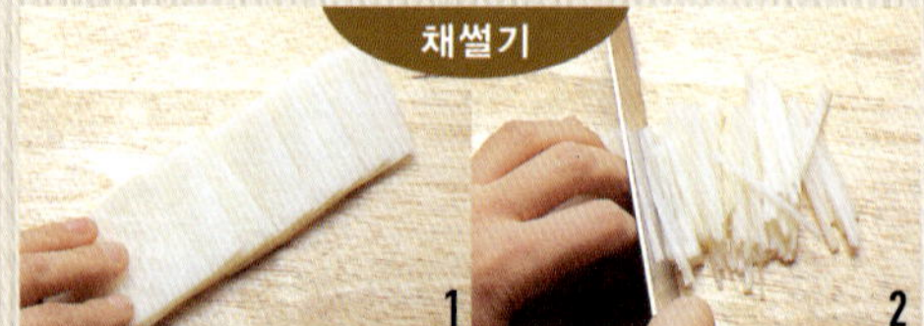

채썰기

1 나박썬 무를 조금씩 어긋나게 가지런히 해 길게 늘어놓는다.
2 끝에서부터 칼날을 수직으로 내려 곱게 채썬다.

나박썰기

1 적당한 길이로 토막낸다.
2 토막낸 무를 왼손으로 감싸듯 들고 돌리면서 칼을 움직여 껍질을 벗겨 나간다.
3 측면의 일부를 잘라 편평하게 하여 도마 위에 세우면 움직이지 않아 썰기 쉽다.
4 왼손으로 무를 꼭 잡고 칼을 수직으로 세워 두께가 균일하게 나박 썬다.

반달썰기

무를 길이로 반 갈라 엎어놓고 끝에서부터 적당한 두께로 썬다.

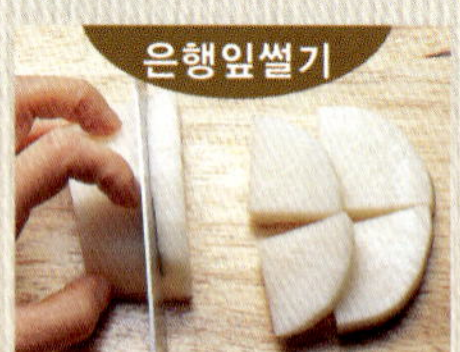

은행잎썰기

반달썰기한 것을 다시 반으로 썰어 은행잎 모양을 낸다.

감자

반달썰기

감자를 반으로 썬 다음 자른 면이 아래로 가게 놓고 일정한 폭으로 썬다.

동글썰기

껍질 벗긴 감자를 통째 도마 위에 올려 놓고 칼날을 수직으로 세워 일정한 간격으로 썬다.

삼각형썰기

칼을 지그재그로 돌려가며 작은 밤알 굵기로 썬다.

깍둑썰기

감자를 도톰하고 둥글게 썬 다음 눕혀서 가로로 2등분, 세로로 2~3등분한다.

마늘

편썰기

뿌리 쪽을 깨끗이 잘라내고 얇게 저며 썬다.

양상추

손질하기

1 양상추의 심 둘레를 칼로 둥글게 도려낸 다음 바깥쪽 큰 잎부터 한 장씩 떼어낸다.
2 양상추는 칼을 대면 칼 댄 부분이 쉽게 갈색으로 변하므로 손으로 뜯거나 낱선히 한 장씩 벗겨서 쓴다.
3 작게 잘라서 사용할 때도 손으로 찢는다. 찢어서 물에 담가두면 싱싱해진다.

부추

손질하기

1 뿌리쪽의 더러운 겉껍질을 벗기고 줄기 끝의 마른 잎을 자른다.
2 뿌리 부분과 잎 끝 부분이 열을 받는 시차가 다르므로 끓는물에 넣을 때는 뿌리쪽부터 담가 살짝 통과시킬 정도로 데친다.

피망

모양썰기

1 둥글게 썰어서 사용할 때는 꼭지 부분만 잘라내고 칼끝으로 속과 씨 부분을 통째로 제거한다.
2 모양을 살려 둥글게 썬다.

어슷썰기

1 꼭지 부분을 잘라내고 길게 반 갈라 흰 부분과 씨를 칼끝으로 도려낸다.
2 길게 반 자른 상태에서 지그재그로 돌려가며 어슷어슷썬다.

네모썰기

반으로 갈라 씨를 제거한 다음 세로 1cm 크기로 썰고 다시 가로방향에서 일정한 크기로 썬다.

채썰기

반으로 갈라 씨를 제거한 다음 납작하게 눕혀서 고르게 채썬다.

시금치

손질하기

1 뿌리의 흙을 잘 털어내고 지저분하고 시든 잎을 떼어낸다. 밑동이 굵은 것은 열십자(+)를 넣어 나눈다.
2 끓는물에 소금을 넣고 밑동부터 넣어 데친다. 20초 정도 데친 다음 건져 찬물에 담갔다가 건져 물기를 꼭 짠다.

쑥갓

손질하기

1 쑥갓은 뿌리를 자른 뒤 억센 줄기와 잎은 떼어내고 어린잎과 부드러운 줄기만 준비한다.
2 흐르는 물에 살살 흔들어 씻은 후 찬물에 담가 놓으면 시들해지지 않는다.

● 애호박

동글썰기

세모썰기

통째 잡고 일정한 간격으로 0.5cm 두께로 동글게 썬다.

열십자 모양으로 잘라서 부채꼴 모양으로 만든 다음 얇게 썬다.

반달썰기

네모썰기

길이로 반 갈라 엎어놓고 일정한 두께로 반달모양이 되도록 썬다.

길이로 4등분하여 원기둥 형태로 만든 다음 다시 반으로 자르고 일정한 두께로 썬다.

● 고추

채썰기

1 길이로 반 갈라 씨를 빼낸다.
2 씨 뺀 고추를 어슷하게 채썬다.

송송썰기

1 고추의 머리를 잘라낸 다음 구멍에 젓가락을 넣어 심을 제거한다.
2 동글동글하게 송송썬 다음 물에 담가 흔들어 씻어 씨를 뺀다. 국·찌개 고명으로 많이 올린다.

어슷썰기

다지기

고추를 끝에서부터 비스듬한 방향으로 일정하게 썬다. 국·찌개에 많이 쓰인다.

씨를 뺀 고추를 길게 채 썬 다음 모두 모아 잡고 잘게 썬다. 양념장 만들 때 많이 사용한다.

● 달래

손질하기

1 쪽파를 다듬듯이 둥근 뿌리 부분을 감싸고 있는 겉껍질을 한 겹 벗긴다.
2 달래의 매운 듯한 맛은 뿌리 부분에서 느껴지는 것이다. 둥근 뿌리가 너무 큰 경우 칼등으로 두드려 납작하게 만든다.
3 달래는 실 같은 수염뿌리까지 모두 먹을 수 있으므로 잘라버리지 말고 똑같이 등분해서 쓴다. 보통 4~5cm 길이로 자르면 적당하다.

● 아욱

손질하기

1 줄기 끝을 꺾어서 아래로 쭉 잡아당겨 가는 섬유질을 한 겹 벗겨낸다. 그래야 질기지 않다.
2 푸른물이 나오도록 박박 문질러 씻은 다음 맑은물에 헹궈야 풋내가 나지 않는다.

● 냉이

손질하기

1 누렇게 된 잎, 까맣게 된 잎, 억센 잎 등 지저분한 잎들을 떼낸다.
2 뿌리에 붙은 지저분한 것들은 칼로 깨끗이 긁어낸다. 잎과의 경계에 흙이 많이 끼어 있으므로 깨끗이 털어낸다.
3 한꺼번에 씻지 말고 하나씩 씻되 흙이 나오지 않을 때까지 흐르는 물에 서너 번 헹군다. 뿌리는 가능하면 붙인채로 다듬는다.
4 삶을 때는 뿌리 쪽 섬유질이 더 질기므로 뿌리부터 넣는다. 푸른 잎을 선명하게 하려면 끓는물에 소금을 조금 넣는다.

● 양배추

손질하기

1 칼끝으로 심 주변의 단단한 부분에 돌아가며 깊숙이 칼집을 넣어 도려낸다.
2 중앙에 칼집을 조금 넣고 겉잎부터 한 장씩 떼낸다.
3 칼을 뉘어 잎 가운데 있는 두툼한 줄기를 저며낸다.

네모썰기

1 떼어낸 양배추잎을 번갈아 겹쳐놓고 3cm 폭으로 잘라 길게 썬다.
2 길게 썬 잎을 여러 장 겹쳐 옆으로 놓고 다시 3cm 폭으로 네모썰기한다.

채썰기

1 양배추를 두 장씩 겹쳐서 돌돌 만다.
2 원하는 굵기로 채썬다. 손가락 두 번째 관절을 칼 뒤쪽에 대고 누르는 듯한 느낌으로 썬다.

● 표고버섯

1 뒷기둥의 끝 쪽 단단한 부분만 잘라 버리고 미지근한 물에 불려서 모양 살려 썬 다음 된장찌개에 넣거나 야채와 함께 볶는다.
2 경우에 따라, 모양을 살려 썰거나, 채썰거나, 기둥째 4~6등분한다.

● 느타리버섯

1 생버섯을 찢으면 부서지기 쉬우므로, 팔팔 끓는물에 소금을 조금 넣고 살짝 데친다.
2 데친 느타리버섯은 물기를 살짝 짠 다음 갓➜기둥 쪽으로 찢는다.

● 양송이버섯

1 밑동의 끝부분을 얄팍하게 잘라낸 다음 갓과 밑동의 경계 부분에 칼을 넣고 희끄무레한 것을 파낸다.
2 갓 아래쪽부터 위쪽을 향해 얇게 껍질을 벗긴다.
3 검은 티가 있는 껍질을 벗긴 뒤 2등분, 혹은 4등분한다.
4 옆으로 얄팍하게 썰어 양송이의 모양을 살린다.

● 팽이버섯

1 송이를 이루고 있는 밑동 부분을 충분히 잘라낸다.
2 팽이버섯의 가닥을 나눈다.
3 체에 가지런히 담아 흐르는 물에 가볍게 씻어 건진다.

해 물 류

● 꽃게

1 솔을 이용해 몸체와 다리가 연결되는 부분, 구석구석까지 깨끗이 씻는다.
2 배 쪽에 삼각형 모양으로 생긴 부분에 엄지손가락을 넣고 들어올려서 등딱지를 떼낸다.
3 몸 좌우에 있는 가늘고 긴 아가미를 손으로 모두 떼어낸다. 아가미를 떼어내고 난 자리에 모래 같은 찌꺼기가 있을 때는 젓가락 끝에 깨끗한 행주를 감아서 깨끗이 닦아낸다.
4 게를 자를 때는 요령이 필요하다. 야채나 고기를 썰 듯 하면 껍질 속에 든 살만 자꾸 삐져나오고 잘 잘라지지 않는다. 위에서 힘있게 내리치듯 단번에 자르거나 가위로 자른다.

5 게 발의 끝 부분을 잘라낸다. 불필요한 양념만 흡수할 뿐이다. 칼보다는 가위로 자르는 것이 쉽다.
6 집게발가락의 껍질은 꽤 단단해서 먹기가 불편하다. 조리 전에 칼등이나 망치로 살살 두들겨 연하게 해 두면 먹기도 편하고 간도 잘 밴다.
7 등딱지 속의 모래주머니, 지저분한 내장 등을 제거해야 지금거리지 않는다. 내장처럼 보인다고 모두 먹는 게 아니므로 손질에 신경을 쓴다.
8 등딱지의 양쪽 옆 뾰족한 부분에 들어 있는 것은 젓가락으로 파내어 한데 모은다.

● 새우

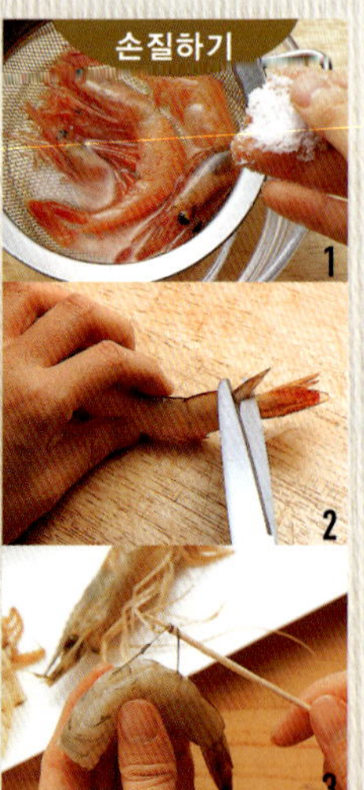

1 소금을 조금 넣고 살살 흔들어 씻는다. 새우살을 산 경우에도 같은 방법으로 씻는다.
2 꼬리 바로 위 삼각형 모양으로 생긴 뾰족한 부분은 물이 고여 있는 곳이다. 이곳을 가위로 잘라버린다. 꼬리 끝도 칼끝으로 말끔히 긁어낸다.
3 새우 등이 동그랗게 되도록 들고 세 번째와 네 번째 등마디 사이로 이쑤시개를 찔러 실 같은 검은내장을 빼낸다.

● 낙지

1 낙지머리를 조금 젖히고 내장이 붙은 부분을 칼로 자른다. 막이 몇 겹씩 되므로 주의깊게 잘라야 한다.
2 먹통이 터지지 않게 조심하면서 머리 가운데에 길게 칼집을 넣는다.
3 머리를 양쪽으로 잡고 뒤로 젖히듯이 펼친다.
4 칼끝을 이용해 머리와 내장을 연결하는 막을 조심스럽게 잘라낸 다음 내장의 연결막을 잘라내 둥근 공 모양의 내장을 꺼내 칼로 깨끗하게 잘라낸다.
5 눈을 잘라내고 다리 안쪽의 빨판도 엄지손가락으로 눌러 빼낸다.
6 소금을 듬뿍 뿌려 진이 나도록 주물러 씻어 미끈거림을 없앤다.

● 오징어

손질하기

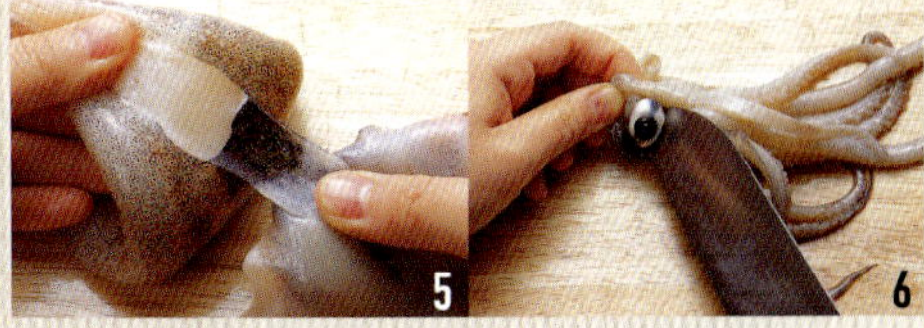

1 몸통과 다리가 붙어 있는 아랫부분에 손가락을 집어넣어 내장이 붙은 부분을 가만히 떼어낸다.
2 몸통 안에서 떨어진 느낌이 들면 다리 쪽을 잡고서 내장이 터지지 않게 조심하면서 쑥 잡아당긴다.
3 몸통 속에 남아 있는 연골을 빼낸 다음 흐르는 물에 몸통 속을 깨끗이 씻어낸다.
4 몸통과 귀가 붙은 부분을 손가락으로 가만히 떼어낸다.
5 왼손은 몸통 끝을 꽉 붙잡고 오른손에 소금을 조금 묻혀서 오징어 귀를 잡고서 쑥 잡아당겨 몸통 가운데 부분의 껍질을 벗긴다.
6 칼끝으로 눈을 잘라낸다.
7 다리 안쪽의 빨판을 제거한다.
8 다리에 붙어 있는 동글동글한 흡판을 칼로 긁어낸다.

솔방울모양썰기

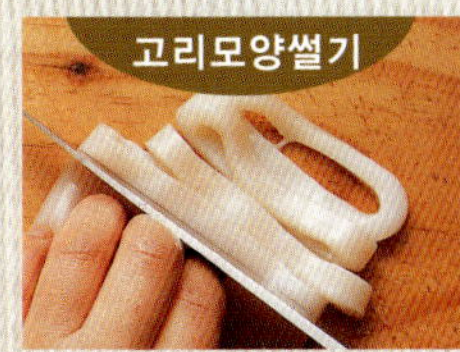

1 껍질 벗긴 오징어의 몸통 안쪽에 사선으로 촘촘하게 칼집을 넣는다. 이번엔 엇갈리게 사선으로 칼집을 촘촘히 넣는다.
2 크기에 따라 길이로 2~3등분한 다음 먹기 좋은 크기로 네모지게 썬다. 이것이 익으면 오그라들면서 예쁜 솔방울 모양이 된다.

고리모양썰기

오징어를 통째 손질해 내장을 빼내고 몸통 속을 깨끗이 씻은 다음 원통 모양을 살려 1cm 두께로 썬다.

계량컵·계량스푼 이용법

계량컵

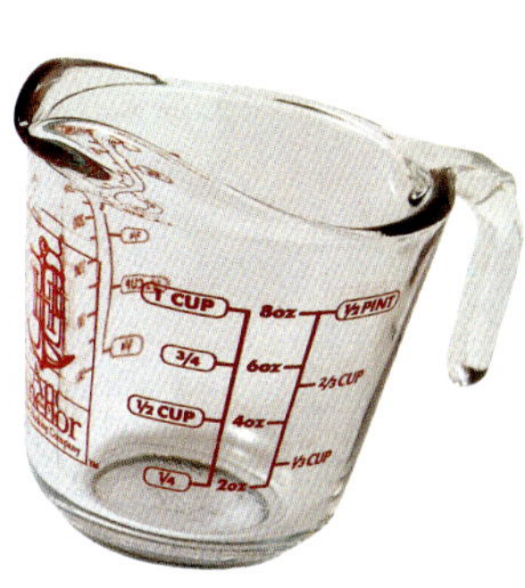

국물이나 간장 같은 액체를 잴 때는 액체가 흔들리지 않게 반드시 편평한 장소에서 재세요. 그리고 시선을 눈금과 수평이 되게 해서 읽으세요. 보통 한 컵은 200cc(200㎖)이며, 500cc 짜리는 국이나 찌개, 수프 등 국물이 많은 것을 잴 때 사용해요. 레서피에서 컵의 단위는 200㎖로 계산하면 된답니다.

계량스푼

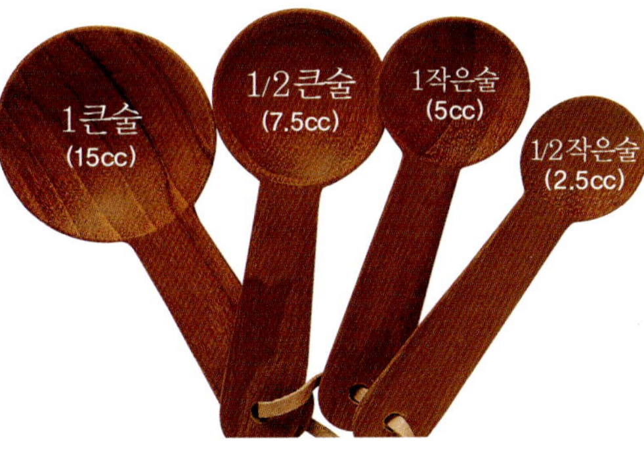

● **가루를 잴 때**
스푼의 가장자리 선에 찰 정도까지 담는다. 가루를 먼저 스푼 가득 담은 후 주걱으로 편평하게 깎아냈을 때의 양이다.

● **액체를 잴 때**
스푼 가장자리에 찰랑 찰랑 넘치지 않을 정도까지 담는다.

계량스푼은 보통 대·중·소, 세 종류로 나눠져요. 큰술이 15cc, 중간술이 5cc, 작은술이 2.5cc죠. 이 중에서 큰술의 스푼이 사용 빈도가 높아요. 일반적으로 하나로 묶여있지만 집에서 사용할 때는 따로 떼서 사용하세요.

손대중

● **후춧가루 약간** 케이스에 들어있는 후춧가루를 2~3회 뿌려주는 양.

● **소금 약간**
엄지손가락과 둘째 손가락 사이에 쥐어지는 만큼으로 약 1/8작은술쯤 되는 양.

● **소금 적당량**
약간보다 조금 많은 양으로 엄지·검지·중지 세 손가락으로 잡을 정도의 양.

눈으로 보는 100g

채소

양배추 작은 양배추를 골라 1/8 정도 크기로 자른 것

상추 보통 크기의 상추잎으로 8~10장 정도

배추 파란잎을 떼어내고 바깥쪽 큰 잎으로 1장

양상추 겉잎으로만 3장 정도

가지 큼직한 것으로 골라 2/3 정도 크기로 썬 것

애호박 큰 것으로 준비했을 때 8~10cm 자른 정도

단호박 작은 것으로 준비했을 때 1/6 정도 자른 크기

완두 200cc의 그릇으로 1/2컵, 깍지가 있는 콩은 한 손 가득 담은 정도

고추 큰 것으로 6~7개 정도

깻잎 10cm 정도의 넓이로 40장, 한 묶음 정도

오이 중간 크기 1개

도라지 손바닥 길이의 것으로 골라 한 줌 가볍게 쥘 수 있는 정도

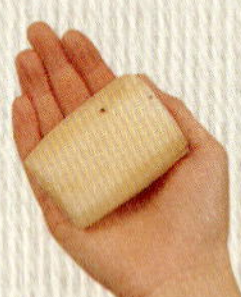

연근 굵직한 것으로 골라 손바닥 정도의 크기로 썬 것

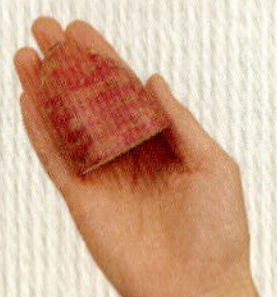

고구마 중간 크기로 골라 1/2로 나눈 정도

감자 달걀보다조금 큰 것으로 1개

당근 중간 크기로 골라 앞부분을 자른, 2/3개 정도

우엉 길이 10cm 정도의 것으로 2토막

고구마순 한 손에 수북히 찰 정도

콩나물 한 손에 가득 찰 정도

숙주나물 다듬은 중간 크기의 숙주로 두 손 가득한 양

양파 한 손 안에 꽉 찰 정도의 크기로 1/2개

무 직경 8cm 정도 되는 것으로 두께 3cm 정도

셀러리 35cm 정도의 길이로 2자루

고사리 한 손바닥 안에 놓을 수 있을 정도의 양

브로콜리 먹기 좋게 작은 송이로 나눠서 7~8개 정도

토마토 한 손 안에 들어갈 수 있을 정도의 크기로 1개

마늘 깐마늘로 한 손에 가득

생강 큰 것으로 3톨 정도

피망 큼직한 것으로 1개

파 다듬은 대파 1뿌리 정도

부추 작은 단 하나에 해당되는 양으로 가볍게 한 줌에 잡을 정도

마늘종 5~6cm 정도로 썬 것으로 한 손에 가득할 정도

쑥갓 약 1/2단에 해당되는 양으로 손으로 가볍게 잡히는 정도

미나리 뿌리를 떼어내 다듬은 것으로 손으로 가볍게 쥐어 한 줌 정도

시금치 중간 크기로 한 손에 가득 담아서 쥘 수 있는 정도

느타리버섯 두 손에 가득찰 정도의 양

팽이버섯 시중에서 파는 버섯 1봉지, 한 손에 가득찰 정도의 양

송이버섯 중간 크기 4개 정도

표고버섯 중간 크기의 생표고버섯 6~7개 정도

양송이버섯 중간 크기의 것으로 8~9개 정도

토란 작은 것으로 4개, 중간 크기 정도로는 2~3개 정도

해물

불린미역 두 손에 담아 약간 모자라는 정도

조갯살 한 줌에 잡힐 정도

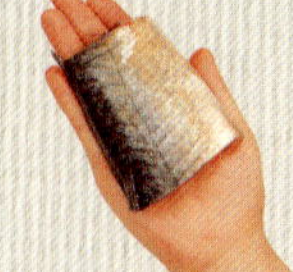

고등어 8×9cm 정도의 크기로 1토막 반

모시조개 중간 크기로 4개 정도

굴 석화의 경우 굴만 발라내서 7~8개 정도

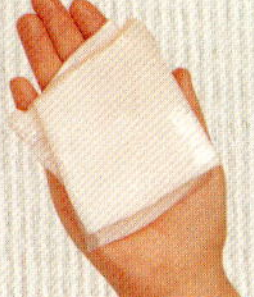

오징어 10×10cm의 크기로 2장

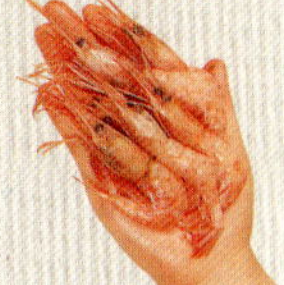

새우 작은 것 8~10마리, 큰 것 2~3마리 정도

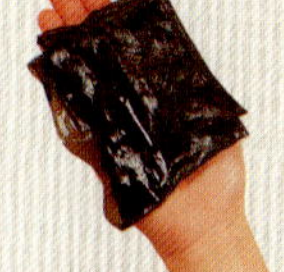

다시마 불린 것 8cm의 폭, 25cm 길이

마른멸치 중간 크기의 것으로 두 손 가득

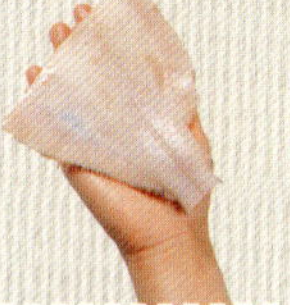

가자미 작은 것으로 1개, 중간 크기 정도로는 2/3개 정도

광어 큰 것으로 포 뜬 것 살 부분만 1/4쪽 정도

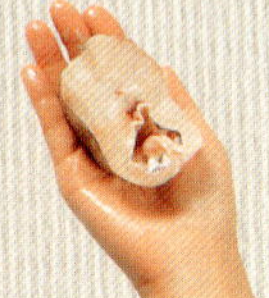

대구 손질하여 토막낸 것으로 1토막

갈치 5×10cm 크기로 1토막. 살이 많이 오른 갈치는 7~8cm 정도

조기 머리와 꼬리를 자르지 않고 2마리 정도

우럭 한 손 안에 들어갈 정도로 손질하여 토막낸 크기

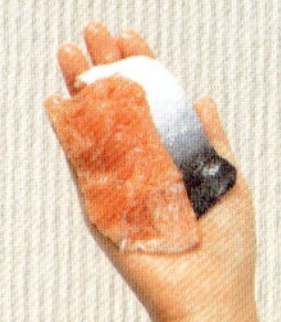

연어 가시를 빼고 손질하여 2토막 정도

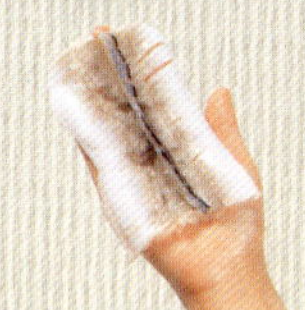

장어 10cm의 길이로 1토막 정도

육류

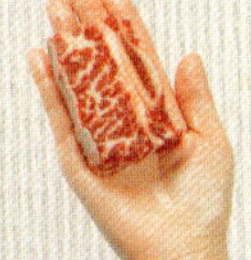

쇠갈비 4×6cm 정도 크기의 고기 1조각

삼겹살 두껍게 썬 것으로 5~6cm 너비에 15cm 정도의 길이 3~4쪽

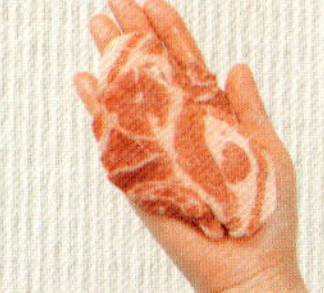

돼지목살 보통 정육점에서 썰어 주는 두께로 5~6쪽 정도

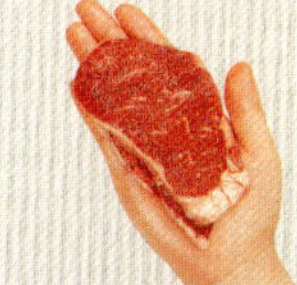

덩어리고기 손바닥 크기의 고기 1조각

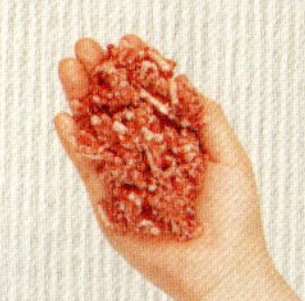

다진고기 한 손에 가득 찰 정도의 양

닭고기 중간 크기의 닭다리 1조각

닭가슴살 큰가슴살 덩어리 1개, 또는 잘라서 파는 것 3개 정도

기타

어묵 한 손에 가득할 정도의 양

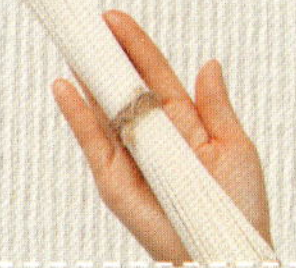

국수 가볍게 한 움큼 쥐어지는 정도

뱅어포 촘촘하게 말린 것으로 2장 정도

북어포 두 손에 담아 약간 넘칠 정도

달걀 중간 크기의 달걀 2개

참치통조림 기름기를 빼서 한손에 수북이 쌓아 가득 찰 정도

유부 주머니 유부가 양 손에 가득찰 정도, 약 18~20개

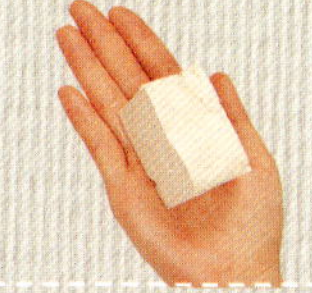

두부 4×4×6cm 정도로 1/6모

라면 포장된 라면 1개 정도

1월에 참 맛있는 제철음식

1년 중 가장 추운 달이다. 다른 때에 비해 제철식품도 많지 않은 편. 이렇게 움츠러드는 계절일수록 열량 높은 음식을 먹어 체력을 단련하자. 가을철에 갈무리해 두었던 마른 나물류로 비타민 섭취를 충분히 하고, 1월에 맛이 좋은 우엉, 연근, 굴, 동태 등으로 따끈한 음식을 만들어 질 좋은 고단백 섭취에 신경을 쓰며 추운 계절을 이겨내도록 한다. 다행히 신정과 구정이 끼어 있어 이래저래 푸짐한 명절음식을 즐길 수 있다.

고등어자반을 만들거나 명란젓, 창란젓, 어리굴젓, 홍합젓을 만들고 귤마말레이드 등의 저장식품을 준비하는 시기이다.

1월의 채소　　우엉, 연근, 당근, 움파, 브로콜리, 시금치
1월의 해산물　굴, 패주, 문어, 해삼, 대구, 아귀, 개조개, 청어, 코다리, 홍어, 동태, 꼬막, 파래, 넙치, 임연수, 명태
1월의 과일　　귤, 레몬

1월에 맛있는
제철식품

추위가 한창인 1~2월은 야채류가 부족한 편. 대신 말린나물류로 비타민 섭취를 대신하고 생선류, 고기류를 이용하여 식탁에 변화를 주어본다.

귤 | 귤에는 신진대사를 원활히 하고 피부와 점막을 튼튼하게 하는 비타민C가 풍부해 겨울철 감기 예방에 효과가 뛰어나다. 껍질이 얇고 단단한 것이 맛있다.

레몬 | 레몬은 비타민C가 풍부해 감기를 예방하고 피부트러블을 예방한다. 더불어 피로회복을 돕는 구연산이 풍부하다. 표면에 광택이 있고 말랑말랑하며 묵직한 것이 좋다.

우엉

아작아작 씹는 맛이 매력인 뿌리채소. 당질의 일종인 이눌린이 풍부해 신장기능을 높여주고 풍부한 섬유질이 배변을 촉진한다. 우엉에는 특유의 떫은맛이 있으므로 소리하기 전 반드시 식촛물에 담갔다가 요리하도록 한다.

연근

주성분은 탄수화물이고 식물성 섬유도 풍부하다. 연근의 식물성 섬유는 장을 적당히 자극해 장운동을 활발하게 해주어 콜레스테롤 수치를 떨어뜨리는 작용을 하게 한다. 마디 사이가 상처 없이 매끈하고 통통한 것으로 고른다.

당근

당근에 함유된 카로틴은 우리 몸 안에서 비타민A로 바뀐다. 이 외에도 비타민E를 제외한 거의 모든 비타민과 철분, 칼슘, 칼륨 등이 균형있게 들어 있다. 붉은색이 도는 것이 더 달고, 손으로 잡아 묵직한 느낌이 들고 껍질이 매끈한 것이 좋다.

브로콜리

데치거나 볶아서 각종 요리에 곁들이로 이용되는 브로콜리. 서양채소 중에서 가장 보편적으로 쓰이는 식품 중 하나다. 비타민A와 C가 풍부하고 칼륨, 인, 칼슘 등 각종 무기질이 많이 들어 있어 영양 덩어리로 알려져 있다.

시금치

비타민A가 채소 중에서 가장 많고 비타민C와 칼슘, 철분 등이 풍부한 알칼리성 식품이다. 잎이 부드럽고 소화가 잘 되며 섬유질이 많아 변비에도 좋다. 수산성분이 많으므로 가능한 익혀서 먹는 것이 좋다.

광어 (넙치)

광어는 쫄깃한 감칠맛에 비린내도 없어 횟감으로 많이 이용된다. 단백질이 질이 우수하고 지방함량이 적어 비만을 방지하며, 맛이 담백하여 간장질환이 있는 사람이나 당뇨병 환자에게 좋은 식품이다. 광어는 눈이 좌측에 있다.

꼬막

특유의 풍미와 쫄깃한 살을 떼어먹는 재미가 있어 많은 사람들이 좋아한다. 양질의 단백질과 비타민, 필수아미노산이 균형있게 들어있어 어린이성장발육에 좋으며 철분과 무기질이 다량 함유되어 있어 빈혈에도 도움이 된다.

패주

자양·강장에 좋을 뿐만 아니라 세포에 윤기를 주어 노화를 방지하고 혈압을 떨어뜨리는 작용을 하여 고혈압에 효과가 있다. 날것으로 먹어도 맛있지만 말린 것이 영양가나 약효면에서 훨씬 우수하다. 겨울에 단맛이 증가한다.

굴

어패류 중 여러 가지 영양소를 가장 이상적으로 갖고 있는 영양식품이어서 바다에서 나는 우유 라는 말이 있을 정도다. 비타민과 미네랄의 보고인 굴은 콜레스테롤치를 감소시키는 작용을 하며 철분이 풍부해 빈혈 치료에도 좋다.

명태

갓 잡은 것을 생태, 얼린 것을 동태, 말린 것을 북어, 건조해서 코를 꿰어놓은 것을 코다리라 부른다. 명태는 양질의 단백질과 칼슘, 철, 인이 풍부해 기력을 높이는데 좋고 라이신 성분이 제포발육과 뼈, 연골의 형성, 칼슘 흡수를 돕는다.

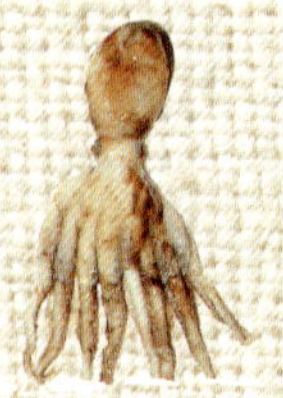

문어

연체동물 중 머리가 제일 좋은 것으로 알려져 있는 문어는 난소가 성숙할 때 맛이 제일 좋은데, 난소는 영양이 좋을 뿐 아니라 맛도 일품이다. 문어는 대개 날 것으로 먹지 않고 익히거나 말려서 먹는다. 술안주, 반찬으로 널리 이용된다.

파래

파래는 바닷속 영양 식물로 칼륨, 요오드, 칼슘, 식물성 섬유소 등 몸에 좋은 성분을 골고루 함유하고 있다. 성인병과 비만예방 식품으로도 각광받고 있다. 눈으로 보아 빛깔이 검고 광택이 나면서 특유의 향기가 있는 것이 상품이다.

아귀

겨울철에 잡히는 것이 싱싱하고 맛이 있다. 아귀는 만져보았을 때 살에 탄력이 느껴지면서 까칠까칠한 가시가 솟아있는 것이 싱싱하다. 몸 밖으로 미끌미끌한 진이 흘러나온 것은 선도가 떨어진 것이므로 조심한다.

개조개

조개류는 필수아미노산이 풍부하고 지방 함량이 적어 맛이 담백하며 특유의 감칠맛이 있다. 특히 개조개는 모시조개와 모양은 비슷하지만 크기가 커서 살이 많고 버리는 것이 없어 경제적이다. 대합이라고 도 불린다.

임연수

부드러우면서도 기름진 맛이 입맛회복을 돕는 생선이다. 아미노산과 미량원소가 풍부하며 구이나 찜, 조림하여 안주로 많이 이용된다. 표면이 깨끗하고 비린내가 심하지 않은 것으로 고른다.

청어

단백질이 풍부하고 지방분도 많아 병후의 회복기에 좋은 식품으로 알려져 있다. 청어의 간에는 비타민B_1, B_2가 많이 들어 있어 빈혈이 있는 사람에게 보혈제로 좋고 쓸개는 각종 눈병을 치료하는데 쓰인다.

홍어

제철이 아니면 질기고 맛도 싱거워 겨울에서 이른 봄 산란기에 먹어야 연하고 좋다. 홍어는 고단백·저지방 식품으로 가오리와 다른 점은 등이 거무스름하고 살색이 희다는 것이다. 삭혀서 막걸리와 함께 먹는 홍탁이 유명하다.

코다리

마른북어보다 촉촉하고 부드럽고, 생태보다는 쫀득하고 구수한 맛이 나는 생선. 값이 매우 싸서 겨울철 반찬거리로 자주 등장한다. 코다리는 너무 꾸덕하거나 축축한 것을 피하고 살이 많은 것을 고른다. 배쪽 살색이 누런 것은 상한 것이다.

해삼

'바다의 인삼'이라는 이름에 걸맞게 단백질, 칼슘, 철분이 풍부해 입맛을 돋우고 신진대사를 활발하게 하는 스태미너식이다. 칼로리가 적어 다이어트에도 좋다. 해삼은 내장도 소금에 절여 젓갈로 먹고 알도 '해서지'라 하여 귀한 음식으로 친다.

대구

참대구는 수분이 많고 부드러우며 담백한 맛이 난다. 대구알젓과 간유는 우수한 영양소이며 특히 간유는 비타민A와 D, 타우린이 풍부하게 들어있다. 전체적으로 통통하면서 탄력이 있는 것을 고르고 잘라놓은 경우 투명할 정도로 하얀 것을 고른다.

동태

명태를 얼린 것. 명태의 주성분은 단백질이며 인, 비타민B_2 등이 함유되어 있다. 지방함량이 적어 맛이 개운하고 간을 보호해주는 메티오닌과 같은 아미노산이 풍부해 해장국으로 많이 이용된다. 동태는 겨울철 찌갯거리로 인기만점이다.

⌣ 굴김치국밥

재료   굴 200g, 김치 2줄기, 콩나물 50g, 대파 1/3뿌리,
밥 1공기, 다진마늘·간장 1/2큰술씩, 풋고추·붉은고추 1/2개씩,
고춧가루 1작은술, 굵은소금 적당량, 다시마(5×5cm) 2장, 물 2컵

1 굴은 검은 이물질이나 껍질을 떼어낸 다음 옅은 소금물에 흔
들어 씻어 건진다.
2 콩나물은 찬물에 5분간 담가 두고, 대파와 고추는 송송 썬다.
3 다시마는 찬물에 30분간 우려낸 후 뚝배기에 담아서 끓이고
거품이 나면 건져낸다.
4 물에 헹궈 채썬 김치와 콩나물을 다시마물에 넣어서 끓으면
준비해둔 밥과 굴을 넣고 끓인다.
5 간장과 굵은소금으로 간을 맞추고, 대파, 고추, 고춧가루를
넣어 한소끔 끓여 완성한다.

Tip 콩나물을 찬물에 담가 두면 콩나물 특유의 비린내가 사라
져요.

아귀콩나물탕

재료　　아귀 1마리, 콩나물 200g, 양파 1/2개, 대파 1뿌리, 청양고추 2개, 붉은고추 1개, 소금 약간, 멸치국물 5컵 ┆ **국물양념** ┆ 국간장·간장 1작은술씩, 다진마늘·청주 1큰술씩, 다진생강 1/4작은술, 소금 약간

1 아귀는 입 주변을 가위로 도려내고 내장을 뺀 후 토막내어 소금물에 헹궈 건진다.

2 손질한 아귀를 끓는 물에 살짝 데쳐 체에 건져 물기를 뺀다.

3 콩나물은 다듬어 씻어 건지고 양파와 대파는 굵게 채썬다. 붉은고추와 청양고추는 어슷하게 썰어 씨를 턴다.

4 냄비에 아귀와 콩나물, 양파, 대파를 담고 멸치국물을 부어 뚜껑을 덮어 끓인다.

5 분량의 재료를 섞어 국물양념을 만든다.

6 국물이 끓어오르면 뚜껑을 열고 국물양념을 넣는다. 끓이면서 생기는 거품은 말끔하게 걷어낸다.

7 아귀탕이 시원하게 끓으면 소금으로 모자라는 간을 맞추고 청양고추와 붉은고추를 올린다.

⛥ 명태맑은국

재료　명태 2마리, 무 1/5개, 대파 1/3뿌리, 붉은고추 1개, 미나리 한 움큼, 다진마늘 1/2작은술, 소금 약간

1 명태는 싱싱한 것으로 준비해 머리를 자르고 내장을 정리한다. 이때 곤이나 알은 버리지 않고 씻는다.
2 손질한 명태는 3~4토막으로 썬 후 소금을 살짝 뿌려 절인다.
3 무는 껍질째 씻어 먹기 좋은 크기로 납작하게 저며 썰고 대파는 송송 썬다.
4 붉은고추는 어슷하게 썰고 미나리는 잎을 대충 정리한 후 씻어 2~3cm 길이로 자른다.
5 냄비에 물 6컵을 붓고 한소끔 끓으면 명태와 무를 넣어 팔팔 끓인다.
6 끓을 때 생기는 거품은 걷어내고 대파와 고추, 미나리를 넣어 맛을 낸 후 다진마늘과 소금으로 간을 맞춘다.

⛥ 명란젓순두부찌개

재료　명란젓·생새우 100g씩, 순두부 1봉, 쇠고기 50g, 애호박·무 70g씩, 쪽파 1뿌리, 멸치다시마국물 3컵, 새우젓·참기름·다진마늘 1/2큰술씩, 액젓 1작은술, 생강즙 1/2작은술, 붉은고추채 1/4개 분량

1 명란은 한입 크기로 썰고, 순두부는 반 갈라 놓는다.
2 쇠고기는 한입 크기로 썰고, 애호박과 무는 나박나박 썬다.
3 쪽파는 송송 썰어 놓는다.
4 달군 냄비에 참기름과 액젓을 두르고 나박하게 썬 무와 쇠고기를 볶는다.
5 ④에 분량의 물을 붓고 한소끔 끓인다.
6 무가 익으면 순두부와 명란, 호박, 생새우를 넣고 한소끔 끓인 다음 생강즙과 새우젓으로 간을 하고 쪽파와 붉은고추채를 얹어 낸다.

동태매운탕

재료 동태 1마리, 두부 1/2모, 무 100g, 양파 1/3개, 대파 10cm, 붉은고추 1개, 쑥갓 약간, 쌀뜨물 1/2컵 ┆ **찌개양념** ┆ 고추장 1큰술, 고춧가루 1큰술반, 국간장 1큰술, 다진마늘 1/2큰술, 생강즙 1/2작은술, 소금·설탕 약간씩

1 동태는 배를 갈라 내장을 제거하고 씻어 5∼6cm 길이로 토막낸 후 소금을 뿌린다.
2 무는 나박하게 썰고, 두부는 사방 1cm 크기로 썬다.
3 양파는 굵게 채썰고 고추, 대파는 어슷하게 썰어 둔다.
4 냄비에 쌀뜨물을 붓고 양념을 푼 후 무를 넣어 한소끔 끓인다.
5 국물이 한소끔 끓으면 동태를 넣고 끓이다가 두부, 대파, 고추, 양파를 넣는다. 재료에 국물을 끼얹어 가면서 약한불에서 간이 배도록 뭉근히 끓인다.
6 소금으로 간을 맞추고 마지막에 쑥갓을 넣고 불을 끈다.

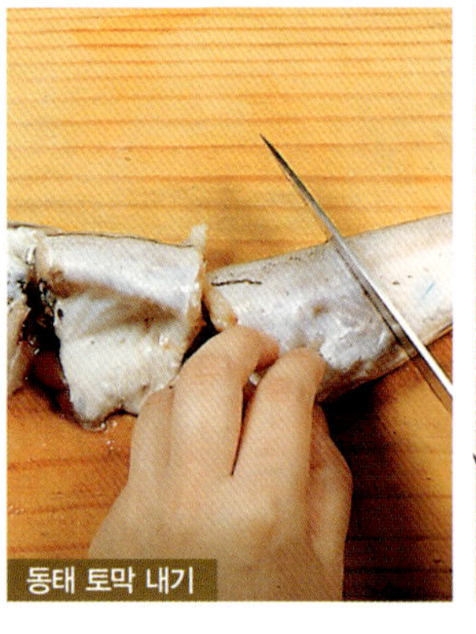

동태 토막 내기

고추장 풀기

매운탕 간하기

굴회와 무초쌈

재료 굴 300g, 소금 약간 **┊굴양념┊** 다진붉은고추·다진청양고추 1큰술씩, 고운고춧가루·물엿·참기름 1작은술씩, 레몬즙·깨소금 1큰술씩 **┊무초절임┊** 무 200g, 소금 1/2큰술, 식초·설탕 3큰술씩, 물 1컵

1 굴은 옅은 소금물에 흔들어 씻어 채반에 담아 물기를 뺀다.
2 분량의 재료를 고루 섞어 굴양념을 만든다.
3 무는 가로 5cm, 세로 2cm 크기로 얇게 저미듯 썬다.
4 분량의 소금과 식초, 설탕, 물을 섞어 단촛물을 만든 다음 저며 썬 무를 담가 초절임을 만든다.
5 만들어 놓은 양념에 굴을 넣어 젓가락으로 버무려 양념이 제대로 배게 하고 소금으로 간을 맞춘다.
6 무초절임의 물기를 없앤 다음 무 한 장에 굴 2~3개를 놓고 돌돌 말아 쌈을 만든다.

우엉잡채와 밀쌈

재료　　우엉채 50g, 채썬쇠고기 50g, 양파 1/4개, 당근(3cm) 1토막, 피망 1/4개, 새송이버섯 20g, 붉은고추 1/2개, 밀쌈(밀가루 1/2컵, 물 2/3컵, 소금 약간), 식용유 적당량 ┃**잡채양념** 다진파 1작은술, 다진마늘 1/2작은술, 소금·후춧가루 약간씩 ┃**우엉조림장** 간장·맛술 1큰술씩, 설탕 1작은술, 물 3큰술, 깨소금 1/2작은술 ┃**쇠고기양념장** 간장 1작은술, 다진파 1/2작은술, 다진마늘 1/4작은술, 설탕·후춧가루 약간씩, 깨소금·참기름 1/2작은술씩

1 가늘게 채썬 우엉은 옅은 식촛물에 담갔다 건져 조림장에 조린다.

2 양파, 당근, 피망, 새송이버섯은 손질 후 3cm 길이로 가늘게 채썰고, 고추는 씨를 빼고 채썬다.

3 쇠고기는 양념장에 재웠다가 달군 팬에 볶아 식힌다.

4 밀가루는 분량의 물에 갠 다음 체에 내려 멍울을 없애고 식용유를 두른 팬에 한 수저씩 떠 놓아 밀전병을 부쳐 식힌다.

5 기름 두른 팬에 채썬 버섯과 채소를 볶다가 다진파·마늘, 소금, 후춧가루로 간한다.

6 큰 그릇에 볶은 잡채 재료를 모두 넣고 골고루 섞으면서 참기름을 넣고 소금으로 간한다.

7 밀전병에 잡채를 싸 먹을 수 있도록 함께 낸다.

🥄 코다리고추뚝배기

재료　코다리 2마리, 꽈리고추 12개, 무 50g, 양파 1/4개, 쌀뜨물 3컵 ┊ **양념장** ┊ 고추장
2큰술, 고운고춧가루 1작은술, 간장·다진파·다진마늘·맛술·물엿 1큰술씩, 소금 약간

1 코다리는 꾸덕하게 말린 것으로 준비해 2cm 크기로 토막낸 후 깨끗하게 씻어 건진다.
2 꽈리고추는 깨끗하게 씻어 꼭지를 떼고 세로로 칼집을 넣는다.
3 무는 사방 3cm 크기로 납작하게 썰고 양파도 같은 크기로 썬다.
4 뚝배기에 무와 양파, 꽈리고추를 담고 코다리를 넣은 후에 양념장을 얹고 쌀뜨물을 부
어 센불에서 15분 정도 끓인다.
5 코다리가 익으면 불을 약하게 줄여 무에도 간이 듬뿍 배도록 15분 정도 더 끓인다.

🥄 연근당근조림

재료　연근 1개, 식촛물 적당량, 당근 1개, 브로콜리 100g, 간장 4큰술, 맛술
3큰술, 설탕 2큰술반, 물엿 1큰술, 물 1컵반

1 연근은 껍질을 벗기고 둥글게 모양을 살려 썰어 식촛물에 살짝 데친다.
2 당근은 큼직하게 잘라 가장자리를 돌려 깎아 준비한다.
3 브로콜리는 끓는 물에 살짝 데쳐 송이를 떼어 놓는다.
4 물에 연근을 넣어 끓이다가 간장과 맛술, 설탕, 물엿을 넣고 조린다.
5 조린 연근에 당근을 넣고 은근한 불에서 더 조리면서 위아래를 뒤적인다.
6 연근과 당근에 조림간장이 고르게 배면 브로콜리를 넣어 살짝 더 조린다.

🥄 청어양념구이

재료　청어 2마리, 소금 1큰술, 실고추 약간 ┊ **양념장** ┊ 간장 2큰술, 설탕 4작은술,
고운고춧가루 1큰술, 청주 2큰술, 생강즙 2작은술, 파채 1뿌리 분량, 마늘채 4쪽
분량, 깨소금·참기름 1큰술씩

1 청어는 비늘을 긁어내고 내장을 뺀 후 1cm 간격으로 칼집을 넣는다.
2 손질한 청어에 소금을 뿌려 간이 배면 물기를 닦는다.
3 분량의 재료를 고루 섞어 양념장을 만든다.
4 생선에 양념장을 바르는데 특히 칼집을 넣은 부분에는 충분히 바른다.
5 철판에 호일을 깔고 기름을 약간 두른 다음 양념을 바른 청어를 얹고 160℃ 오
븐에 넣어 12~15분 정도 구워 깨소금과 실고추를 뿌린다.

🥄 우엉조림

재료　우엉 200g, 식초 약간, 검정깨 1큰술, 참깨 1작은술, 오이 1/2개 ┊조림장┊ 간장 3큰술, 설탕·물엿·청주 1큰술씩, 물 1/3컵, 참기름 1작은술

1 우엉은 껍질을 벗겨 7∼8cm 길이로 가늘게 채썰어 연한 식촛물에 담가 떫은 맛을 우리고 갈변도 방지한다.
2 냄비에 조림장을 붓고 물기를 뺀 우엉을 넣은 후 센 불로 끓인다.
3 양념이 끓기 시작하면 불을 줄여 10분 정도 우엉에 양념이 고루 밸 때까지 조린다.
4 오이는 껍질째 소금으로 문질러 씻은 후 5∼6cm 길이로 돌려깎아 가늘게 채썰어 소금만 넣고 살짝 볶는다.
5 우엉조림과 볶은 오이를 섞어 검정깨, 참깨를 넣고 골고루 버무린다.

🥄 시금치잡채

재료　쇠고기(산적용) 300g, 당면 80g, 시금치 1/2단, 양파 1/3개, 붉은고추 2개, 식용유 3큰술, 진간장 2큰술, 다진마늘 1작은술, 설탕 1/2큰술, 참기름 1큰술, 소금·후춧가루 약간씩 ┊쇠고기양념┊ 진간장 1큰술, 다진마늘 1작은술, 참기름 2작은술, 설탕 1/3작은술, 소금·후춧가루 약간씩

1 쇠고기는 젓가락 굵기로 채썰어 준비한 양념에 잠시 재워 둔다.
2 당면은 물에 담가 부드럽게 불리고 시금치는 씻어서 물기를 턴 후 한 줄기씩 뗀다.
3 양파는 굵직하게 채썰고 붉은고추도 채썰거나 어슷하게 저며 썬 후 씨를 털어낸다.
4 달군 팬에 쇠고기를 넣어 달달 볶은 후 따로 담아 둔다.
5 팬에 식용유를 두르고 당면과 시금치, 양파, 고추를 볶으면서 진간장과 다진마늘, 설탕, 참기름, 소금, 후추를 넣고 양념한다.
6 ⑤에 쇠고기를 넣어 고루 버무린다.

우엉돼지고기고추장조림

재료 우엉 1뿌리, 돼지고기(목살) 200g, 식초 1큰술, 통깨 1/2큰술 ┊ **고추장조림장** ┊ 고추장·물엿 3큰술씩, 다진마늘 1/2큰술, 후춧가루 1/3작은술, 맛술 2큰술, 설탕·간장 1작은술씩, 물 1컵

1 우엉은 껍질을 벗긴 다음 4cm 길이로 잘라 식촛물에 담근다.
2 돼지고기는 6cm 길이로 굵게 채썬다.
3 분량의 고추장조림장 재료를 섞어 둔다.
4 달군 뚝배기에 돼지고기를 넣어 볶는다.
5 살짝 익으면 우엉을 넣고, 고추장조림장도 부어 조린다.
6 국물이 졸고 고기와 우엉이 익으면 불을 끄고 통깨를 뿌린다.

양념장 넣어 조리기

식촛물에 우엉 담가두기

문어장조림

재료　문어 600g, 꽈리고추 15개, 통깨 약간 ¦ **문어 삶는 물** ¦ 물 5컵, 대파 1뿌리, 마늘 5쪽, 마른고추 1개, 생강 1/2쪽 ¦ **조림장** ¦ 문어 삶은 물 2컵, 간장 4큰술, 설탕·청주 2큰술씩

1 물 5컵을 팔팔 끓이다가 대파, 마늘, 마른고추, 생강을 먼저 넣고 5분 정도 끓여 맛과 향을 우린 후 문어를 삶는다.
2 국물은 따로 받아 두고 문어는 건져 다리를 하나씩 나누어 썬다.
3 냄비에 분량의 조림장을 넣고 자글자글 끓인다.
4 조림장에 문어를 넣고 간이 배게 조린 후 꽈리고추를 넣고 고루 뒤적인 다음 불을 끈다.
5 어슷하게 저며썬 문어와 꽈리고추를 보기 좋게 담고 국물을 뿌려 낸다.

🥄 문어미나리찜

재료　문어 500g, 미나리 100g, 생강술(생강즙·청주 2큰술씩), 소금 약간 ┆**무침양념**┆
간장 3큰술, 다시마국물·식초 2큰술씩, 청주·생강즙 1큰술씩, 다진붉은고추·송송썬
파 1큰술씩, 다진마늘·통깨·와사비 1작은술씩

1 문어는 살짝 삶은 다음 먹기 좋게 저며 썰어 생강술을 뿌려 재워 놓는다.
2 미나리는 다듬어 씻어 5cm 길이로 자른다.
3 김이 오른 찜통에 문어를 넣어 5분간 찐다.
4 문어가 익으면 불을 끄고 미나리를 얹은 후 뚜껑을 덮어 남은 열로 살짝 익힌다.
5 문어와 미나리를 한데 담고 무침양념을 만들어 가볍게 무친다.

청어소금구이와 파채무침

재료　청어 5마리, 청주 1큰술, 굵은소금 2작은술, 마늘편 1큰술, 대파 1뿌리 ┊**파채양념**┊고춧가루 1큰술,
참기름 2작은술, 통깨 1작은술, 소금 약간 ┊**소스**┊진간장 2큰술, 와사비 2작은술, 설탕 1/3작은술

1 청어는 비늘을 긁고 머리를 자른 후 내장을 깨끗하게 정리하고 칼집을 군데군데 넣는다.
2 손질한 청어에 청주를 뿌려 비린맛을 없앤 후 굵은소금을 뿌리고 마늘편을 올려 잠시 두었다가 오븐 팬
이나 석쇠에 올려 굽는다.
3 대파는 곱게 채썰어 물에 담갔다가 건져 물기를 뺀 후 고춧가루와 참기름, 통깨, 소금을 넣어 양념한다.
4 진간장에 와사비, 설탕을 넣고 고루 섞어 찍어 먹을 소스를 만든다.
5 구운 생선에 양념한 파채를 곁들인 후 소스와 함께 낸다.

굴초무침

재료　굴 2컵, 오이 1개, 배 1/2개, 당근 1/4개, 무순·통깨·소금 약간씩
┊**무침양념**┊고춧가루 2큰술, 고추장 4큰술, 설탕·조청·다진마늘 1큰술씩,
식초 3큰술, 깨소금 1/2큰술

1 굴은 옅은 소금물에 씻어 체에 건져 둔다.
2 오이, 배, 당근은 1×3cm 정도로 도톰하게 채썰고 무순은 끝만 다듬는다.
3 굴, 오이, 배, 당근에 먼저 고춧가루를 뿌려 살살 버무린다.
4 남은 양념을 모두 섞고 마지막에 무순을 넣어 버무린 후 통깨를 뿌린다.

🥢 패주채소볶음

재료 패주 200g, 당근 100g, 대파 1/2뿌리, 생표고버섯 3~4개, 미나리 50g, 술·식용유·녹말가루
1큰술씩, 간장 2작은술, 육수 1컵반, 청주·맛술 1큰술씩, 간장 2큰술반, 소금 약간

1 패주는 흰 막을 벗겨내고 깨끗이 씻은 후 끓는 물에 삶아 물기를 뺀다.
2 당근과 대파, 미나리는 4cm 길이로 채썰고 생표고버섯은 기둥을 떼어내고 얄팍하게 썬다.
3 팬에 기름을 두르고 물기를 뺀 패주를 볶다가 술 1큰술, 간장 2작은술을 넣고 기름을 보충한 후 당근
과 표고버섯을 볶는다. 기름이 돌면 대파를 넣는다.
4 육수를 부어서 끓이다 청주, 맛술, 간장, 소금을 넣어 간을 한 후 중불에서 4~5분 정도 끓인다.
5 녹말을 같은 양의 물에 개어서 넣고 걸쭉하게 끓인 후 미나리를 넣는다.

🥢 문어무침

재료 삶은 문어 600g, 마늘 5쪽, 풋고추 2개, 양파 1/2개, 대파 1/2뿌리,
실파 1/2뿌리, 소금 약간 ┊ **양념** 간장 3큰술, 고춧가루 2큰술, 후춧가루 약간,
참기름·깨소금 1큰술씩

1 삶은 문어는 끓는 소금물에 살짝 데쳐서 찬물에 헹궈 한입 크기로 썬다.
2 마늘은 얇게 저며 썰고 풋고추와 양파, 대파는 채썬다.
3 그릇에 썰어 놓은 문어와 채소들을 담고 간장, 고춧가루, 후춧가루를 넣어 조
물조물 무치다가 참기름과 깨소금을 뿌려 향을 더한다. 실파는 고명으로 얹는다.

🥢 문어채소부침개

재료　데친 문어 300g, 대파 1/2뿌리, 양파 1/3개, 양배추 1/5통 ┊반죽┊밀가루 1컵반, 달걀 1개,
가쓰오부시 한 움큼, 물 2/3컵, 소금 약간, 식용유 5큰술

1 문어는 데치거나 데쳐서 냉동해 놓은 것으로 구입하여 끓는 물에 다시 한 번 데친 후 저미듯이 썬다.
2 대파와 양파는 굵직하게 다지고, 양배추는 굵직하게 채썬다.
3 넓은 그릇에 밀가루를 담고 달걀과 가쓰오부시를 넣은 다음 물을 부어 섞어서 반죽을 만든다.
4 반죽에 문어와 준비한 채소들을 넣고 소금으로 간을 맞춘다.
5 달군 팬에 식용유를 두르고 반죽을 떠 놓아 동그랗게 모양을 만들어가며 노릇하게 부친다.

당근무데리야키조림

재료　당근 2개, 무 1/3개, 실파 1뿌리 ┆데리야키소스┆ 진간장 1/4컵, 물 1컵, 대파 1/2뿌리, 레몬 1/6개, 통후추 2작은술, 마늘 3쪽, 참기름 1/2큰술, 마른고추 1개, 설탕 1큰술, 소금 1/5작은술, 통깨 1작은술

1 당근은 도톰하게 반달 모양으로 저며썰고, 무도 당근과 비슷한 크기로 썬 후 모서리를 잘라 동그랗게 모양을 낸다.

2 데리야키소스에 넣을 대파는 4~5cm 길이로 썰고, 레몬은 적당한 크기로 슬라이스한다. 마늘은 저며썰고, 마른고추는 어슷하게 자른다. 그런 후 다른 재료와 함께 냄비에 담고 양이 반으로 졸아들 때까지 중불에서 끓인다.

3 냄비에 당근과 무를 담고 이들 재료가 자작하게 잠길 정도로 물을 붓고 애벌로 삶는다.

4 삶은 당근과 무를 건져 다른 팬에 담고 데리야키소스를 3큰술 정도 덜어 붓고 은근히 조린다.

5 그릇에 담고 통깨와 송송썬 실파를 얹어 장식한다.

데리야키소스 만들기

당근과 무 애벌 삶기

소스 넣어 조리기

해삼누룽지탕

재료 찹쌀누룽지 300g, 해삼 1마리, 오징어 1/2마리, 새우 80g, 죽순 1/2개, 표고버섯 4개, 대파 1뿌리, 마늘 2쪽, 청주 1큰술반, 간장 2큰술, 소금 약간, 녹말가루 1큰술, 튀김기름 적당량

1 해삼은 한입 크기로 썰어서 준비하고, 오징어는 2cm 폭으로 먹기 좋게 썬다.
2 새우는 꼬치를 이용해서 등 쪽의 내장을 제거한 후에 소금물에 흔들어 씻어서 물기를 뺀다.
3 죽순은 끓는 물에 살짝 데친 후 모양을 살려 썬다. 표고버섯은 기둥을 떼어내고 얄팍하게 썬다.
4 끓는 물에 해삼과 오징어, 새우를 각각 데친다.
5 팬에 기름을 두르고 마늘과 파를 볶아 향을 낸 후 표고와 죽순, 데친 해물을 차례로 넣어서 볶는다.
6 육수나 물 1컵을 붓고 끓으면 간장과 청주, 소금으로 간하고 녹말물을 넣는다.
7 180℃의 기름에 누룽지를 바삭하게 튀겨 그릇에 담고 뜨거운 소스를 바로 끼얹어 낸다.

대구살밀레니스

재료　대구살 300g, 버터·화이트와인·밀가루 2큰술씩, 양파 1/2개, 레몬 슬라이스 2쪽, 파슬리·소금·후춧가루 약간씩

1 대구살을 5cm 길이로 약간 도톰하게 썰어 화이트와인을 뿌리고 소금과 후춧가루로 밑간한다.

2 대구살에 밀가루를 골고루 묻힌 다음 버터를 두른 팬에 노릇하게 지진다.

3 양파는 채썰어 대구살을 구웠던 팬에 볶아 구운 대구살 위에 올린다.

4 접시에 담고 파슬리를 곱게 다져 보기 좋게 장식하고 슬라이스 레몬을 곁들인다.

🥄 해삼팔보채

재료　돼지고기 100g (청주 1/2큰술, 진간장·다진마늘·생강 1작은술씩), 불린해삼 1개, 소라 1개, 오징어 1마리, 새우 50g, 홍합 50g, 양파 1/2개, 피망 1개, 당근 30g, 표고버섯 2개, 식용유 2큰술, 다진생강·마늘 1쪽분량씩, 파 1/2뿌리, 간장·청주·소금 1작은술씩, 육수 1/2컵, 죽순 50g, 녹말가루 1큰술, 물 1컵, 참기름 약간

1 돼지고기는 얄팍하게 썰어서 마늘과 생강 다진 것, 청주, 간장을 넣어서 재워 둔다.

2 오징어는 3cm 두께로 썬다. 홍합은 씻어 두고 소라는 큼직하게 썰어 둔다.

3 새우는 내장을 빼내고 불린해삼은 한입 크기로 어슷하게 썬다.

4 홍합, 소라, 해삼, 새우, 오징어는 끓는 물에 살짝 데쳐 둔다.

5 양파와 피망은 한입 크기로 썰고 당근은 반달 모양으로 썰어서 모양을 낸다.

6 표고버섯은 물에 불려 저며썬다.

7 팬에 기름을 두르고 마늘과 생강 다진것을 넣어서 향을 낸 후에 썰어 두었던 채소를 볶는다.

8 돼지고기를 넣고 잘 볶은 후에 데쳐 두었던 해물을 볶는다.

9 간장과 청주로 간을 하고 육수를 부어 끓인 후 녹말물을 넣어 농도를 내고 참기름을 둘러 뒤적여 완성한다.

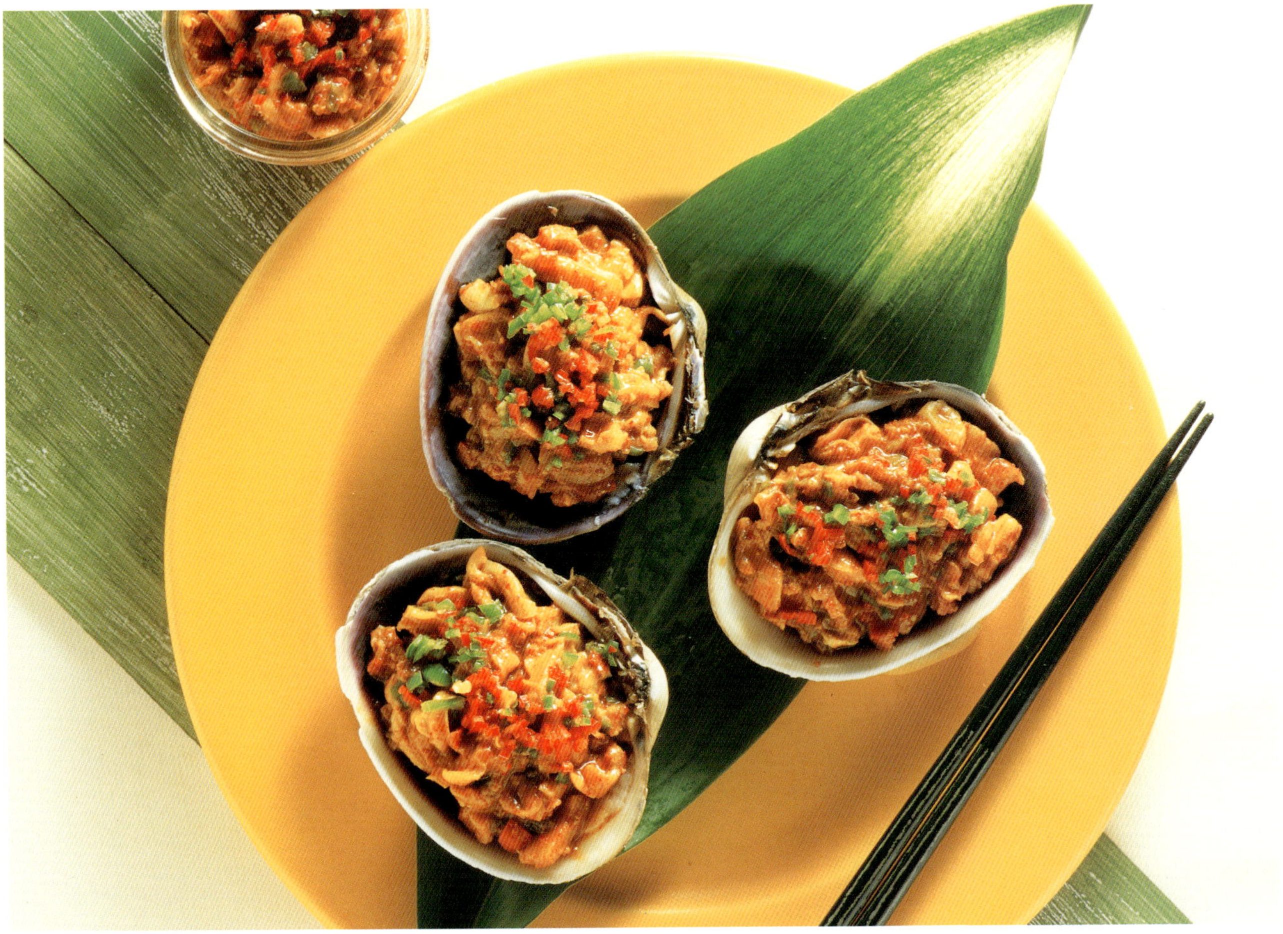

양념장에 조갯살 버무리기

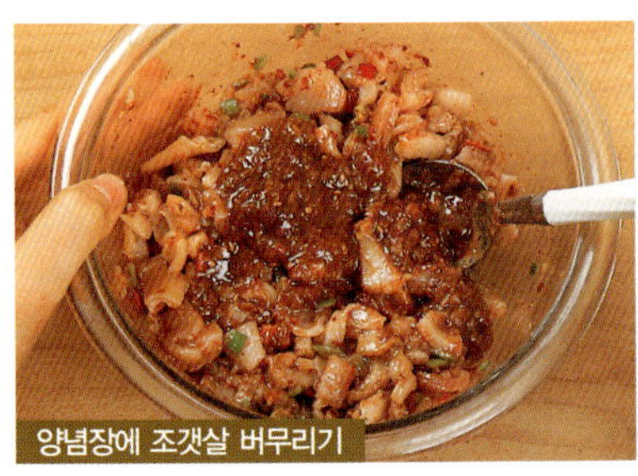

개조개쌈장볶음

재료 개조개 5개, 소금 약간, 풋고추·붉은고추 1개씩 ¦ 양념장 ¦ 고추장 2큰술, 된장 1큰술, 고춧가루·간장 1/2큰술씩, 다진파 1큰술, 다진마늘 1/2큰술, 생강즙 1작은술, 설탕·청주·참기름 1큰술씩, 깨소금 1/2큰술, 후춧가루 약간

1 개조개는 옅은 소금물에 담가 해감을 뺀 후에 칼끝으로 조개껍질을 벌려 살을 떼어낸다.

2 개조개의 검은 내장을 깨끗이 긁어낸 후 연한 소금물에 재빨리 흔들어 씻어 물기를 빼고 굵직하게 다진다.

3 풋고추와 붉은고추는 길게 반 갈라 씨를 털어내고 굵직하게 다진다.

4 고추장에 된장을 섞고 나머지 재료를 분량대로 섞어 쌈장 같은 양념장을 만든다. 풋고추와 붉은고추 다진 것도 섞는다.

5 양념장에 조개 다진 것을 넣고 고루 섞어 간이 배게 잠시 둔다.

6 기름을 두른 팬에 양념한 조갯살을 국물이 거의 없게 볶아 조개껍데기에 담아 낸다.

코다리 손질하기

구이양념장 만들기

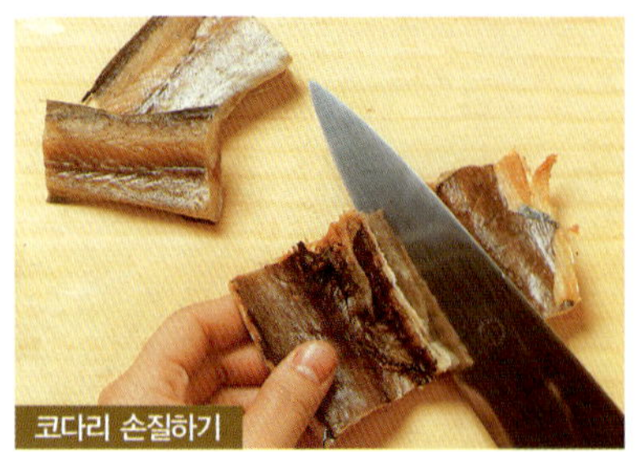

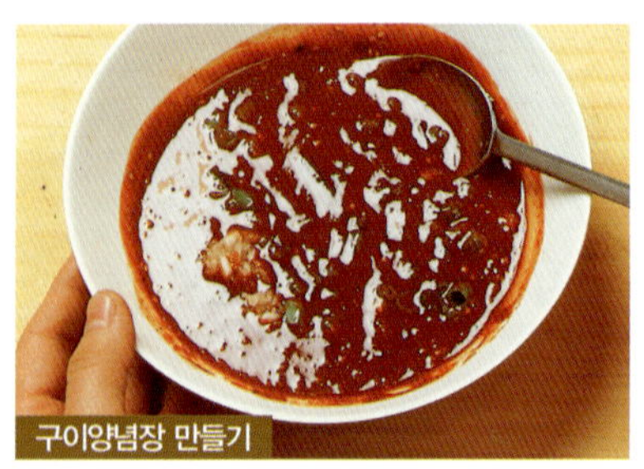

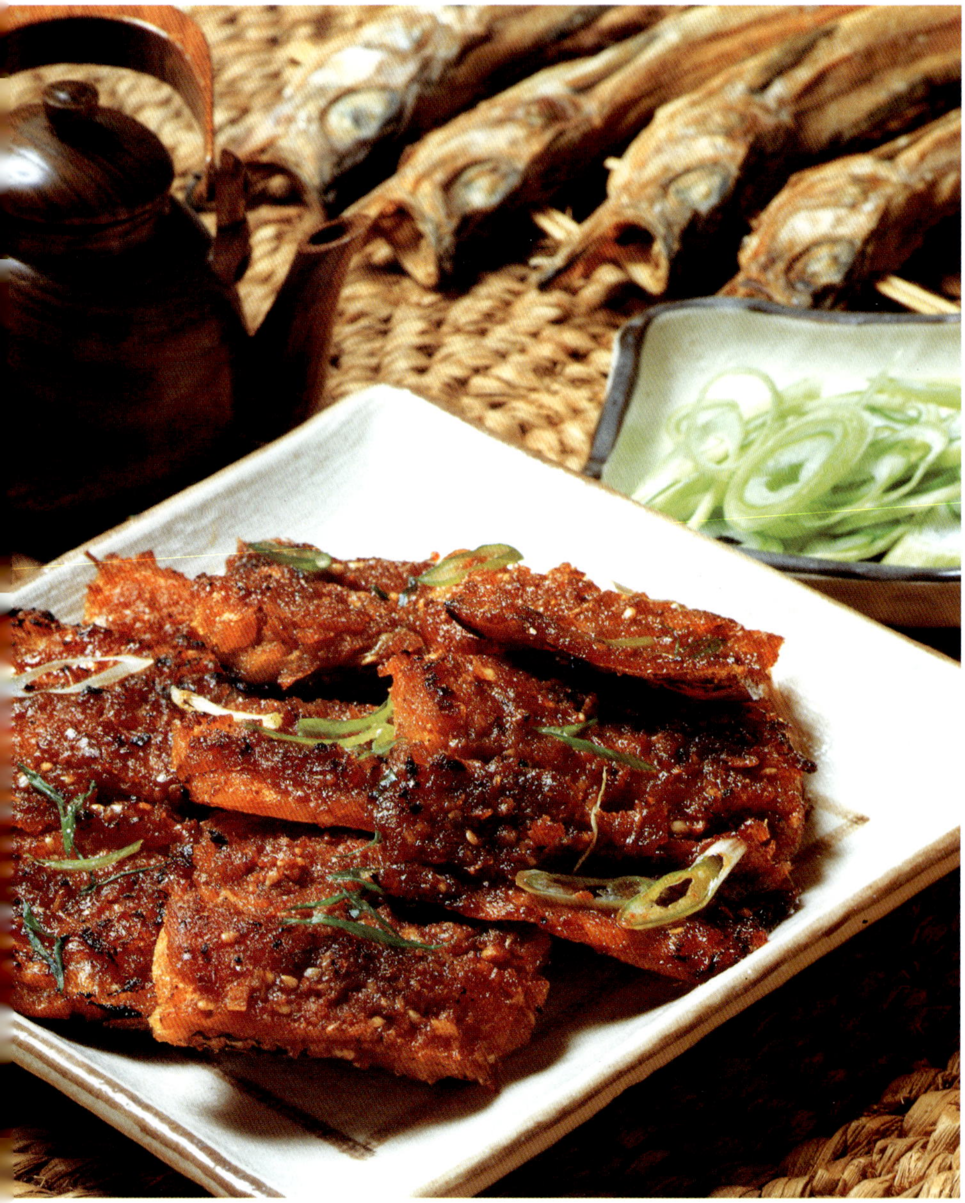

코다리양념구이

재료 코다리 2마리, 참기름·진간장 1큰술씩 ¦ **양념고추장** ¦ 고추장 6큰술, 물 2큰술, 다진마늘·다진파 1큰술씩, 깨소금 약간

1 코다리는 머리를 자르고 5cm 길이로 토막을 낸 후 깨끗이 씻어 물기를 제거한다.

2 참기름과 진간장을 섞어 기름장을 만들어 물기 뺀 코다리에 고루 펴 바른다.

3 고추장에 물과 다진파·마늘, 깨소금을 섞어 양념고추장을 만든다.

4 기름장 바른 코다리에 양념고추장을 골고루 끼얹어 잠시 재워 둔다.

5 석쇠에 기름을 바른 다음 불에 올려 달군다.

6 기름 바른 석쇠가 뜨겁게 달구어지면 양념이 고루 밴 코다리를 석쇠에 겹치지 않게 올려놓고 중불에서 타지 않게 앞뒤로 뒤집어 가며 노릇노릇하게 굽는다.

개조개양념구이

재료   개조개 4개, 조갯살 100g, 쇠고기 100g, 미나리 100g, 깻잎 4장, 풋고추 4개, 붉은고추 2개, 다진파 2큰술, 다진마늘 1큰술, 다진생강 1작은술, 된장 4큰술, 고추장 1큰술, 깨소금·참기름 약간씩

1 해감을 뺀 조개 입을 벌려 살은 꺼내고 껍질은 깨끗하게 씻어 둔다.
2 개조개살과 다른 조갯살은 함께 잘 다져 두고 쇠고기도 잘게 다진다.
3 미나리, 깻잎은 다듬어 송송썰고 고추도 반 갈라서 씨를 턴 후 다진다.
4 냄비에 조갯살과 다진쇠고기를 넣어 잘 볶다가 보슬보슬하게 익으면 다진 채소와 된장, 고추장을 넣고 물기가 줄어 뭉칠 정도까지 볶는다.
5 다진마늘, 다진파, 다진생강을 넣고 깨소금과 참기름을 넣는다.
6 깨끗하게 물기를 닦은 조개껍데기에 양념해 볶은 조갯살을 소복하게 채운 다음 석쇠에 올려 은근하게 굽는다.
7 내용물이 다 익으면 접시에 고운소금을 납작하게 깐 뒤 구운 조개를 얹어 낸다.

어리굴젓

재료   굴 300g, 무 50g, 배·밤 50g씩 고춧가루 1큰술반, 파채(흰 부분) 20g, 마늘채 10g ┊양념┊ 생강즙 1/2작은술, 매실청 1작은술, 소금 1큰술, 고운고춧가루 1큰술반

1 굴은 제물에 씻어 잡티를 골라내고 흐르는 물에 한 번만 헹궈 물기를 뺀다.
2 무, 밤, 배는 사방 1.5cm 크기로 저미고 고춧가루를 고루 버무려 물을 들인다.
3 파·마늘은 채썰어 굴과 무, 배, 밤과 함께 양념에 고루 버무린다.

설 상차림

⌣ 떡국

재료 가래떡 5개, 쇠고기(우둔살) 100g, 달걀 2개, 움파 1뿌리 ┊ 육수┊ 양지머리 200g, 물 8컵, 청장 1큰술반, 소금 1작은술 ┊ 고기양념┊ 다진파 1큰술, 다진마늘 1/2큰술, 참기름 1작은술, 소금 1/2작은술, 후춧가루 1/4작은술

1 가래떡은 한 숟가락에 쏙 들어오도록 0.3㎝ 두께로 동글동글하게 썰어 찬물에 씻어 건진다.
2 끓는 물에 양지머리를 넣고 1시간 정도 고아 육수를 내고 고기는 건져 편으로 썰어 놓는다.
3 쇠고기는 곱게 다져 고기양념을 한 후 프라이팬에 넣고 센불에서 볶는다.
4 달걀은 거품기로 곱게 풀어 놓고 움파는 4㎝ 길이로 썬다.
5 센불에 육수를 올려 청장, 소금으로 간을 한 뒤 끓으면 떡을 넣고 부르르 끓여 떡이 동동 뜨면 움파를 넣고 달걀을 줄알을 쳐서 넣는다.
6 대접에 떡국을 담고 편육을 옆에 곁들이고 볶은 고기를 고명으로 얹어 낸다.

⌣ 떡만두국

재료 떡국용 떡·다진돼지고기·숙주·배추김치 100g씩, 두부 1모, 대파 1뿌리, 달걀 2개, 만두피 20장, 쇠고기육수 3컵 ┊ 양념┊ 다진마늘·참기름 2큰술씩, 소금 1큰술, 후춧가루 약간

1 숙주는 삶아 다져서 물기를 짜고 배추김치는 다져서 물기를 짠다. 두부는 면보에 싸서 물기를 짜고 대파는 송송 썬다.
2 다져서 물기 짠 재료에 다진돼지고기와 양념을 모두 넣고 고루 섞어 만두소를 만든다.
3 만두피에 소를 넣고 만두피 가장자리에 물을 발라 잘 아물려가며 만두를 빚는다.
4 달걀은 흰자와 노른자를 분리해 각각 지단을 부친다.
5 쇠고기육수에 떡국용 떡을 넣고 팔팔 끓이다가 만두를 넣고 한소끔 더 끓인다.
6 소금으로 간을 맞추고 지단을 고명으로 얹고 대파를 채썰어 곁들인다.

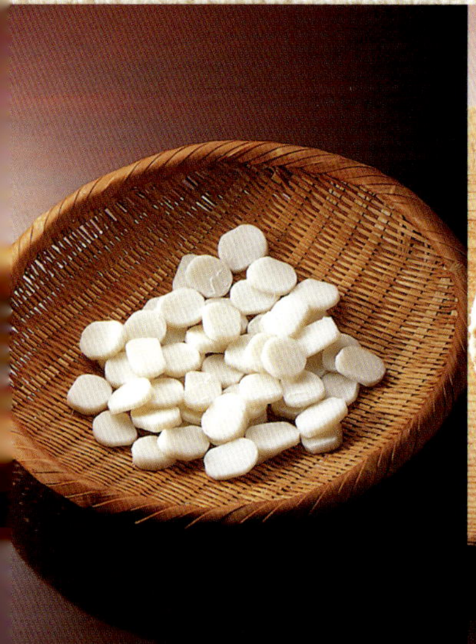

겨자선

재료　쇠고기(아롱사태) 200g, 배추속대 150g, 은행 10개, 밤 5개(70g), 당근·무 50g씩, 미나리 30g, 오이 1개, 배 1/4개, 통잣 1큰술 ┆겨자초장┆설탕 2큰술, 겨자가루·식초 1큰술반씩, 더운물·진간장 1큰술씩, 물 1/2컵, 소금·꿀 약간씩

1 핏물을 뺀 아롱사태는 푹 삶아 베보자기(또는 면보자기)에 싸 무거운 것으로 누른 뒤 납작하게 식혀 얇게 편으로 썬다.

2 겨자가루와 분량의 재료를 섞어 매콤새콤한 겨자초장을 만든다.

3 배추속대는 살짝 데쳐 3㎝ 길이로 썰고, 무와 당근도 같은 크기로 썰어 살짝 데쳐 놓는다. 배는 무보다 약간 크게 썬다.

4 은행은 속껍질을 벗겨 두고, 밤은 껍질을 벗겨 얄팍하게 썰고, 미나리 줄기는 3㎝ 길이로 썬다.

5 준비한 재료를 그릇에 담은 후 미리 만들어 둔 겨자초장을 넣고 가볍게 버무려 매콤한 맛의 겨자선을 만든다. 조그만 항아리에 겨자선을 담아 냉장고에 넣어 두고 차게 해서 낸다. 은행은 먹기 직전에 섞는다.

2월에 참 맛있는 제철음식

여전히 추운 겨울이다. 하지만 달래, 쑥갓, 봄동 등의 나물들이 나오기 시작하면서 봄기운이 사알짝 느껴지기도 하는 달이다. 아이들은 한 학년을 졸업하고 새 학년을 준비하는 특별한 시기이므로 엄마는 아이들의 새로운 시작을 위해 신경을 써서 영양밥상을 차리려 노력하게 된다. 시금치, 참취, 꼬막, 파래, 대구 등의 제철식품을 이용해 다양한 반찬을 만들어보자. 한편으로는 어리굴젓이나 멸치젓을 담그고 간장이나 고추장 같은 저장식품을 담그는 달이기도 하다. 지금쯤 김장김치도 신맛이 돌 때이다. 신김치를 이용한 메뉴들도 다양하게 응용해 상에 올려보자.

2월의 채소   연근, 우엉, 쑥갓, 시금치, 고비, 참취, 순무, 달래
2월의 해산물   청각, 다시마, 파래, 굴, 패주, 꼬막, 홍어, 새조개, 코다리, 아귀
　　　　　　　　가자미, 해삼, 넙치, 대구, 임연수, 청어
2월의 과일   사과, 귤, 레몬

2월에 맛있는 제철식품

추위가 한창인 1~2월은 야채류가 부족한 편. 대신 말린나물류로 비타민 섭취를 대신하고 생선류,고기류를 이용하여 식탁에 변화를 주어본다.

사과 | 사과의 껍질에는 퀄세틴이라는 성분이 있어 항산화작용이 뛰어나며 항바이러스, 항균작용에 도움이 된다. 껍질에 광택이 있고 탄력이 있으며 단단한 것이 좋다.

귤 | 신진대사를 원활히 하고 피부와 점막을 튼튼하게 하는 비타민C가 풍부해 겨울철 감기 예방에 효과가 뛰어나다. 껍질이 얇고 단단한 것이 맛있다.

레몬 | 비타민C가 풍부해 감기를 예방하고 피부트러블을 예방한다. 더불어 피로회복을 돕는 구연산이 풍부하다. 표면에 광택이 있고 말랑말랑하며 묵직한 것이 좋다.

연근

주성분은 탄수화물이고 식물성 섬유도 풍부하다. 연근의 식물성 섬유는 장을 적당히 자극해 장운동을 활발하게 해주어 콜레스테롤 수치를 떨어뜨리는 작용을 하게 한다. 마디 사이가 상처 없이 매끈하고 통통한 것으로 고른다.

우엉

아작아작 씹는 맛이 매력인 뿌리채소. 당질의 일종인 이눌린이 풍부해 신장기능을 높여주고 풍부한 섬유질이 배변을 촉진한다. 우엉에는 특유의 떫은맛이 있으므로 조리하기 전 반드시 식촛물에 담갔다가 요리하도록 한다.

참취

칼륨의 함량이 대단히 많은 알칼리성 식품이다. 맛과 향이 뛰어나 널리 사랑받으며 봄에 뜯어 나물과 쌈을 싸먹으면 독특한 향취가 미각을 자극한다. 제철에 나는 취를 말려두었다가 두고두고 먹을 수 있는 저장나물이기도 하다.

시금치

비타민A가 채소 중에서 가장 많고 비타민C와 칼슘, 철분 등이 풍부한 알칼리성 식품이다. 잎이 부드럽고 소화가 잘 되며 섬유질이 많아 변비에도 좋다. 수산성분이 많으므로 가능한 익혀서 먹는 것이 좋다.

고비

고사리와 비슷하게 생긴 나물로 어린잎과 줄기는 데쳐서 나물이나 국·찌개에 넣어 먹고, 말린 것은 약재로 이용한다. 육개장 재료로 많이 사용된다. 고비에는 비타민A와 B₂, 펜토산, 니코틴산 등이 풍부해 시력보호에 도움이 된다.

쑥갓

향이 독특하고 맛이 산뜻해 날로 먹어도 좋고 나물로 먹어도 맛있다. 쑥갓은 예로부터 위를 따뜻하게 하고 장을 튼튼하게 하는 채소로 애용되어 왔는데 식용·약용으로 널리 쓰이며 봄철 푸르게 돋아나는 어린 잎을 재료로 이용한다.

순무

순무의 매운맛은 항암작용을 하며 식이섬유소가 풍부해 변비예방에도 좋다. 칼륨이 다량 함유되어 있으면서 칼로리는 낮아 혈압을 내리는데 도움이 되며 알칼리성인데다 섬유질이 많아 피로해소와 다이어트에 효과적이다.

달래

달래에 많이 들어있는 비타민C는 열에 쉽게 파괴되므로 가능한 날것으로 먹는다. 새콤하게 무치거나 겉절이를 하면 맛도 좋고 영양도 보충할 수 있다. 작은 것은 알뿌리가 미처 성숙하지 못한 것이므로 조금 큰 듯한 것으로 고른다.

다시마

흑갈색의 잎으로 되어 있으며 말린 것을 주로 이용한다. 다시마의 주성분은 글루타민산으로 감칠맛이 나며 칼슘, 칼륨, 요오드가 풍부한 알칼리성 식품이다. 생다시마는 6~9월이 제철이고 건조된 것은 1년내내 손쉽게 구할 수 있다.

대구

참대구는 수분이 많고 부드러우며 담백한 맛이 난다. 대구알젓과 간유는 우수한 영양소이며 특히 간유는 비타민 A와 D, 타우린이 풍부하게 들어있다. 통통하면서 탄력이 있는 것을 고르고 잘라놓은 경우 하얀 것을 고른다.

파래

파래는 바닷속 영양 식물로 칼륨, 요오드, 칼슘, 식물성 섬유소 등 몸에 좋은 성분을 골고루 함유하고 있다. 성인병과 비만예방 식품으로도 각광받고 있다. 눈으로 보아 빛깔이 검고 광택이 나면서 특유의 향기가 있는 것이 상품이다.

청어

단백질이 풍부하고 지방분도 많아 병후의 회복기에 좋은 식품으로 알려져 있다. 청어의 간에는 비타민B_1, B_2가 많이 들어 있어 빈혈이 있는 사람에게 보혈제로 좋고 쓸개는 각종 눈병을 치료하는데 쓰인다.

패주

자양·강장에 좋을 뿐만 아니라 세포에 윤기를 주어 노화를 방지하고 혈압을 떨어뜨리는 작용을 하여 고혈압에 효과가 있다. 날것으로 먹어도 맛있지만 말린 것이 영양가나 약효면에서 훨씬 더 우수하다. 겨울에 단맛이 증가한다.

꼬막

특유의 풍미와 쫄깃한 살을 떼어먹는 재미가 있어 많은 사람들이 좋아한다. 양질의 단백질과 비타민, 필수아미노산이 균형있게 들어있어 어린이성장발육에 좋으며 철분과 무기질이 다량 함유되어 있어 빈혈에도 도움이 된다.

홍어

제철이 아니면 질기고 맛도 싱거워 겨울에서 이른 봄 산란기에 먹어야 연하고 좋다. 홍어는 고단백·저지방 식품이다. 가오리와 다른 점은 등이 거무스름하고 살색이 희다는 것이다. 삭혀서 막걸리와 함께 먹는 홍탁이 유명하다.

새조개

새부리 모양과 비슷하다 하여 지어진 이름. 크기가 크며 쫀득한 식감이 좋다. 칼로리와 지방함량이 낮아 다이어트에 효과적이며 치즈와 함께 섭취하면 새조개에 부족한 필수지방산을 보충할 수 있다. 껍질에 윤기가 나는 것이 좋다.

코다리

마른북어보다 촉촉하고 부드러우며 생태보다는 쫀득하고 구수한 맛이 난다. 값이 매우 싸서 겨울철 반찬거리로 자주 등장한다. 코다리는 너무 꾸덕하거나 축축한 것을 피하고 살이 많은 것을 고른다. 배쪽살색이 누런 것은 상한 것.

아귀

겨울철에 잡히는 것이 싱싱하고 맛이 있다. 아귀는 만져보아 살에 탄력이 느껴지면서 까실까실한 가지가 솟아있는 것이 싱싱하다. 몸 밖으로 미끌미끌한 진이 흘러나온 것은 선도가 떨어진 것이므로 조심한다.

가자미

살코기가 쫄깃쫄깃하고 단단하여 씹는 감촉이 좋고 맛이 좋기로 소문이 나서 회, 구이, 찜 등을 주로 해 먹는다. 비타민B_1이 풍부해 스트레스를 많이 받는 사람에게 좋으며 기억력 증강에도 도움을 준다.

해삼

'바다의 인삼'이라는 이름에 걸맞게 단백질, 칼슘, 철분이 풍부해 입맛을 돋우고 신진대사를 활발하게 하는 스태미너식. 칼로리가 적어 다이어트에도 좋다. 내장도 소금에 절여 젓갈로 먹고 알도 '해서지'라 하여 귀한 음식으로 친다.

광어 (넙치)

광어는 쫄깃한 감칠맛에 비린내도 없어 횟감으로 많이 이용된다. 단백질이 질이 우수하고 지방함량이 적어 비만을 방지하며, 맛이 담백하여 간장질환이 있는 사람이나 당뇨병 환자에게 좋은 식품이다. 광어는 눈이 좌측에 있다.

임연수

부드러우면서도 기름진 맛이 입맛회복을 돕는 생선이다. 아미노산과 미량원소가 풍부하며 구이나 찜, 조림하여 안주로 많이 이용된다. 표면이 깨끗하고 비린내가 심하지 않은 것으로 고른다.

▽ 달래오징어알찌개

재료　오징어알 250g, 무 100g, 달래 1묶음, 대파 1/2뿌리, 멸치국물 3컵, 고추장 2큰술, 된장 1큰술, 다진마늘 1/2큰술, 생강즙 1/2작은술, 액젓 1작은술

1 오징어알은 깨끗이 씻어 건진 후 한입 크기로 자르고, 무는 나박나박 썬다.
2 달래는 뿌리 부분을 잘 씻은 뒤 먹기 좋게 자른다. 대파는 어슷썬다.
3 멸치국물에 무를 넣고 한소끔 끓으면 고추장, 된장, 다진마늘, 생강즙, 액젓으로 간을 한다.
4 국물이 팔팔 끓으면 오징어알과 달래를 넣고 다시 한소끔 끓인다. 마지막에 대파를 넣는다.

✎ 굴꼬치구이

재료　굴 200g, 대파 2뿌리, 식용유 적당량, 꼬치 3~4개
양념장　고춧가루 1큰술, 간장 2큰술, 다진파 1/2큰술, 다진마늘 1작은술, 깨소금 1작은술

1 굴은 소금물에 흔들어 씻어 건져 두었다가 끓는 물에 살짝 데친 다음 건져 물기를 뺀다.
2 대파는 깨끗이 다듬어 2~3㎝ 크기로 썰어 둔다.
3 준비한 재료를 고루 섞어 양념장을 매콤하게 만든다.
4 꼬치에 대파와 굴을 번갈아 꿴다.
5 기름을 두른 팬에 꼬치를 넣고 앞뒤로 양념장을 발라 가며 노릇노릇하게 구워 낸다. 생선구이용 그릴에 한꺼번에 넣고 구워도 좋다.

▽ 다시마어묵탕

재료　튀김어묵 400g, 무(10cm 두께) 1토막, 다시마(20×20cm) 1장 ┊**탕국물**┊가다랭이포 2큰술,
국물멸치 5마리, 맛술 1큰술, 청주·설탕 1작은술씩, 간장 2큰술, 소금 약간, 물 6컵

1 달군 냄비에 멸치를 넣어 볶다가 비린맛이 없어지면 분량의 물을 붓고 끓여 진한 멸치국물을 만든다.

2 멸치국물을 체에 밭쳐 그 국물에 가다랭이포를 넣고 2분 정도 우려낸다.

3 냄비에 가다랭이포 우린 국물을 붓고 맛술과 청주, 간장, 설탕으로 맛을 내 끓인다.

4 어묵은 튀김어묵으로 준비해 모양대로 큼직하게 썰어서 끓는 물에 데쳐 기름기를 뺀다.

5 무는 2cm 두께로 도톰하게 썰고 다시마는 흰 가루를 닦아낸 뒤 3cm 크기로 자른다.

6 멸치국물에 무와 다시마를 넣어 끓이고 다시마는 5분 정도 끓인 후에 건져 사방 2cm 크기로 자른다.

7 국물이 진하게 우러나면 어묵을 넣어 2분 정도 끓이다가 다시마를 넣고 소금으로 간을 맞춘다.

굴톳샐러드

재료　굴 1컵, 톳 100g, 양상추 1/4통, 겨자잎 3장 ┊레몬소스┊레몬 1/2개, 올리브오일 5큰술, 설탕 1/2큰술, 소금·후춧가루 약간씩, 굵은소금 약간

1 굴은 싱싱한 것으로 준비해 연하게 푼 소금물에 담가 흔들어 씻는다. 2 톳은 끓는물에 데친 후 찬물에 헹궈 물기를 뺀다. 3 양상추는 먹기 좋은 크기로 자르거나 잎을 떼고 겨자잎은 굵직하게 채썬다. 4 레몬소스에 넣을 레몬은 속은 즙을 짜고 껍질은 노란 부분만 벗겨 곱게 채썬 다음 준비한 다른 재료와 고루 섞는다. 5 넓은 그릇에 굴과 톳, 양상추, 겨자 잎을 담고 만들어 놓은 레몬소스를 뿌려 가볍게 버무린다.

취나물

재료　삶은 취 400g, 국간장 1큰술, 다진마늘 1작은술, 참기름 1/2큰술, 올리브오일 2큰술, 소금 약간

1 삶은 취는 억센 줄기는 잘라내고 연한 것만 추려서 맑은 물에 다시 한 번 헹궈 물기를 짠 후 먹기 좋은 크기로 자른다.
2 오목한 팬에 취와 국간장, 다진마늘, 참기름, 올리브오일, 소금 등을 모두 넣고 조물조물 무쳐서 잠시 간이 배도록 둔다.
3 팬을 불에 올려 취나물에 간이 배도록 달달 볶는다.

시금치나물

재료　시금치 300g, 마늘 3쪽, 참기름 1큰술, 소금 1/2작은술

1 시금치는 뿌리를 자르고 깨끗하게 씻어 끓는 물에 데쳐 찬물에 얼른 헹군다.
2 김발에 시금치를 올려 놓고 돌돌말아 물기를 짠다.
3 마늘은 굵직하게 채썬다.
4 시금치와 마늘채를 그릇에 담고 참기름과 소금을 넣어 간이 배도록 고루 무친다.

🥄 코다리김치조림

재료　코다리 2마리, 김치 500g, 마늘 1쪽, 마른고추 1개, 부추 200g, 청주 2큰술, 간장 1큰술

1 김치는 잘게 송송 썰고 김치국물은 남겨 둔다.
2 마늘은 다지고 부추는 깨끗하게 손질해서 4cm 길이로 썬다. 마른고추는 어슷하게 자른 다음 씨를 턴다.
3 코다리는 머리를 잘라내고 먹기 좋게 토막을 낸다.
4 냄비에 김치와 코다리를 넣고 김치국물도 붓는다. 여기에 마늘과 고추, 간장, 청주를 넣어서 8~10분 정도 끓이다가 뚜껑을 열고 부추를 넣은 후 강한 불에서 1~2분 정도 끓여 낸다. 호일로 뚜껑을 만들어 덮고 끓이면 더 잘 익는다.

🥄 꼬막채소무침

재료　꼬막 400g, 숙주 100g, 미나리 50g, 붉은고추 1/2개
양념장｜간장·다진마늘 1큰술씩, 고춧가루·깨소금 1/2큰술씩, 설탕 2/3큰술, 식초·참기름 1작은술씩, 소금·후춧가루 약간씩

1 꼬막은 소금물에 담가 해감을 토하게 한 후 끓는 물에 소금을 약간 넣고 데친 다음 살만 발라낸다.
2 숙주는 머리와 꼬리를 다듬어 살짝 데치고, 미나리는 살짝 데쳐 숙주와 비슷한 길이로 썬다. 고추는 동글동글 썬다.
3 간장, 고춧가루, 설탕 등 분량의 재료를 섞어서 양념장을 만든다.
4 준비한 꼬막살과 채소에 양념장을 넣어 버무린다.

🥄 달래김무침

재료 달래 100g, 김 10장, 붉은고추 1/2개 ┆ **무침양념** ┆ 간장 3큰술, 고춧가루·참기름 1큰술씩, 설탕·통깨 1/2큰술씩

1 달래는 여러 번 헹궈 씻은 후 5cm 길이로 자르고 붉은고추는 씨를 털어내고 곱게 채썬다.

2 김은 바삭하게 구워 비닐봉지에 넣고 곱게 부순다.

3 분량의 재료를 섞어 무침양념을 만든다.

4 달래와 붉은고추채에 무침양념을 넣어 살살 버무린 다음 부순 김을 넣고 가볍게 섞는다.

꼬막조림

재료　꼬막 200g, 굵은소금 약간, 생강 1/4쪽 ┊ 조림장 ┊ 간장·다시마물·다진파 2큰술씩, 참기름 1/2작은술, 깨소금 1큰술, 다진마늘·맛술 1작은술씩, 소금·후춧가루 약간씩

1 꼬막은 껍질끼리 부딪쳐가며 씻어서 소금물에 담가 신문지를 덮어 해감을 뺀 다음 찬물에 여러 번 헹궈 물기를 뺀다.
2 냄비에 물을 넉넉하게 붓고 생강을 큼직하게 썰어 넣은 후에 끓으면 꼬막을 넣어 삶는다.
3 꼬막이 입을 완전하게 벌리고 익으면 꺼내어 찬물에 헹궈 한쪽 껍데기를 떼어낸다.
4 분량의 재료를 골고루 섞어 조림장을 만든다.
5 냄비에 꼬막을 담고 속살 위에 조림장을 약간씩 얹어 약한 불에서 뚜껑을 덮어 2분 정도 조려 간이 배면 그릇에 담는다.

🥄 홍어회무침

재료 홍어(작은 것) 1/2마리 ┊ **식촛물** ┊ 물 2컵, 식초 1/2컵, 오이 1개, 도라지 150g ┊ **무침양념** ┊ 다진파·식초 1큰술씩, 다진마늘 1작은술, 고추장·설탕 3큰술씩, 깨소금 1작은술

1 홍어를 잘게 썬 다음 식촛물에 씻어 오들거리게 한 다음 면보에 싸서 물기를 꼭 짠다.
2 오이는 반달로 어슷썰고, 도라지는 잘게 찢어 고추장, 다진파, 마늘, 설탕, 깨소금으로 양념하여 무친다.
3 ②에 홍어를 넣어 같이 버무린다. 입맛에 따라 소면을 삶아 곁들인다.

🥄 홍어매운찜

재료 홍어(꾸덕하게 말린 것) 600g, 소금·빻은 통후추 약간씩, 청주·양파즙 2큰술씩 ┊ **양념장** ┊ 다진청양고추 2큰술, 다진붉은고추·마늘채·간장·맛술·참기름 1큰술씩, 참치액 1작은술, 다시마물 2큰술, 실고추·통깨 약간씩

1 홍어는 꾸덕하게 말린 것으로 준비해 사방 5cm 크기로 자른다.
2 홍어에 소금, 빻은 통후추, 청주, 양파즙을 뿌려 밑간을 한다.
3 김이 오른 찜기에 면보를 깔고 홍어를 넣어 20분 정도 찐다.
4 분량의 재료를 고루 섞어 찜양념장을 만들어 놓는다.
5 홍어가 한김이 나가면 결대로 찢어 양념장을 뿌려 골고루 버무린다.

취나물 데치기

두부 으깨기

취나물두부무침

재료　취 150g, 두부 1/3모 ┊두부소스┊ 깨소금 2큰술, 설탕·소금·간장 1작은술씩, 멸치국물 2큰술

1 취는 여린 잎으로 준비하여 깨끗하게 씻어 소금물에 파랗게 데쳐 물기를 거둔다.

2 두부는 깨끗한 행주에 싸서 무거운 것으로 눌러 물기를 뺀다.

3 분마기에 깨소금을 넣고 기름이 배어나오도록 갈다가 두부를 넣어 함께 으깨면서 섞는다.

4 으깬 두부에 설탕, 소금, 간장, 멸치국물을 넣어서 밑간을 하고 고루 섞는다.

5 완성된 두부소스에 삶은 취를 넣고 무친다.

쑥갓청포묵무침

재료　청포묵 150g, 쑥갓 80g, 실파 2뿌리, 붉은고추 1/2개, 청양고추 1개, 소금·포도씨오일 약간씩 ┊**양념장**┊ 간장·다진마늘·고운고춧가루·참기름·깨소금 1작은술씩, 맛술 1큰술, 소금 약간

1 청포묵은 사방 3cm 크기 1cm 두께로 썰어 소금과 포도씨오일을 한 방울 정도 떨어뜨린 끓는 물에 데친 후 찬물에 헹궈 물기를 뺀다.
2 쑥갓은 짧게 끊어 물에 헹궈 건진다.
3 실파는 1cm 길이로 썰고, 붉은고추와 청양고추는 반 갈라 씨를 빼고 2cm 길이로 곱게 채썬다.
4 그릇에 청포묵을 담고 간장, 마늘, 참기름으로 버무려 간을 한 후 쑥갓을 넣고 맛술, 고운고춧가루, 깨소금을 넣어 버무리고 마지막으로 소금으로 간을 맞춘다.
5 실파와 붉은고추·청양고추채를 넣어 젓가락으로 버무려 그릇에 담아 낸다.

청어무조림

재료　청어 2마리, 무 1/2개, 대파 1뿌리, 풋고추·붉은고추 1개씩 ┊**조림장**┊ 간장 4큰술, 다진마늘 2큰술, 다진생강 1/2큰술, 설탕·고춧가루 2큰술씩, 고추장 1/2큰술

1 청어는 비늘을 긁어낸 뒤 머리를 잘라내고 내장을 제거해 6cm 길이로 토막을 낸다.
2 무는 1cm 두께로 반달 모양으로 썰어 모서리를 도려낸다.
3 대파는 어슷하게 썰고 풋고추·붉은고추도 어슷하게 썰어서 물에 한 번 헹구어 건진다.
4 분량의 재료를 섞어서 조림장을 만든 다음 풋고추·붉은고추, 대파 썬 것을 넣는다.
5 냄비에 무를 깔고 조림장을 끼얹은 다음 청어를 올리고 물을 1/2컵 정도 부어 조린다.

가자미채소구이와 된장드레싱

재료　　가자미 2마리, 청피망·홍피망 1/2개씩, 양파 1/4개, 버터·가다랭이포 2큰술씩, 소금 약간
┊ **된장드레싱** ┊ 미소된장·물엿·레몬즙 1큰술씩, 다시마물 5큰술, 참치액 1작은술, 맛술 2큰술

1 가자미는 손질해 씻어 채반에 올려 소금을 뿌려 밑간한다.
2 청피망, 홍피망, 양파는 곱게 채썬다.
3 달군 팬에 버터를 녹이고 채썬 양파와 피망을 재빨리 볶아낸다.
4 ③의 팬에 밑간한 가자미를 넣고 앞뒤로 노릇하게 굽는다.
5 분량의 재료를 고루 섞어 된장드레싱을 만든다.
6 접시에 볶은 채소와 구운 가자미를 담고 된장드레싱을 끼얹은 후 가다랭이포를 올린다.

이.달.의.밥.상

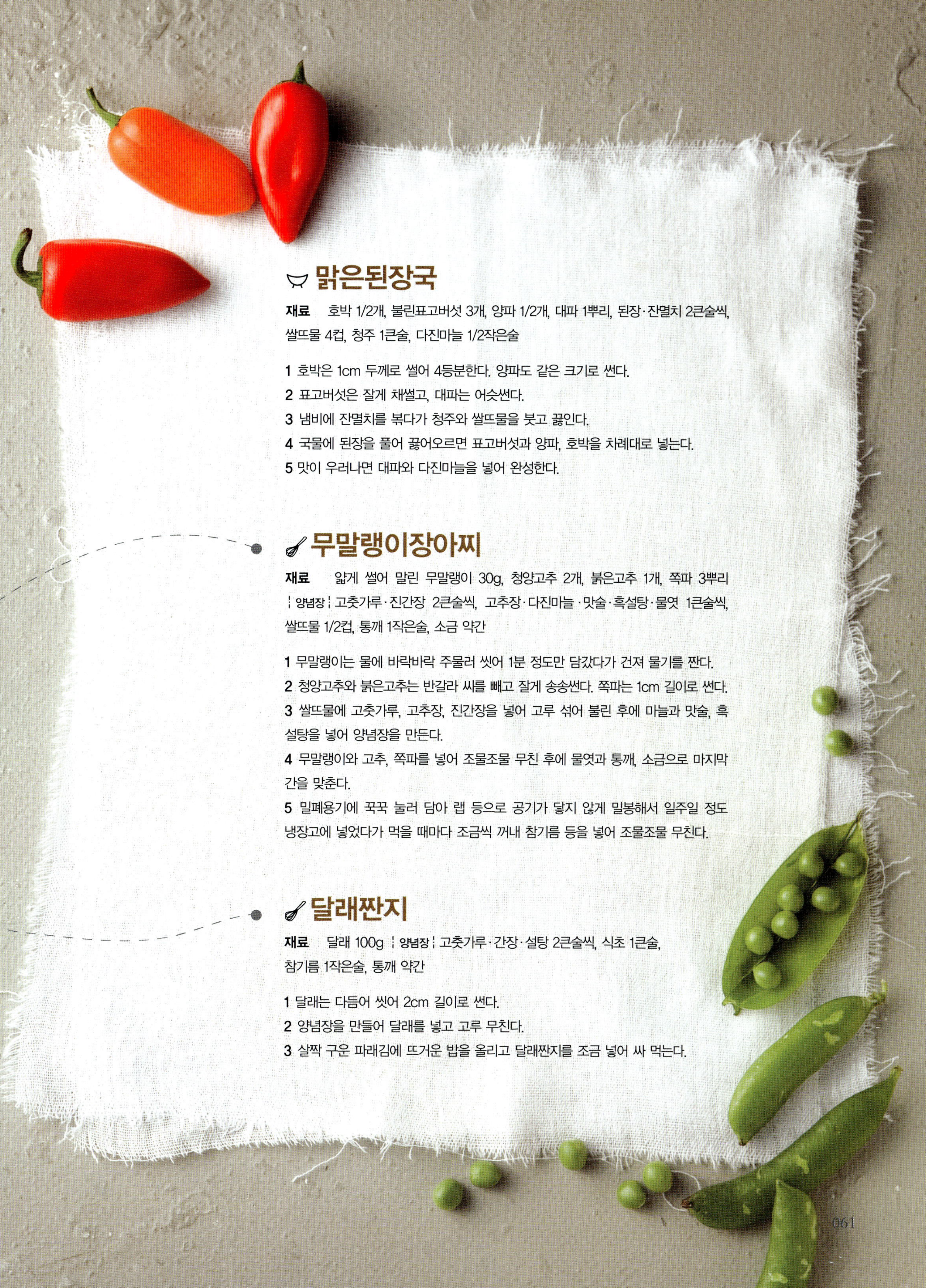

▽ 맑은된장국

재료　호박 1/2개, 불린표고버섯 3개, 양파 1/2개, 대파 1뿌리, 된장·잔멸치 2큰술씩, 쌀뜨물 4컵, 청주 1큰술, 다진마늘 1/2작은술

1 호박은 1cm 두께로 썰어 4등분한다. 양파도 같은 크기로 썬다.
2 표고버섯은 잘게 채썰고, 대파는 어슷썬다.
3 냄비에 잔멸치를 볶다가 청주와 쌀뜨물을 붓고 끓인다.
4 국물에 된장을 풀어 끓어오르면 표고버섯과 양파, 호박을 차례대로 넣는다.
5 맛이 우러나면 대파와 다진마늘을 넣어 완성한다.

🥄 무말랭이장아찌

재료　얇게 썰어 말린 무말랭이 30g, 청양고추 2개, 붉은고추 1개, 쪽파 3뿌리
┊**양념장**┊ 고춧가루·진간장 2큰술씩, 고추장·다진마늘·맛술·흑설탕·물엿 1큰술씩, 쌀뜨물 1/2컵, 통깨 1작은술, 소금 약간

1 무말랭이는 물에 바락바락 주물러 씻어 1분 정도만 담갔다가 건져 물기를 짠다.
2 청양고추와 붉은고추는 반갈라 씨를 빼고 잘게 송송썬다. 쪽파는 1cm 길이로 썬다.
3 쌀뜨물에 고춧가루, 고추장, 진간장을 넣어 고루 섞어 불린 후에 마늘과 맛술, 흑설탕을 넣어 양념장을 만든다.
4 무말랭이와 고추, 쪽파를 넣어 조물조물 무친 후에 물엿과 통깨, 소금으로 마지막 간을 맞춘다.
5 밀폐용기에 꾹꾹 눌러 담아 랩 등으로 공기가 닿지 않게 밀봉해서 일주일 정도 냉장고에 넣었다가 먹을 때마다 조금씩 꺼내 참기름 등을 넣어 조물조물 무친다.

🥄 달래짠지

재료　달래 100g ┊**양념장**┊ 고춧가루·간장·설탕 2큰술씩, 식초 1큰술, 참기름 1작은술, 통깨 약간

1 달래는 다듬어 씻어 2cm 길이로 썬다.
2 양념장을 만들어 달래를 넣고 고루 무친다.
3 살짝 구운 파래김에 뜨거운 밥을 올리고 달래짠지를 조금 넣어 싸 먹는다.

시금치두부전

재료 시금치 1/3단, 불린표고버섯 2개, 당근 1/5개, 양파 1/4개, 밀가루 1/2컵, 달걀 1개, 두부 1/2모, 소금·깨소금 1작은술씩, 후춧가루 약간, 참기름 1큰술, 포도씨오일 적당량

1 시금치는 끓는 물에 데친 뒤 찬물에 헹궈 꼭 짠 후 송송썬다.
2 불린표고버섯도 물기를 짠 뒤 송송썬다.
3 당근과 양파는 표고버섯 크기로 썬다.
4 두부를 곱게 으깨어 분량의 밀가루, 달걀을 넣어 고루 섞는다.
5 두부반죽에 시금치, 표고버섯, 당근, 양파를 넣고 소금, 후춧가루, 깨소금을 넣고 반죽을 완성한다.
6 반죽을 동글납작하게 빚은 후 참기름과 포도씨오일 두른 팬에 노릇하게 부친다.

고비쇠고기볶음

재료 불린고비 200g, 쇠고기(우둔살) 100g, 다시마국물 5큰술, 통깨 약간
볶음양념 국간장·다진파 1큰술씩, 다진마늘·참기름 1/2큰술씩, 깨소금 1작은술, 소금·후춧가루 약간씩

1 고비는 하룻밤 물에 불려 부드러워질 때까지 삶아 그대로 식힌다.
2 분량의 재료를 섞어 볶음양념을 만든다.
3 삶아 둔 고비는 단단한 부분을 잘라내고 5~6cm 길이로 잘라 양념을 반 정도 덜어 무친다.
4 곱게 채썬 쇠고기는 나머지 양념으로 재워 둔다.
5 냄비를 달군 후 쇠고기를 넣고 달달 볶아 익힌 다음 고비를 넣고 볶는다.
6 다시마물을 넣고 뚜껑을 덮어 약한 불에서 국물이 자작해질 때까지 익힌 후 고루 섞어 통깨를 뿌려 낸다.

🥄 순무생채

재료   순무 2~3개, 굵은소금 1큰술,
고춧가루 2큰술, 쪽파 10뿌리 ┊생채양념┊
액젓 1/2큰술, 설탕 1작은술, 다진마늘 1큰술,
다진생강 1/4작은술, 통깨 1/2작은술, 소금
약간

1 순무는 껍질을 벗기고 4cm 길이로 굵게
채썰어 물에 헹군 뒤 굵은소금을 약간 뿌려
살짝 절인다.
2 절인 무는 깨끗이 씻어 물기를 꼭 짠 뒤
고춧가루로 버무려 빨갛게 색을 들인다.
3 쪽파는 다듬어 씻어 3cm 길이로 썬다.
4 고춧가루에 버무린 순무에 쪽파를 넣고
생채양념을 모두 넣어 살살 버무린 다음 통
깨를 뿌려 상에 낸다.

🥄 연근조림

재료   연근 200g, 물 3컵, 식초 1큰술
┊간장양념┊ 진간장·물엿 1/2컵씩, 식용유
2큰술, 물 2컵

1 연근은 껍질을 벗긴 후 깨끗이 다듬어 씻
어 동그란 모양을 살려 0.3cm 두께로 썬다.
2 준비한 연근은 끓는 물에 식초를 넣고 삶
아 1/3 정도만 익힌 후 찬물에 헹궈 건져 물
기를 뺀다.
3 냄비에 진간장과 물을 담은 후 연근을 넣
고 끓이다 국물이 1/3 정도 줄면 물엿과 식
용유를 넣어 은근하게 조려 익힌다.
4 마지막에 참기름을 약간 넣고 뒤적여 불
에서 내려 완성한다.

홍어오이초무침

재료　홍어(날개 쪽 살) 300g, 오이 1개, 배 1/4개, 밤 5톨, 쪽파 5뿌리, 풋고추·붉은고추 1개씩,
고춧가루 1큰술, 통깨 약간 ┊ **홍어절임장** ┊ 식초·맛술·소주·설탕 3큰술씩, 소금 1/2큰술
┊ **무침양념** ┊ 고춧가루 3큰술, 고추장·조청·설탕·소주 1큰술씩, 식초 2큰술, 다진마늘·참기름·
통깨 1/2큰술씩, 생강즙 1/2작은술, 소금·후춧가루 약간씩

1 홍어는 5×1cm 정도로 저며 썰어 절임장에 30분 정도 재운다.
2 오이는 반으로 갈라 얄팍하게 어슷썰고 배와 밤은 납작하게 썬다.
3 쪽파와 고추는 3cm 길이로 채썬다.
4 절인 홍어를 손으로 눌러 물기를 꼭 짠 후 고춧가루 1큰술을 넣고 고루 버무려 물을 들인다.
5 분량의 재료를 고루 섞어 무침양념을 만든다.
6 그릇에 홍어를 담고 무침양념을 반 정도 덜어 버무린 다음 남은 재료와 양념을 모두 넣어 고
루 버무린 후 통깨를 뿌려 낸다.

🥄 연근고추장조림

재료　연근 250g, 식초·고추장 1큰술씩, 물엿 2작은술, 참기름 1/2큰술, 소금 약간

1 연근은 껍질을 벗기고 약간 도톰하게 저며 썬 후 식초를 넣은 물에 담가 한소끔 팔팔 끓인다.
2 팬에 고추장과 물엿, 참기름을 넣어 고루 저은 후 연근을 넣어 가볍게 버무려 불에 올린다.
3 양념이 연근에 배도록 고루 저어가며 조리다가 소금을 넣어 간을 맞춘다.

🥄 당근돼지호박오븐구이

재료　당근 200g, 돼지호박 200g, 올리브오일 2큰술, 월계수잎 2~3장, 로즈메리 1줄기, 소금·통후추 약간씩 ¦소스¦ 발사믹식초 1작은술, 레몬즙 1작은술, 디종 머스터드 1작은술, 올리브오일 3큰술, 소금 약간

1 당근, 호박은 4cm 길이로 썰어서 4등분해 막대 모양으로 잘라 약간의 소금을 뿌려 두었다가 물기를 닦아낸다.
2 분량의 재료를 섞어 소스를 만든다.
3 오븐용기에 오일을 두르고 당근과 호박, 월계수잎, 로즈메리를 넣고 소금·후추를 뿌려 200°C 오븐에 넣어 굽는다.
4 중간에 꺼내어 앞뒤로 돌려주고, 다 익으면 꺼내어 뜨거울 때 소스를 뿌려 낸다.

🍴 파래무침

재료　파래 1묶음(150g), 무채 1/4개 분량, 붉은고추채 약간, 마늘채·고운 고춧가루 1작은술씩,
액젓·다진파·깨소금 2작은술씩, 참기름 1작은술

1 파래는 흐르는 물에 깨끗이 씻어 건져 물기를 꼭 짜 둔다.
2 무는 4cm 길이로 곱게 채썬다.
3 파래와 무채, 고추채, 마늘채, 고춧가루, 액젓, 다진 파, 깨소금, 참기름을 분량대로 넣고 조물
조물 무친다.

Tip 파래를 뜨거운 물에 소금을 약간 넣고 살짝 데친 다음 무치면 더욱 맛있어요.

가자미 밑간하기

오렌지 데치기

소스 끓이기

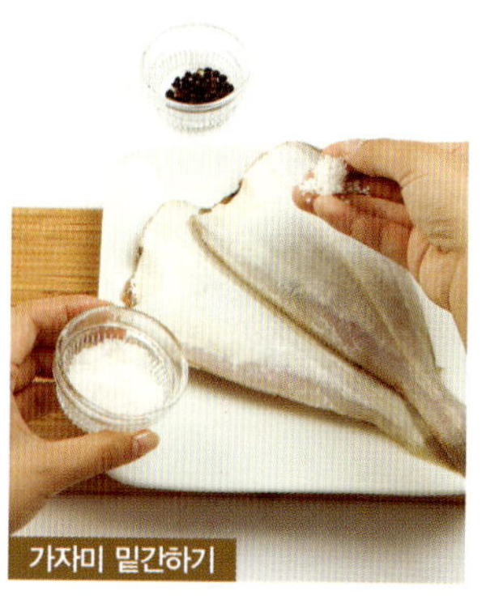

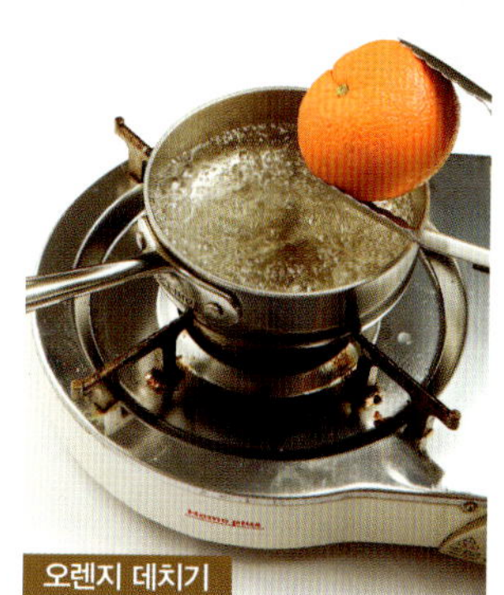

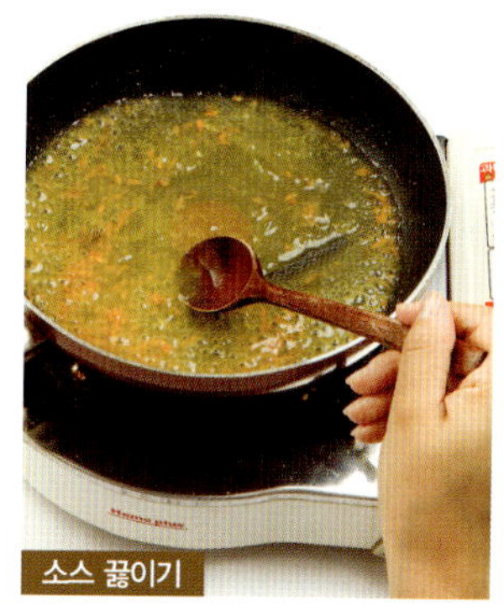

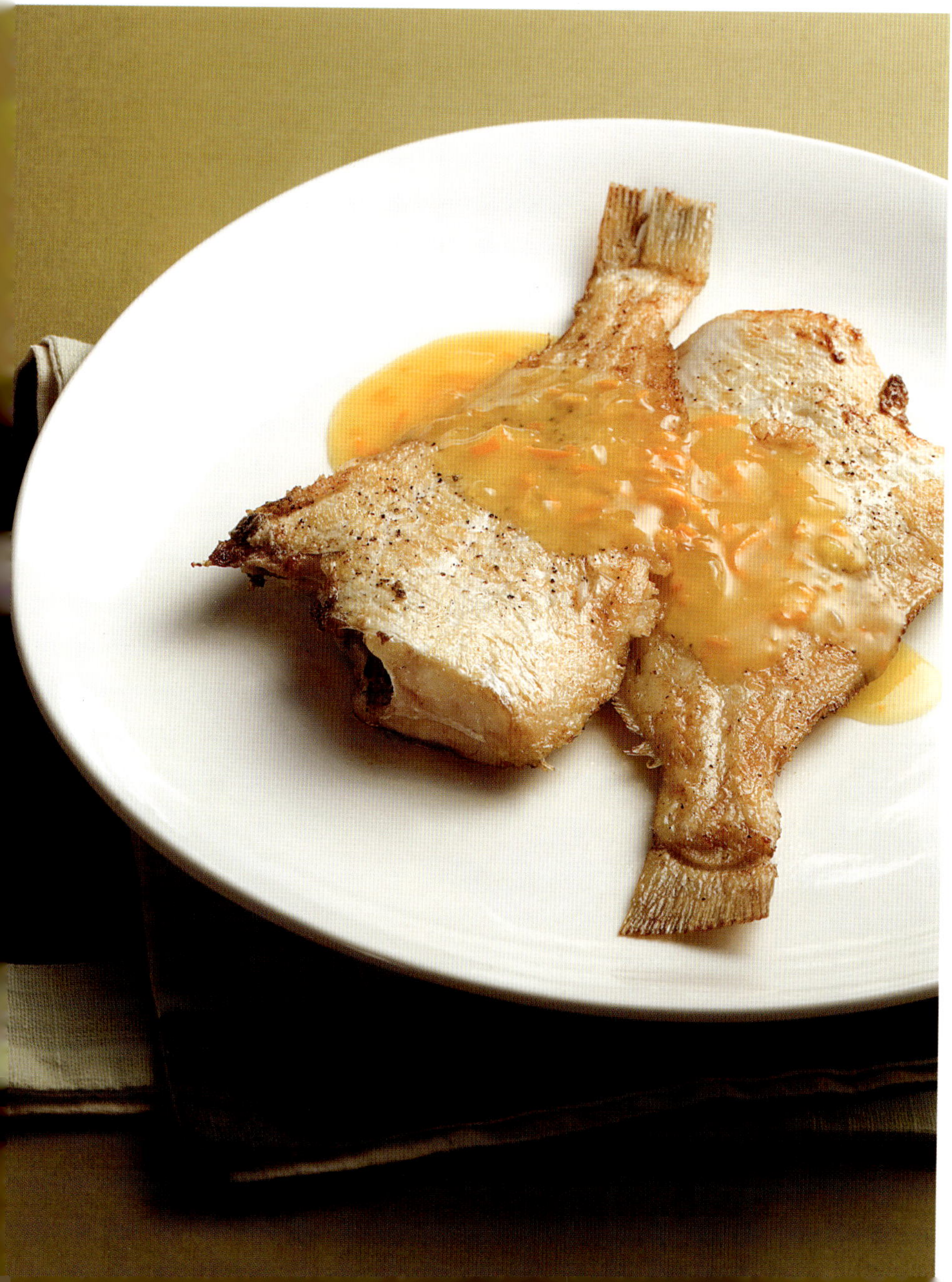

가자미스테이크

재료 가자미 2마리, 소금·후춧가루 약간씩, 버터 1큰술, 포도씨오일 1큰술, 소다 1작은술 ¦ **오렌지소스** ¦ 오렌지 1개, 화이트와인·설탕 2큰술씩, 식초·생강즙 1큰술씩, 소금 약간, 녹말물 1큰술

1 가자미는 머리를 자르고 내장과 비늘, 지느러미를 손질한 다음 소금과 후춧가루로 밑간한다.

2 오렌지는 끓는 물에 담갔다 뺀 후 소다로 문질러 닦는다.

3 오렌지의 노란 껍질 부분만 필러로 벗겨 내고, 나머지는 반으로 잘라 즙을 내서 담아 둔다.

4 달군 팬에 버터를 두르고 밑간한 가자미를 앞뒤로 노릇하게 굽는다.

5 팬에 포도씨오일과 오렌지 껍질을 넣어 살짝 볶다가 녹말물을 제외한 오렌지소스 재료와 ③의 오렌지즙을 넣고 끓이다 녹말물을 부어 소스를 완성한다

6 구워 놓은 가자미 위에 오렌지소스를 끼얹어 낸다.

🥄 연근튀김샐러드

재료　연근 250g, 미니파프리카 4개, 겨자잎·적겨자잎·오크리프 40g씩, 신선초·비타민 30g씩, 식용유 적당량 ┆ 검은깨드레싱 ┆ 검은깨 2큰술, 간장·식초·참기름 2작은술씩, 설탕 1큰술

1 연근은 필러로 껍질을 벗기고, 얇고 둥글게 썬 후 식용유를 두른 팬에 넣고 바삭하게 튀긴다.
2 미니파프리카는 반으로 길게 자르고, 나머지 잎채소는 적당한 크기로 자른다.
3 믹서에 분량의 드레싱 재료를 넣고 곱게 간다.
4 그릇에 손질한 야채와 튀긴 연근을 가지런히 담은 후 검은깨드레싱을 곁들여 낸다.

🥄 쑥갓봄배추무침

재료   쑥갓 150g, 봄배추 300g, 양파 1/2개, 붉은고추 1개, 소금 약간 ┆**겉절이양념장**┆
고운고춧가루 2큰술, 들깨가루 1작은술, 다진마늘·다진파·설탕·식초 1큰술씩, 소금 약간

1 쑥갓은 다듬어 씻어 5cm 길이로 썬다.
2 봄배추는 다듬어 씻어 5cm 길이로 썬 다음 소금을 뿌려 살짝 절인 후 찬물에 헹군다.
3 양파는 곱게 채썰어 찬물에 담가 매운맛을 빼고 붉은고추는 어슷하게 채썰어 씨를 뺀다.
4 분량의 재료를 섞어 겉절이양념장을 만든다.
5 큰 그릇에 준비한 쑥갓, 봄배추, 양파, 붉은고추를 담고 양념장을 넣어 살살 버무린다.

🥄 우엉쇠고기말이구이

재료 우엉조림 60g, 쇠고기(산적용) 200g, 깻잎 10~15장, 양배춧잎 5장, 민트잎 약간,
올리브오일 2큰술 ┊ **쇠고기양념** ┊ 참기름 1/2큰술, 다진마늘 1/4작은술, 설탕 1/3작은술,
소금·후춧가루 약간씩

1 쇠고기는 산적용으로 준비해 손바닥만 한 크기로 잘라 납작하게 포를 뜬 후 칼등으로
자근자근 두들겨 부드럽게 편 후 쇠고기 양념에 잠시 재워 둔다.
2 깻잎은 씻어 물기를 턴 후 꼭지를 자르고 양배춧잎은 채썰어 곁들이로 준비한다.
3 양념한 쇠고기에 깻잎을 한 장씩 깔고 우엉조림을 넣어 돌돌 만다.
4 달군 팬에 올리브오일을 두르고 타지 않게 굴려가며 굽는다.
5 양배추채와 민트잎을 곁들인다.

🍳 가자미튀김조림

재료 가자미 1마리, 밀가루 1/3컵, 달걀 1/2개, 물 2큰술, 식용유 1/2컵, 무순 약간
┊ **조림장** ┊ 마늘 3쪽, 진간장 2큰술, 참기름 1큰술, 물엿 2작은술, 물 1/3큰술

1 가자미는 살이 약간 도톰한 것으로 준비해 살만 포를 떠 소금을 뿌려 간한다.

2 손질한 가자미에 밀가루를 2큰술 정도 덜어서 뿌려 가루옷을 입힌다.

3 남은 밀가루에 달걀과 물을 붓고 고루 저어 튀김옷을 만든 다음 가루옷 입힌 가자미를 넣어 튀김옷을 입힌다.

4 끓는 기름에 튀김옷 입힌 가자미를 넣어 노르스름하고 바삭하게 튀겨 기름기를 뺀다.

5 마늘을 칼등으로 눌러 굵직하게 으깬 후 조림장 재료에 넣어 한소끔 끓인다.

6 끓어오르면 튀긴 가자미를 넣어 양념이 배도록 조린다. 접시에 담고 무순을 곁들인다.

🍳 패주채소버터구이

재료 패주 3개, 호박 1/5개, 표고버섯 2개, 양파 1/4개, 붉은고추 1개, 버터 2큰술, 소금·후춧가루 약간씩

1 패주는 깨끗하게 손질해 칼을 뉘어 납작하게 포를 뜬 후 앞뒤로 잔칼집을 넣는다.

2 호박은 한입 크기로 도톰하게 저며 썰고 표고버섯과 양파도 호박과 비슷한 크기로 자른다. 고추는 반 갈라 씨를 털어낸 후 다른 재료와 비슷한 크기로 네모나게 자른다.

3 달군 팬에 버터를 두르고 호박을 먼저 넣어 볶은 후 버섯과 양파, 패주, 고추를 넣어 서로 어우러지도록 볶는다.

4 불에서 내리기 전에 소금과 후춧가루를 뿌려 맛을 더한다.

정월대보름 상차림

🥄 다섯 가지 묵은나물

재료 **시래기나물** 데친시래기 200g, 식용유 1큰술, 물 4~5큰술 ¦ **양념** ¦ 국간장·다진파 1큰술씩, 다진마늘·깨소금·참기름 1/2큰술씩 **고사리나물** 불린고사리 200g, 식용유 1큰술, 물 4~5큰술 ¦ **양념** ¦ 국간장·다진파 1큰술씩, 다진마늘·깨소금·참기름 1/2큰술씩, 설탕 약간 **토란대나물** 불린토란대 200g, 식용유 1큰술, 물 4~5큰술 ¦ **양념** ¦ 국간장·다진파 1큰술씩, 다진마늘·깨소금·참기름 1/2큰술씩, 후춧가루 약간 **호박오가리나물** 호박고지 200g, 식용유 2큰술, 물 4~5큰술 ¦ **양념** ¦ 간장 2큰술, 다진파·참기름 1큰술씩, 다진마늘·깨소금 1/2큰술씩 **도라지나물** 통도라지 200g, 식용유 1큰술, 물 4~5큰술, 다진파 1작은술, 다진마늘 1/2작은술 ¦ **소금물** ¦ 소금 1작은술, 물 적당량 ¦ **무침양념** ¦ 깨소금·참기름 1/2큰술씩, 간장 약간

시래기나물 → 시래기는 끓는 물에 한 번 더 데쳐 잘 헹군 후 물기를 짜고 5~6cm 길이로 잘라 분량의 양념으로 버무린다.

고사리나물 → 불린고사리는 찬물에 넣고 삶아 부드럽게 한 후 여러 번 헹군 다음 물기를 짜고 5~6cm 길이로 잘라 분량의 양념으로 버무린다.

토란대나물 → 불린토란대는 끓는 물에 데쳐 낸 후 여러 번 헹군 후 물기를 짜고 굵은 것은 반으로 갈라 5~6cm 길이로 자르고 분량의 양념으로 비무린다.

호박오가리나물 → 호박고지는 물에 스치듯이 한 번 씻은 후 2시간 정도 불린 후 물기를 제거하고 분량의 양념으로 밑간한다.

도라지나물 → 통도라지는 껍질을 벗긴 후 5~6cm 길이로 잘라 3, 4쪽을 내고 소금물에 담가 아린맛을 우려낸 후 밑간한다. 기름을 두른 팬에 넣고 볶다가 물을 붓고 뚜껑을 덮어 뜸을 들이는데 국물이 거의 스며들면 무침 양념을 넣고 버무린다.

> 도라지를 제외한 준비된 모든 재료는 각각 프라이팬에 식용유를 두르고 볶다가 물을 붓고 국물이 졸아들 때까지 뭉근히 익힌 후 접시에 담아 상에 낸다.

오곡밥

재료　멥쌀 1컵, 찹쌀 1컵, 검은콩 1/4컵, 차조 · 수수 · 팥 1/4컵씩, 밥물(팥 삶은 물 1컵, 물 2컵 내외), 소금 약간

1 찹쌀과 멥쌀, 검은콩은 깨끗이 씻어 불린다. 차조는 깨끗이 씻어 일어 체에 건져 둔다.
2 수수는 전날 밤부터 씻어 물을 갈아가며 불려 떫은맛을 우린다.
3 팥은 잘 씻어 찬물을 붓고 끓여 첫 물은 따라내고 다시 물을 넉넉하게 부어 팥알이 터지지 않도록 삶아 두고 팥물은 소금으로 간한다.
4 솥에 차조를 제외한 곡식을 담고 준비한 밥물을 붓고 끓이다가 한소끔 끓어오르면 불을 줄이고 차조를 넣는다.
5 밥물이 잦아들면 불을 아주 약하게 줄여 뜸을 들여 완성한다.

3월에 참 맛있는 제철음식

꽃샘추위가 기승을 부리고 황사현상이 나타나는 시기. 하지만 장에 나가면 어느새 봄채소, 햇나물들이 장바구니를 유혹한다. 봄동, 미나리, 쑥, 냉이, 달래 모두 군침이 돌게 하는 식품들이다. 바지락, 조개류도 제 맛을 자랑하고 조기의 바특한 맛도 기분 좋게 식욕을 자극한다. 야채류가 풍성한 달이어서 좋기도 하지만 자칫하면 영양의 밸런스를 잃을 수도 있다. 가족들의 건강을 위해 육류와 생선류의 고른 섭취도 잊지 않도록 한다.

3월에는 육포, 어포, 김자반을 만들고 동치미무장아찌와 김장아찌도 만든다. 어리굴젓과 곤쟁이젓도 이때 만들고 간장, 고추장을 담그기도 한다.

3월의 채소　　봄동, 미나리, 달래, 냉이, 씀바귀, 고들빼기, 쑥, 땅두릅, 고사리, 청경채, 참나물, 양배추, 취
3월의 해산물　물미역, 톳, 바지락, 대합, 모시조개, 피조개, 도미, 꼬막, 주꾸미, 조기, 가자미, 관자(키조개)
3월의 과일　　딸기, 금귤

3월에 맛있는 제철식품

산나물, 들나물이 풍부하고 조개류도 맛있을 때다.
된장 풀어 조갯국도 끓이고 참조기가 한창 때이므로
좀 넉넉히 구입하여 굴비도 만들어 보자.

딸기 | 딸기는 비타민C가 풍부하여 항산화작용이 뛰어난 과일이다. 딸기 속 일라직산은 암세포를 억제하는 놀라운 효능을 갖고 있다. 꼭지가 진한 푸른색을 띠고 꼭지부분까지 붉은색을 띤 것이 맛있다.

금귤 | 금귤의 껍질에는 비타민C와 함께 플라보노이드, 펜토산 등이 다량 함유되어 있어 감기예방에 도움이 된다. 특히 노인들의 겨울철 기침에 효과가 뛰어나다. 껍질째 먹기도 하지만 설탕에 절여두었다 먹기도 한다.

냉이

야채 중에서 단백질 함량이 가장 높고 칼슘, 철분 같은 무기질이 풍부하다. 특히 냉이 잎에는 비타민A와 C가 많다. 잎이 연하고 싱싱한 것으로 고르고, 뿌리가 너무 굵고 잎이 누렇게 변해 있는 것은 피한다.

미나리

향기가 상큼하고 씹는 맛이 좋은 봄나물. 잎부분은 향이 약하므로 잎보다는 줄기 부분이 음식에 주로 이용된다. 삶아서 나물을 무치거나 전 등에 이용할 수 있으며 독특한 향이 나는 정유성분이 입맛을 돋워주고 보온작용을 한다.

달래

달래에 많이 들어있는 비타민C는 열에 쉽게 파괴되므로 가능한 날것으로 먹는다. 새콤하게 무치거나 겉절이를 하면 맛도 좋고 영양도 보충할 수 있다. 작은 것은 일뿌리가 미처 싱싱하지 못한 것이므로 조금 큰 듯한 것으로 고른다.

봄동

봄동배추는 비타민C와 식물성섬유가 풍부하고 칼슘, 카로틴 등이 많이 들어 있다. 김치를 담가 먹으면 미네랄을 효율적으로 섭취할 수 있어 좋다. 잎이 크지 않고 속이 노란 색을 띠는 것이 고소하고 달작지근하다.

씀바귀

잎과 뿌리에 있는 하얀 즙의 맛이 쓰다고 해 이름 붙여졌다. 입맛이 없을 때 식욕을 돋우주는 역할을 하는 씀바귀는 섬유소가 풍부하고 열량이 낮아 다이어트 식품으로 좋다. 쓴맛이 강하므로 데쳐서 찬물에 오래 우린 다음 조리한다.

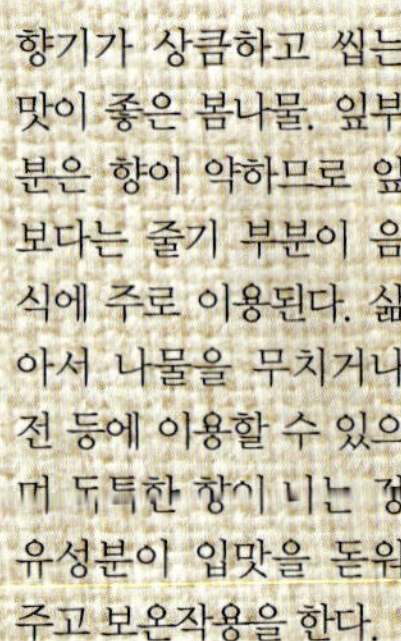

고들빼기

비타민이 많이 들어 있으며 쓴맛을 내는 사포닌 성분은 위를 튼튼하게 하고 소화기능을 촉진한다. 잠을 쫓는 효과가 있어 수험생에게 유효하며 피부미용에도 도움을 준다. 고들빼기는 뿌리가 굵고 잎이 연한 것을 고른다.

쑥

쑥은 식용과 약용으로 요긴하게 쓰인다. 줄기는 약용, 어린잎은 식용, 잎은 뜸쑥, 횃불은 인주 만드는데 쓰인다. 쑥에는 비타민·무기질 함량이 많다. 특히 저항력을 길러주는 비타민A가 많아 80g만 먹어도 하루 필요량을 공급할 수 있다.

두릅

두릅나무의 어린순을 말하는 것으로 독특한 향기와 조금 쌉싸름한 맛이 봄의 미각을 자극한다. 끓는물에 살짝 데쳐 초고추장을 찍어먹거나 튀김옷을 입혀 튀기면 별미. 단백질과 칼슘, 비타민C가 풍부해 영양적으로도 우수하다.

청경채

중국요리에 많이 사용되는 채소. 각종 미네랄과 비타민C, 카로틴이 풍부하여 피부미용에 효과적이고 치아와 골격 발육에 도움이 된다. 동물성 단백질이 많이 함유된 닭고기와 섭취하면 영양적으로 우수하다.

고사리

식이섬유소가 풍부하여 변비를 없애고 소변을 잘 보게 하며 몸의 부기도 내린다. 고사리는 비타민B가 풍부한데, 알리신이 풍부한 파, 마늘과 함께 조리하면 영양적으로 도움이 된다. 질은 밤색을 띠며 대가 통통한 것을 고른다.

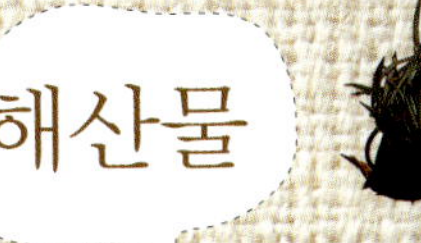

양배추

위를 보호해주는 비타민U가 많이 들어 있고 칼슘, 칼륨도 풍부한 알칼리성 식품. 생으로도 먹고 익혀서도 이용한다. 저지방·저열량 식품이며 식이섬유소 함량이 많아 장운동을 활발하게 하여 변비도 예방한다.

참나물

베타카로틴이 풍부한 참나물은 특유의 향을 가지고 있는 대표적인 알칼리성 식품이다. 잎이 부드럽고 소화가 잘되며 섬유질이 풍부하다. 열량이 낮아 비만방지에 효과적이며, 안구 건조증 예방에 특히 효과가 있다.

톳

톳은 칼슘, 요오드, 철등의 무기염류가 많이 포함되어 있어 혈압이 높거나 스트레스를 많이 받는 사람이 섭취하면 좋은 식품이다. 톳에 함유되어 있는 철분은 시금치의 3~4배나 되어 빈혈증세에 특히 효과가 있다.

미역

칼슘이 풍부한 바다의 채소. 골다공증 예방에 제격인 식품이다. 녹색이 짙고 광택이 있으며 두껍고 탄력 있는 것으로 고른다. 쇠고기, 홍합 등을 넣고 국을 끓이는 것이 일반적이며 초무침이나 냉채로도 많이 만들어 먹는다.

바지락

바지락은 간을 보호하는 성분이 있어 간장질환이 있는 사람이나 담석증 환자에게 매우 좋은 식품이다. 바지락은 모시조개와 비슷하지만 맛은 훨씬 좋으며, 필수아미노산이 골고루 들어 있고 조혈성분이 많은 식품이다.

대합

이른바 강정식품, 즉 스태미너 식품으로 간을 보하며 수산물 중에서 단백가가 가장 높은 편이다. 겨울부터 봄철에 걸쳐 제맛이 난다. 수분이 많고 살이 연하며 자기 소화작용이 활발해 부패하기 쉬우므로 선도가 높은 것을 구입한다.

모시조개

타우린과 호박산이 우러나온 뽀얀 모시조개 국물이 입맛을 돋운다. 모시조개 속 타우린은 아미노산의 일종으로 콜레스테롤치를 떨어뜨리고 혈압조절에 도움을 준다. 칼로리와 지방 함량이 낮아 다이어트에도 효과적이다.

피조개

조갯살이 붉게 보여 불여진 이름. 선명한 붉은색에 살이 탄력 있는 것이 상품이다. 수입산은 황백색에 가장자리가 연한 붉은색이다. 피조개는 단백질, 비타민, 미네랄 등의 성분이 균형을 이루고 있어 빈혈 치료에 효과가 있다.

관자(키조개)

혈액 속 콜레스테롤치를 떨어뜨리는 타우린이 풍부하게 들어있다. 칼로리와 지방함량이 낮아 다이어트에도 도움이 된다. 키조개는 입이 벌어지지 않고 껍질이 깨지지 않을 것으로 고른다. 조리 시 피망을 곁들이면 궁합이 맞다.

꼬막

특유의 풍미와 쫄깃한 살을 떼어먹는 재미가 있어 많은 사람들이 좋아한다. 양질의 단백질과 비타민, 필수아미노산이 균형있게 들어있어 어린이성장발육에 좋으며 철분과 무기질이 다량 함유되어 있어 빈혈에도 도움이 된다.

주꾸미

주꾸미의 주성분은 단백질로 스트레스와 편식으로 인해 양질의 단백질이 필요한 현대인에게 적합한 스태미너 식품이다. 타우린이 많이 들어 있어 피로회복에도 탁월한 효과가 있고 간의 피로도 풀어준다.

조기

가장 흔하고 맛있는 것은 노란색이 또는 참조기. 조기란 사람에게 기운을 북돋워주는 효험이 있다는 데서 붙여진 이름으로 맛이 좋을 뿐아니라 영양가도 풍부한데, 양질의 단백질이 풍부해 어린이들의 발육과 원기회복에 좋다.

가자미

살코기가 쫄깃쫄깃하고 단단하여 씹는 감촉이 좋고 맛이 좋기로 소문이 나서 회, 구이, 찜 등을 주로 해 먹는다. 비타민B₁이 풍부해 스트레스를 많이 받는 사람에게 좋으며 기억력 증강에도 도움을 준다.

도미

봄철의 분홍빛을 띤 참도미가 가장 맛있다. 도미는 단백질과 무기질이 풍부하며 지방질이 적어 비만이 걱정인 사람에게 아주 좋은 식품. 도미의 눈은 비타민B₁이 풍부해 강정식으로 알려져 있고 껍질에는 비타민B₂가 풍부하다.

주꾸미얼갈이배추국

재료 주꾸미 6마리(1코), 얼갈이배추 200g, 대파 1/2뿌리, 풋고추·붉은고추 1개씩, 다시마(5×5cm) 1장,
물 6~7컵, 참치액젓 1큰술, 소금·후춧가루·밀가루 약간씩

1 주꾸미는 내장을 떼어내고 밀가루로 바락바락 문질러 씻은 후 심심한 소금물에 헹궈 소쿠리에 건져 물
기를 빼고 큰 것은 2~3등분한다.
2 얼갈이배추는 시든 잎과 잔뿌리를 잘라낸 후 소금물에 살짝 데쳐 길이로 2~3등분한다.
3 대파와 고추는 송송썬다.
4 냄비에 분량의 물을 붓고 다시마를 넣고 끓이다가 끓기 시작하면 다시마는 건지고 참치액젓을 넣는다.
5 끓는 국물에 얼갈이배추를 넣고 한소끔 끓인 후 손질해둔 주꾸미를 넣는다.
6 대파와 고추를 넣고 소금, 후춧가루로 간을 맞춘 후 한소끔 끓여 낸다.

🥄 애탕

재료 장국용 쇠고기 100g, 완자용 다진쇠고기 100g, 물 6컵, 청장 약간, 쑥 60g,
밀가루 2큰술, 달걀 1개 ┊ **장국용 쇠고기양념** ┊ 소금·참기름·다진마늘 1작은술씩, 후춧가루
약간 ┊ **완자양념** ┊ 소금·참기름 1작은술씩, 다진파·마늘 2작은술씩, 후춧가루 약간

1 장국용 쇠고기는 납작하게 썰어 고기양념에 무친다.
2 냄비에 물을 붓고 양념한 쇠고기를 넣고 끓인 후 청장으로 간을 한다.
3 쑥은 살짝 데친 후 찬물에 헹궈 물기를 꼭 짜서 곱게 다진다.
4 완자용 고기와 다진 쑥을 합하여 완자 양념을 하고, 끈기 있게 치댄 후 지름 1.5cm
크기로 완자를 빚는다.
5 빚은 완자에 밀가루를 골고루 묻힌 다음 잘 푼 달걀에 담근다. 펄펄 끓는 장국에 완자
를 넣어 떠오를 때까지 끓인다. 마지막에 쑥잎을 조금 띄워 낸다.

🥢 냉이된장국

재료　　바지락 100g, 냉이 200g, 대파 1/2뿌리 ┊ 육수 ┊ 쌀뜨물 4컵, 된장 1큰술반, 고추장 1/2큰술

1 바지락은 2~3시간 맹물에 담가 해감을 뺀다.
2 냉이는 누런잎을 골라 내고 뿌리 부분을 잘 다듬어 먹기 좋은 크기로 자른다.
3 쌀뜨물에 바지락과 된장, 고추장을 분량대로 넣고 끓인다.
4 육수가 한소끔 끓으면 냉이를 넣어 끓이고 어느 정도 끓고 나면 대파를 어슷 썰어 넣는다.

🥢 맑은애쑥국

재료　　쇠고기(양지머리) 50g, 애쑥 100g, 움파 80g, 밀가루 2큰술, 달걀 2개 ┊ 쇠고기양념 ┊ 청장 1/2작은술, 다진마늘·참기름 1/2큰술씩, 후춧가루 1/4작은술 ┊ 장국 ┊ 물 7컵, 청장 1큰술, 소금 1/2큰술

1 얇게 편으로 썬 쇠고기를 양념해 장국에 넣고 끓여 육수를 완성한다.
2 애쑥은 깨끗이 씻어 물기를 빼두고 밀가루를 체로 쳐가며 위에 솔솔 뿌린다.
3 움파는 노랗고 속이 꽉 찬 것으로 골라 깨끗이 씻은 다음 5㎝ 길이로 자르고 밀가루를 체로 쳐가며 위에 솔솔 뿌린다.
4 달걀은 흰자와 노른자를 분리한 다음 거품기로 곱게 풀어 달걀물을 만들어 놓는다. 흰자는 거품이 생길 때까지 푼다.
5 팔팔 끓인 육수에, 쑥은 흰자를 고루 적셔 나무젓가락으로 떠 넣고 움파는 달걀노른자를 고루 묻혀 넣는다.
6 쑥과 움파가 떠오르면 살포시 떠서 대접에 담고 부족한 간은 청장과 소금으로 한다.

쑥에 밀가루 뿌리기

미나리쇠고기국

재료　미나리 100g, 쇠고기(우둔살) 200g, 다시마물 8컵, 국간장 1작은술, 소금 약간, 후춧가루 약간, 실고추 약간 ┆ **쇠고기밑간** ┆ 간장·다진마늘 1큰술, 다진파 2큰술, 참기름 1작은술, 후춧가루·설탕 약간씩

1 미나리는 줄기만 다듬어 손질해 4cm 길이로 썬다.

2 쇠고기는 채썰어 분량의 재료로 밑간한다.

3 밑간한 쇠고기를 달군 냄비에 볶아 익힌 후 다시마물을 붓고 국간장으로 간한다.

4 국물이 끓으면 중불로 줄여 고기 맛이 우러나도록 15분 정도 뭉근하게 끓인다.

5 끓으면 국간장과 소금, 후춧가루로 간을 맞추고 미나리와 실고추를 넣은 뒤 바로 불에서 내린다.

바지락콩나물냉국

재료 바지락 200g, 콩나물 100g, 붉은고추 1/4개, 풋고추 1/2개, 물 5컵 ┆**양념**┆ 마늘채 1/2큰술, 소금 2작은술, 흰후춧가루 약간

1 바지락은 문질러 씻어 맹물에 담가 해감을 토하게 한 다음 씻어 건진다. 분량의 물을 붓고 끓여 조개는 건지고 국물은 면보에 거른다.
2 콩나물은 꼬리를 떼서 씻어 건지고 고추는 어슷하게 썰어 씨를 제거한다.
3 조개국물을 냄비에 붓고 콩나물을 넣어 한소끔 끓으면 분량의 양념을 넣고 다시 한소끔 끓여 차게 식힌다.
4 차게 식힌 콩나물 냉국을 국대접에 담고 그 위에 어슷썬 고추를 띄운다.

Tip 조개를 해감할 때는 약간 어둡고 조용한 곳에 두거나 신문지를 덮어 두세요. 물에 쇠숟가락이나 못 등을 담가 두면 철분 작용으로 더 효과가 있어요.

봄동굴국

재료 봄동 2포기, 굴 1/2컵, 다시마(5×5cm) 1장, 생강 1/2쪽, 청양고추·붉은고추 1개씩, 쌀뜨물 6컵 ┆**양념**┆ 된장 1큰술반, 다진마늘 1큰술, 소금 약간

1 봄동은 깨끗하게 손질해 소금물에 살짝 데 쳐 한 잎씩 나누어 2~3등분한다.
2 굴은 잡티를 골라내고 옅은 소금물에 씻어 체에 건진다.
3 청양고추와 붉은고추는 어슷썬다.
4 쌀뜨물에 다시마와 생강을 넣고 한소끔 끓 여 체에 거른다.
5 체에 거른 국물을 냄비에 담고 팔팔 끓으면 된장을 풀고 봄동을 넣고 한소끔 끓인다.
6 국물이 끓어오르면 굴과 다진 마늘을 넣고 한소끔 더 끓인다.
7 청양고추와 붉은고추를 넣고 소금, 후춧가 루로 간을 맞춘 후 한소끔 더 끓인다.

🥄 봄동부침

재료　봄동잎 10장(밀가루 약간), 밀가루·물 1컵씩, 달걀 1개,
소금·식용유 약간씩

1 봄동은 한 장씩 뜯어서 깨끗하게 씻어 물기를 뺀다.
2 그릇에 밀가루를 담고 달걀과 물을 부어 반죽한다.
3 봄동에 밀가루를 묻힌 후에 여분의 밀가루는 털어낸다.
4 팬에 기름을 두르고 반죽을 한 국자 부은 후에 봄동을 한 장
놓고 다시 반죽을 위에 뿌린다. 윗면이 어느 정도 익으면 다시
반죽을 살짝 얹고 봄동을 올린다. 이것을 3~4회 정도 반복한 다
음 노릇하게 속까지 익도록 구워 먹기 좋게 썰어 낸다.

🥄 주꾸미숙회무침

재료　주꾸미 8마리, 미나리 1/3단, 레몬
1/2개 ┆ 초고추장 ┆ 고추장·물엿 2큰술씩,
고춧가루·식초 1큰술씩, 깨소금 1작은술,
다진마늘 1/2작은술

1 주꾸미는 머리 속에 있는 먹통을 가위로 잘
라내고 밀가루를 뿌려 바락바락 주물러가며
빨판 속 이물질을 제거한다. 손질한 주꾸미를
끓는 물에 살짝 데친 다음, 먹기 좋은 크기로
약 2~3등분한다.
2 미나리는 줄기 부분만 손질하여 끓는 물에
살짝 데쳤다 찬물에 헹궈 물기를 뺀 다음 한
입 크기로 돌돌 말아 묶는다. 잘라 놓은 주꾸
미도 미나리 줄기로 감아 묶는다.
3 접시 가장자리에 미나리 묶음을 두르고 가
운데에 미나리로 묶은 주꾸미를 레몬과 함께
적당히 섞어 담는다.
4 분량의 재료로 초고추장을 만든 다음 숙회
에 끼얹거나 곁들인다.

이.달.의.밥.상

우렁살된장찌개

재료　우렁이 200g, 청주 1큰술, 쌀뜨물 2컵, 된장 1큰술, 고추장 2큰술, 표고버섯 3개, 두부 1/2모, 애호박 1/3개, 풋고추·붉은고추 1개씩, 참기름·다진마늘 1큰술씩, 고춧가루 1작은술

1 우렁이는 물에 씻은 후 청주를 뿌려 두고, 쌀뜨물에 고추장과 된장을 풀어 놓는다.
2 표고버섯은 3등분하고 애호박과 두부는 깍둑썰기하고 고추는 어슷썬다.
3 뚝배기에 참기름을 두르고 다진마늘, 고춧가루를 넣고 볶는다.
4 장을 푼 쌀뜨물을 뚝배기에 부어 끓인다.
5 끓으면 애호박과 표고버섯을 넣어 익히고 우렁이와 두부, 고추를 넣어 한소끔 끓인다.

달래묵무침

재료　도토리묵 1모, 달래 30g, 구운 김 2장 ┆**양념장**┆ 간장 3큰술, 설탕·고춧가루·다진마늘·깨소금·참기름 1큰술씩

1 도토리묵은 사방 2cm 정도로 썬다.
2 달래는 깨끗이 씻어 3cm 정도로 썰어 준비한다.
3 구운 김은 봉지에 넣어 잘게 부순다.
4 분량의 재료를 섞어 양념장을 만든다.
5 큰 그릇에 도토리묵, 달래, 김을 넣고 양념장을 넣어 버무린다.

주꾸미돼지고기볶음

재료　주꾸미 4마리, 밀가루 적당량, 삼겹살 400g ┆**고추장양념**┆ 고추장 2큰술, 고춧가루 1큰술, 간장·물엿·다진마늘 1큰술씩, 설탕·청주 1작은술씩

1 주꾸미는 밀가루를 뿌려 바락바락 씻어 먹기 좋은 크기로 썬다.
2 삼겹살은 3cm 정도 길이로 자른다.
3 분량의 재료를 섞은 고추장양념을 삼겹살과 주꾸미에 버무려 20~30분간 재운다.
4 석쇠나 팬에 먹음직스럽게 굽는다.

🥄 참나물무침

재료　참나물 200g, 통깨 1작은술, 소금 약간 ┆ **액젓무침양념장** ┆ 까나리액젓·다진파 1큰술씩, 다진마늘·참기름·고운고춧가루· 맛술 1작은술씩

1 참나물은 억센 줄기만 잘라내고 물에 흔들어 씻은 후 소금을 넣은 끓는 물에 살짝 데쳐 찬물에 재빨리 헹군다.
2 삶은 참나물은 물기를 꼭 짠 다음 먹기 좋은 크기로 썬다.
3 그릇에 분량의 재료를 넣고 액젓무침양념장을 만든다.
4 양념장에 참나물을 넣어 조물조물 무친 다음 통깨를 넣어 버무리고 모자라는 간은 소금으로 맞춘다.

🥄 돌미나리나물

재료　돌미나리 250g, 소금 약간 ┆ **고추장양념** ┆ 고추장 2큰술, 물엿·깨소금 1큰술씩, 식초 1작은술, 참기름 1/2작은술, 소금 약간

1 돌미나리는 찬물에 30분 정도 담가 이물질을 없애고 건져 깨끗이 씻는다.
2 끓는 물에 소금을 약간 넣고 돌미나리를 살짝 데쳐 찬물에 헹군 후 물기를 꼭 짠다.
3 돌미나리를 먹기 좋은 크기로 썬다.
4 그릇에 분량의 재료를 넣어 고추장양념을 만든다.
5 돌미나리에 고추장양념을 넣어 조물조물 무친다. 모자라는 간은 소금으로 맞춘다.

미나리장과

재료 　미나리 1단(150g), 쇠고기(우둔살) 50g, 표고버섯·석이버섯 2개씩, 달걀 1개, 소금·실고추·식용유 약간씩
　쇠고기양념 진간장·설탕·다진파·참기름 1큰술씩, 다진마늘 1/2큰술, 깨소금 1작은술, 후춧가루 1/2작은술
　미나리양념 진간장·설탕·깨소금 1큰술씩, 참기름 1/2큰술

1 미나리는 잎을 떼어내고 통통하고 싱싱한 줄기만 골라 깨끗이 씻어 4㎝ 길이로 썬다.

2 쇠고기는 채썰어 쇠고기양념을 2/3쯤 넣고 잠시 재운 다음 센 불에서 볶아 큰 그릇에 펼쳐 식힌다.

3 표고버섯은 따뜻한 물에 불려 곱게 채썰어 나머지 쇠고기양념에 버무려 프라이팬에 볶는다.

4 석이버섯도 물에 불려 돌과 이끼를 떼고 곱게 채썬다. 달걀은 완숙해 껍질을 벗긴다.

5 미나리는 달군 프라이팬에 식용유를 약간 두르고 소금을 살살 뿌려가며 볶아 식힌다.

6 달군 프라이팬에 쇠고기와 표고버섯, 식힌 미나리를 넣고 미나리양념을 넣어 재빨리 저으면서 볶아 식힌다.

7 삶은 달걀을 곁들이고 잣가루와 실고추, 석이버섯을 뿌려 완성한다.

쇠고기 양념장에 재우기

버섯류 손질하기

조기 밑간하기

향신채소 볶기

소스에 조기 넣어 굽기

생강소스조기구이

재료　조기 2마리, 생강즙 2큰술, 소금·후춧가루 약간씩, 녹말가루 3큰술, 튀김기름 약간, 고추기름 4큰술, 마늘 2쪽, 편으로 썬 생강 4쪽, 마른고추 3개, 쪽파 1뿌리 ┆ **구이양념** ┆ 청주 3큰술, 간장·설탕· 굴소스 1큰술씩, 참기름 1작은술

1 조기는 비늘과 지느러미, 내장을 손질한 후 생강즙과 소금, 후춧가루로 밑간을 해 재워 둔다.
2 조기에 녹말가루를 묻혀 기름에 노릇하게 튀기듯 구운 후 기름을 뺀다.
3 팬에 고추기름을 두르고 마늘, 편으로 썬 생강, 마른고추, 길이로 자른 쪽파를 넣어 볶는다.
4 팬에 향이 오르면 구이양념을 붓고 끓으면 조기를 넣어 재빨리 뒤적여 낸다.

고사리나물

재료　고사리 300g, 양파 1/2개, 국간장· 들기름 1큰술씩, 들깨 2작은술, 다진마늘 1작은술, 올리브오일 2큰술

1 고사리는 부드럽게 삶은 것으로 준비해 물에 충분히 담가 떫은맛을 우려낸다.
2 밑손질한 고사리는 물기를 충분히 뺀 후 먹기 좋은 크기로 자르고 양파는 굵직하게 채썬다.
3 고사리와 양파를 팬에 담고 국간장과 들 깨, 들기름, 다진마늘, 올리브오일을 넣어 조몰락조몰락 여러 번 무쳐 간이 배게 잠시 둔 후 불에 올려 물기가 없어질 때까지 달 달 볶는다.

🥄 마른새우청경채볶음

재료　마른새우 1/3컵, 청경채 10줄기, 다진마늘 1/2큰술, 식용유 약간, 청주 1큰술반, 소금·후춧가루 약간씩

1 마른새우는 따뜻한 물에 20분 정도 불렸다 건져 굵게 다진다.
2 청경채는 깨끗이 씻어서 물기를 뺀 후 가닥가닥 떼어내 2등분한다.
3 팬에 기름을 두르고 마늘을 먼저 볶아 향이 오르면 굵게 다진 마른새우를 넣어 볶는다.
4 청경채 줄기 부분을 먼저 볶는다. 적당히 익으면 잎을 넣어 볶는다.
5 청주를 넣고 볶다가 소금, 후춧가루를 넣어 간한다.

🥄 참나물된장무침

재료　참나물 400g ┊ **양념장** ┊ 된장 3큰술, 고추장·다진마늘·참기름 1큰술씩, 통깨 4큰술, 다진파 2큰술, 생강즙 1/2작은술, 소금·물 약간씩

1 참나물은 억센 줄기만 잘라내고 물에 흔들어 씻은 후 소금을 넣은 끓는물에 넣어 새파랗게 데친 뒤 찬물에 헹궈 물기를 짠다.
2 믹서에 통깨, 고추장, 된장, 물을 넣고 갈아낸 뒤 나머지 재료를 섞어 양념장을 만든다.
3 데친 참나물에 양념장을 넣어 무친다.

Tip 참나물은 쉽게 숨이 죽으므로 먹기 직전에 무치세요.

고사리차돌박이볶음

재료　햇고사리 250g, 차돌박이 400g, 풋마늘 1뿌리, 양파 1/4개, 소금 약간, 쌀뜨물 2컵 ┆ **무침양념** ┆ 참치액·다진마늘 1작은술씩, 다진파·청주 1큰술씩 ┆ **볶음양념장** ┆ 간장·다진마늘·청주·참기름·깨소금 1큰술씩, 참치액 1작은술, 다진파 2큰술, 소금·후춧가루 약간씩

1 햇고사리는 다듬어 씻어 냄비에 쌀뜨물을 붓고 끓으면 약간의 소금을 넣어 살짝 데친 다음 찬물에 헹궈 건져 물기를 꼭 짠다.
2 차돌박이는 소금을 뿌려 밑간한 후에 달군 팬에 한 장씩 살짝 굽는다.
3 풋마늘은 다듬어 씻어 어슷하게 채썰고 양파는 곱게 채썬다.
4 햇고사리에 무침양념을 넣고 조물조물 무쳐 간이 배도록 잠시 둔다.
5 팬에 기름을 두르고 양파와 풋마늘을 볶다가 햇고사리와 구운 차돌박이를 넣어 볶는다.
6 볶음양념장을 넣어 고루 버무려 볶는다.

고사리전

재료　고사리나물 100g, 메밀가루 1컵, 물 2/3컵, 대파 2뿌리, 실고추 한 움큼, 소금 1/2작은술, 올리브오일 5큰술

1 메밀가루에 물을 붓고 고루 섞은 후 고사리나물을 잘게 썰어 넣고 소금으로 간을 맞춰 반죽을 완성한다.
2 대파는 손질해 4~5cm 길이로 썬 후 그 길이대로 채썰고, 실고추는 길이가 긴 것은 잘게 자른다.
3 달군 팬에 올리브오일을 적당히 두르고 고사리나물을 넣고 반죽을 반 국자 정도 떠 넣어 네모지게 모양을 만든 후 대파와 실고추를 가지런히 얹어 전을 부친다.
4 한 면이 익으면 뒤집어 다른 면도 노르스름하게 지진다.
5 모서리를 돌려 가며 예쁘게 잘라 상에 낸다.

봄동겉절이

재료　봄동 200g, 부추 50g, 오이·붉은고추 1개씩 ┆**양념장**┆간장·소금·식초 2큰술씩, 고춧가루 2큰술, 참기름·깨소금·물 1큰술씩

1 봄동은 알맞은 크기로 손으로 뚝뚝 자른 다음 찬물에 담가 두어 싱싱하게 한다.

2 부추는 깨끗하게 손질해 씻어 건진 후 5cm 길이로 자른다.

3 오이는 소금으로 문질러 씻은 후에 동그랗게 썬다.

4 분량의 재료를 모두 섞어 양념장을 만든다.

5 넓은 그릇에 물기를 뺀 봄동과 준비해둔 채소를 모두 넣고 양념장을 끼얹어 버무린다.

Tip　입맛에 따라 밤이나 배 등을 넣어 버무려도 좋아요.

봄동 손질하기

양념장 만들기

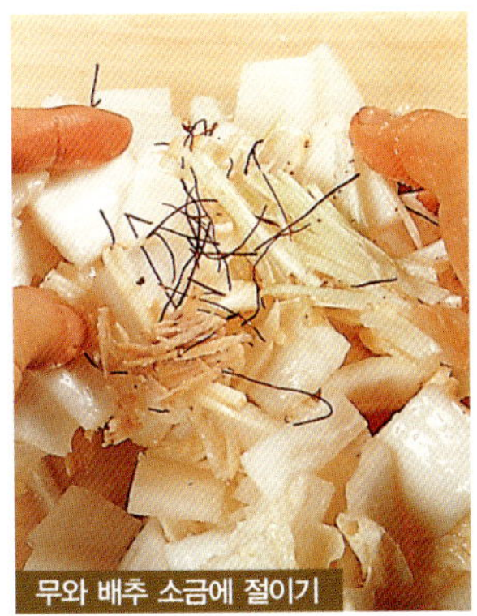

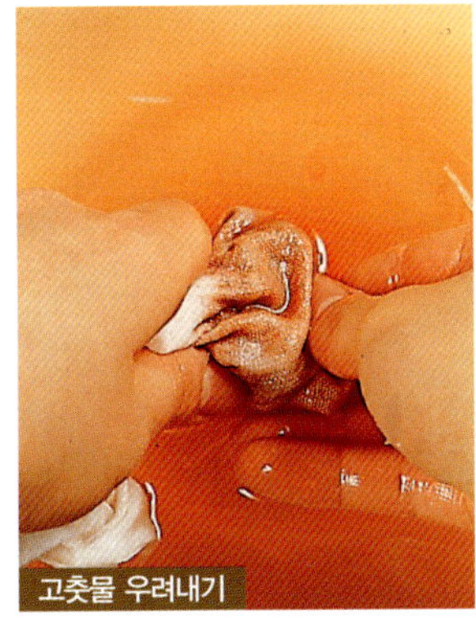

Tip 10원짜리를 넣어 두면 미나리 줄기 속에 숨어 있던 거머리들이 밖으로 기어나와요.

돌미나리나박김치

재료　돌미나리 300g, 무 100g, 배추속대 100g, 오이 1개, 대파(흰 부분) 30g, 붉은고추 2개, 마늘 20g, 생강 10g ┆소금물┆ 소금 4큰술, 설탕 약간, 고춧가루 2큰술, 물 15컵

1 돌미나리는 찬물에 담그고 옛날 10원짜리 동전을 넣어서 1시간 정도 두었다가 흐르는 물에 씻어 건진다. 시든 잎은 떼내고 잎이 많은 것은 다듬고 너무 긴 것은 적당한 길이로 썬다.

2 무와 배추는 길이 3cm, 넓이 2.5cm 정도 크기로 얇게 썰어 소금에 절인다.

3 오이는 동그랗게 썬다.

4 흰파와 붉은고추는 3cm 길이로 썰어 곱게 채썰고, 마늘과 생강도 가늘게 채썬다.

5 무·배추가 절여지면 오이를 제외한 준비한 재료를 모두 넣어서 한데 버무리고 마지막에 오이를 섞어 항아리에 담는다.

6 면보에 고춧가루를 싸서 분량의 소금물에 넣고 흔들어 붉은고춧물을 곱게 우린다.

7 맵게 우러난 국물을 항아리에 붓고 돌미나리를 넣어 익힌다. 2~3일 두어서 익으면 냉장고에 보관하여 차게 해서 먹는다.

🥢 모둠조개채소볶음

재료　모시조개·바지락·백합조개 200g씩, 홍피망 1/2개, 양파 1/4개, 브로콜리 1/5송이, 소금 1작은술반, 참기름 1/2큰술, 후춧가루 1/3작은술, 물 1/2컵

1 조개가 잠길 만큼 물을 붓고 소금 1작은술을 넣어서 3시간 이상 어두운 곳에 두어 해감을 뺀다.
2 양파는 3cm 굵기로 채썰고, 피망은 씨를 제거한 다음 양파와 같은 크기로 채썬다. 브로콜리는 끓는 물에 살짝 데쳐 먹기 좋게 자른다.
3 뚝배기를 불에 올려 달궈지면 참기름을 두른 다음 물기를 제거한 조개를 넣어 달달 볶다가 물을 부어 끓인다.
4 조개가 입을 벌리면 준비해둔 채소를 넣고 한 번 더 볶은 다음 나머지 소금과 후춧가루를 넣어서 마무리한다.

🥢 씀바귀나물

재료　씀바귀 200g, 미나리 200g ┆ **양념장** ┆ 고운 고춧가루·다진파·참기름 1큰술씩, 고추장 4큰술, 식초·매실청·깨소금 2큰술씩, 액젓·다진마늘 1/2큰술씩, 생강즙 1/2작은술

1 씀바귀는 연한 부분을 골라 다듬은 후 3~4cm 길이로 자른 다음 끓는 물에 넣어 데친 후 찬물에 담가 쓴맛을 없앤다.
2 분량의 재료를 합하여 양념장을 만들어 씀바귀를 무친다.
3 미나리는 줄기만 다듬어 3~4cm 길이로 자른 후 물기를 짜내고 같이 무친다.

Tip 씀바귀는 봄철에 먹으면 여름에 더위를 타지 않게 해주며 속병과 열병을 다스립니다.

🥢 냉이된장나물

재료　냉이 200g, 소금물 적당량, 붉은
고추 1/3개, 통깨 약간 ┊**무침양념**┊된장·
다진파 1큰술씩, 다진마늘·깨소금 1작은술
씩, 참기름 1/2큰술, 국간장 1/2작은술

1 냉이는 누런 잎을 떼고 찬물에 여러 번
씻은 후 옅은 소금물에 데친다.
2 붉은고추는 3cm 길이로 곱게 채썰어 소
금물에 살짝 데친다.
3 분량의 재료를 고루 섞어 무침양념을 만
든다.
4 그릇에 냉이와 붉은고추를 담고 무침양
념을 넣어 조물조물 무친 후 통깨를 뿌려
낸다.

🥢 냉이달래찹쌀튀김

재료　냉이 200g, 달래 100g, 녹말가루
2큰술, 튀김가루 5큰술, 찹쌀가루 2큰술,
달걀흰자 1개분, 얼음 5조각, 식용유 적당량

1 냉이는 연한 것으로 준비해서 뿌리 부분
수염은 칼로 긁어내고 누런 잎은 떼어낸 다
음 소금 푼 물에 헹궈 물기를 턴다.
2 달래는 뿌리 부분의 동그란 알을 칼날로
눌러 물에 헹궈 아린맛을 없애고 물기를
턴다.
3 냉이에 달래를 돌돌 말아 녹말가루를 뿌
려 살살 버무린다.
4 달걀흰자는 거품을 충분하게 낸 다음
튀김가루와 찹쌀가루, 얼음을 넣어 성글게
십자로 반죽해서 준비한 냉이와 달래에 튀
김옷을 입힌다.
5 160℃로 달군 튀김기름에 튀김옷을 입
힌 냉이, 달래를 바삭하게 튀겨 낸다.

🥄 바지락칼국수

재료　바지락 500g, 청주·다진마늘·액젓 1큰술씩, 칼국수 생면 5인분, 북어 우린 물 5컵, 애호박 2개, 대파 1뿌리 ┆양념장┆ 간장 4큰술, 실파·삭힌고추 다진 것 3큰술씩, 매실청·고춧가루 1큰술씩

1 냄비에 해감을 뺀 바지락을 넣고 청주를 부어 끓인 후 살짝 김이 오르면 북어 우린 물을 부어 푹 끓인다.
2 뽀얀 국물이 우러나면 조개는 건지고 국물은 체에 밭쳐 맑은 국물만 받는다.
3 냄비에 국물과 조개를 넣고 끓이다가 찬물에 헹군 생면을 넣어 끓인다.
4 한소끔 끓으면 애호박을 어슷 썰어 넣고 다시 끓인다.
5 국수가 떠오르면 어슷 썬 대파를 넣고 액젓으로 간을 한다.
6 바지락칼국수에 양념장을 곁들여 낸다.

부침 반죽하기

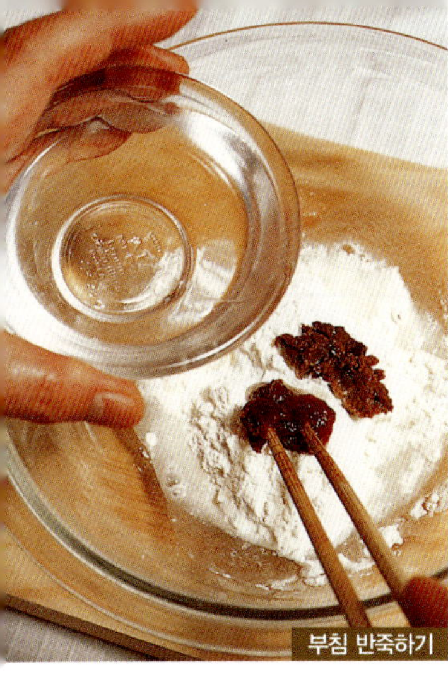

바지락참나물적

재료 참나물 150g, 바지락 조갯살 150g, 청양고추 3개, 붉은고추 2개, 식용유 적당량 ¦ **반죽** ¦ 밀가루·물 1컵씩, 된장·고추장 1큰술씩, 생강즙 1작은술 ¦ **초간장** ¦ 식초·물·간장 2큰술씩, 설탕 1큰술

1 참나물은 깨끗이 잘 씻어 2~3cm 길이로 썬다.
2 바지락 조갯살은 껍질을 골라내고 씻어 물기를 없앤다.
3 청양고추는 송송 썰고, 붉은고추는 동글동글하게 썬다.
4 반죽 재료를 분량대로 넣고 섞는다.
5 반죽에 참나물, 조갯살, 고추를 섞어 반죽을 완성한다.
6 달군 팬에 식용유를 두른 후 완성한 반죽을 한 국자씩 떠 넣고 앞뒤로 노릇하게 지진다.
7 초간장을 만들어 곁들인다.

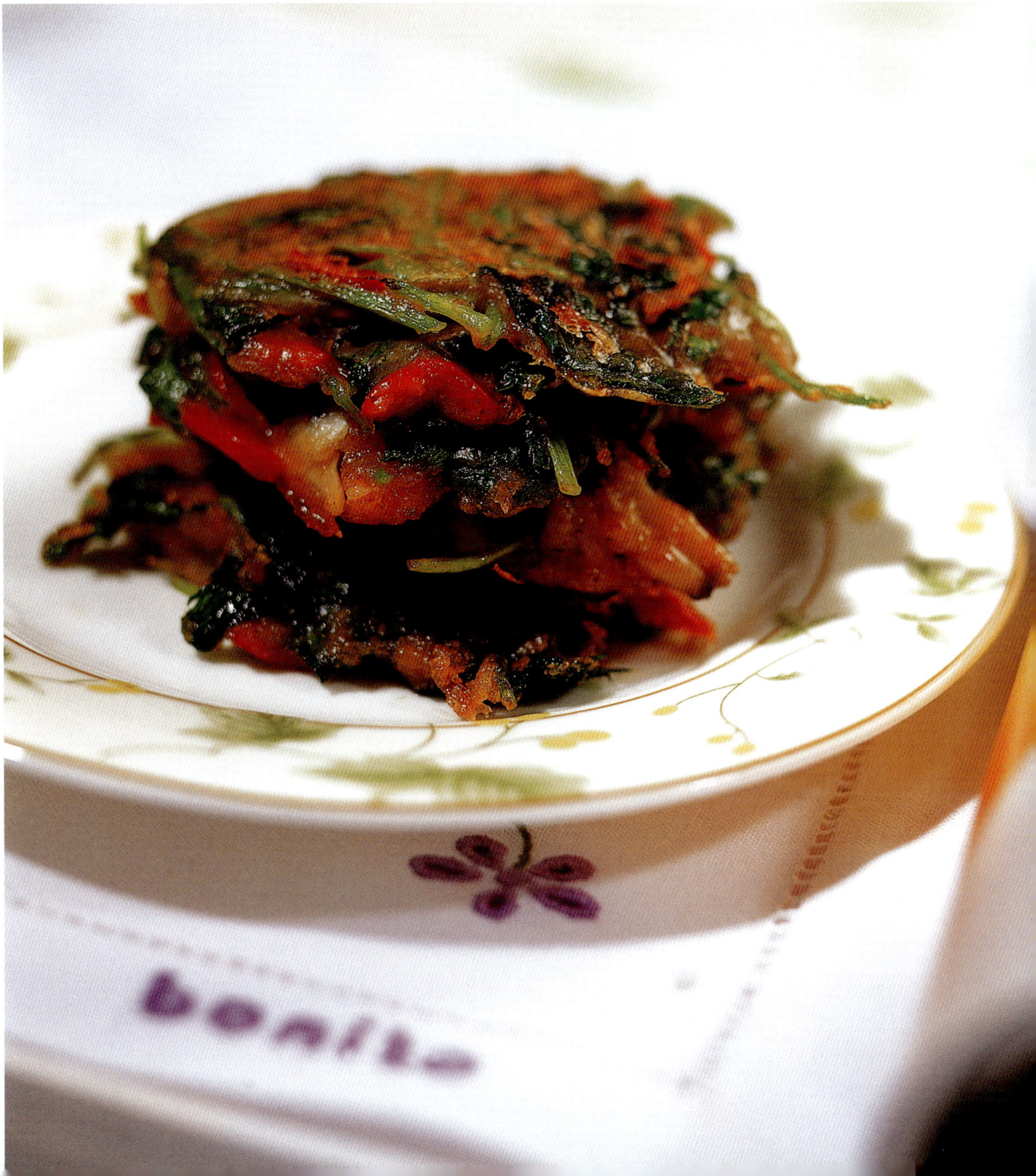

🥄 톳장아찌

재료　톳 200g, 식초 1큰술, 설탕 2작은술, 소금 약간 ┊ **양념장** ┊ 고추장 5큰술, 된장 3큰술, 다진마늘 1작은술

1 톳은 찬물에 여러 번 씻은 다음 끓는 물에 살짝 데쳐 물기를 빼고 먹기 좋은 크기로 자른다.

2 고추장에 된장과 다진마늘을 넣어 고루 섞어 양념장을 만든다.

3 물기를 뺀 톳나물에 양념장을 고루 버무린다.

4 그릇에 담기 전에 식초와 설탕을 넣어 새콤달콤한 맛을 더한 후 소금으로 간하고, 냉장고에 보관했다가 먹는다.

🥄 톳초고추장무침

재료　톳 150g, 양파 1/4개, 풋고추·붉은고추 1개씩 ┆**초고추장**┆고추장 1큰술, 설탕·식초 2작은술씩, 다진마늘·참기름 1/2작은술씩, 소금 약간

1 톳은 잘 씻어 끓는 물에 살짝 데친다.
2 고추장에 설탕과 식초, 다진마늘, 참기름, 소금을 넣어 고루 섞어 초고추장을 만든다.
3 양파는 굵직하게 채썰고, 고추는 반으로 갈라 씨를 턴 후 곱게 채썬다.
4 톳과 양파, 고추를 그릇에 담고 초고추장을 넣어 고루 버무린다.

산나물정식과 보리밥

재료 보리밥 3공기, 참나물 150g, 더덕·고사리·냉이 100g씩, 달래 80g, 소금 약간 ┊ **나물양념** ┊ 고운고춧가루·다진파·다진마늘·참기름·깨소금·간장·소금 약간씩 ┊ **양념막장** ┊ 고추장 3큰술, 된장·다진파 1큰술씩, 다진마늘 1/4작은술, 청양고추 1/2개, 참기름·깨소금 1작은술씩

1 참나물은 2cm 길이로 썬 후 고운고춧가루, 파, 마늘, 참기름, 깨소금으로 무친 후 소금으로 간한다.
2 더덕은 고운고춧가루 1작은술을 넣고 빨갛게 물들여 마늘, 파, 참기름, 깨소금, 소금을 넣어 무친다.
3 고사리는 끓는물에 삶아 건져 찬물에 헹군 다음 3cm 길이로 썰어 간장, 파, 마늘, 참기름에 무쳐 팬에 볶는다.
4 달래는 2cm 길이로 썰어 간장, 참기름, 깨소금에 무친다.
5 냉이는 데쳐 찬물에 헹궈 참기름, 깨소금, 파, 마늘, 소금으로 무친다.
6 뜨거운 보리밥을 담고 나물을 모두 올린 후 양념막장에 비벼 먹는다.

미나리볶음묵무침

재료 미나리 100g, 묵 1모, 송송 썬 김치 1컵, 구운 김 1장, 들기름 1큰술, 소금 약간, 참기름 1/2큰술, 통깨 1작은술 ┊ **김치양념** ┊ 들기름 1큰술, 매실청 1작은술, 깨소금 1/2작은술

1 미나리는 줄기만 다듬어 3cm로 자른 후 들기름과 소금을 넣어 볶아 식힌다. 묵은 먹기 좋게 썰어 접시에 담는다.
2 김치는 국물을 적당히 짠 후 양념하고, 김은 가늘게 자른다.
3 묵 위에 김치, 미나리, 김을 올리고 참기름과 통깨를 뿌린다.

🥄 대합버터구이

재료 대합 8개, 화이트와인 2/3컵, 베이컨 1장, 양송이 4개, 마늘 1쪽, 파슬리 약간, 버터 100g, 레몬즙 1큰술,
소금·후춧가루 적당량씩

1 대합은 껍질을 솔로 문질러 씻은 다음 찬물에 담가 어두운 곳에 두어서 해감을 토하게 한다.
2 냄비에 대합과 와인을 넣고 불을 세게 하여 뚜껑을 덮어 끓인다. 조개 입이 벌어지면 조갯살만 떼어내 먹기
좋게 썬다.
3 베이컨, 마늘, 양송이 잘게 다진 것, 파슬리, 버터, 레몬즙을 섞고 소금, 후춧가루로 간을 한다.
4 조개껍질에 조갯살을 담고 그 위에 ③을 적당량씩 올리고 200℃로 예열한 오븐에 넣어 약간 갈색이 나도록
굽는다.

🥄 미나리굴무침

재료 미나리 한 움큼, 붉은고추 1개, 굴 10개, 올리브오일
적당량

1 미나리는 4~5cm 길이로 썰고, 붉은고추는 씨를 빼고 다진다.
2 굴은 옅은 소금물에 살살 씻어 건진다.
3 미나리에 올리브오일을 끼얹고 살짝 뒤적인 후 다져 둔 고
추를 얹고 위에 싱싱한 굴을 올린다.

🥄 주꾸미탕수

재료　주꾸미 10마리, 오이 1/2개, 당근 1/3개, 붉은고추 1개, 레몬 1/2개, 쪽파 2뿌리 ┊ **튀김옷** ┊ 튀김가루 1컵, 달걀 1개, 물 1/2컵 ┊ **소스** ┊ 녹말물(감자전분·물 2큰술씩), 간장·설탕·식초 2큰술씩, 물 2컵, 포도씨오일·소금·후춧가루 약간씩

1 손질한 주꾸미를 큼직하게 썰어 둔다.
2 오이와 당근, 붉은고추를 길이로 반 가른 다음 어슷하게 썬다. 레몬은 도톰하게 슬라이스하고 쪽파는 송송 썬다.
3 손질한 주꾸미에 튀김옷을 입혀 바삭하게 튀긴다.
4 깊이가 있는 팬에 포도씨오일을 두르고 오이, 당근을 센 불에 살짝 볶다 물을 붓고, 간장, 설탕, 식초를 넣는다.
5 끓기 시작하면 레몬을 넣고 중불로 끓이다가 녹말물을 조금씩 부어가며 걸쭉하게 졸인다. 소금, 후춧가루로 간을 맞추고 붉은고추를 넣어 소스를 완성한다.
6 접시에 튀긴 주꾸미를 담고 완성된 소스를 끼얹는다.

🥄 두릅된장전

재료　두릅 200g, 날밀가루 1/2컵, 달걀 2개 ┊ **된장양념장** ┊ 된장·참기름 1큰술씩, 생강즙 1/3작은술

1 두릅은 길이가 짧고 통통한 것으로 골라 딱딱한 부분을 잘라낸 다음 소금을 넣은 끓는 물에 데친다.
2 데친두릅 중에서 굵은 것은 반을 가르고 가는 것은 그대로 둔다.
3 된장양념장을 만들어 두릅에 무친 후 꼬치에 꿴다.
4 두릅꼬치에 날밀가루를 묻히고 달걀을 풀어 적신 후 달군 팬에 노릇하게 지진다.

🥄 미나리해물전

재료　미나리 300g, 흰살생선살 30g, 오징어·새우살·조갯살 30g씩, 다진양파 1/2개분, 부침가루 1컵, 물·소금·식용유 적당량씩 ┊ **초간장** ┊ 간장 1큰술, 식초 2큰술, 설탕 1작은술, 물 1/2큰술

1 미나리는 잎을 떼고 뿌리를 자른 다음 깨끗이 다듬어 씻어 물기를 빼고 3cm 길이로 썬다.
2 생선살과 오징어, 새우살, 조갯살은 싱싱한 것으로 준비해 깨끗이 씻어 잡티를 없앤 다음 굵게 다진다.
3 미나리와 해물, 양파를 합하고 부침가루(혹은 밀가루)를 넣어 골고루 반죽한다.
4 반죽에 물을 부어 농도를 맞추고 소금으로 간해 달군 프라이팬에 한 수저씩 떠 놓아 노릇하게 지진다.
5 초간장을 곁들인다.

두릅숙회와 생선회

재료 두릅 12개, 참치(횟감) 100g, 병어(횟감) 1마리, 단무지 50g, 푸른잎 채소 약간, 고추냉이(와사비) 약간 ┊ **초고추장** ┊ 고추장 3큰술, 설탕·물 2큰술씩, 생강즙 1/4작은술, 식초 1큰술

1 두릅은 밑의 단단한 부분을 잘라내고 흙을 털어낸다.

2 밑동이 쉽게 익도록 칼집을 한 번 넣고 깨끗이 씻는다.

3 손질한 두릅을 팔팔 끓는 소금물에 살짝 데쳐 헹궈 건진다.

4 병어는 깨끗이 손질해 찬물에 씻은 다음 회를 뜬다.

5 접시에 데친 두릅과 병어, 참치를 담고 단무지와 고추냉이(와사비)를 곁들인다.

chapter four

4월에 참 맛있는 제철음식

벚꽃이 만발하는 아름다운 계절이다. 춘곤증으로 힘들어하는 가족을 위해 비타민 식품을 챙겨보자. 같은 재료도 조리법이나 양념을 달리하면 새로운 요리를 탄생시킬 수 있다. 꼭 비싼 재료여야 맛있거나 정성이 들어간 것이 아님을 알아두자. 양상추, 두릅, 청경채, 참나물, 우럭, 도미, 바지락 등 이달의 재료로 색다른 음식을 만들어 사랑하는 가족의 입을 즐겁게 해주자. 이왕이면 조리법에 신경을 써서 다양한 메뉴를 짜보도록 한다.

이달에는 쑥과 고사리, 취, 산나물을 말리고 더덕장아찌와 마늘종장아찌를 만들기에 적당하다. 조개젓과 조기젓, 황석어젓 등도 만들고, 살구주를 담그기도 한다.

4월의 채소	양상추, 껍질콩, 죽순, 취, 쑥, 상추, 두릅, 미나리, 아스파라거스, 청경채, 참나물, 쪽파, 양배추
4월의 해산물	우럭, 도미, 조기, 뱅어포, 키조개(관자), 멸치, 바지락, 꽃게, 주꾸미, 미더덕, 대합, 가자미, 준치
4월의 과일	딸기

4월에 맛있는 제철식품

산나물, 들나물이 풍부하고 조개류도 맛있을 때다.
된장 풀어 조갯국도 끓이고 참조기가 한창 때이므로
좀 넉넉히 구입하여 굴비도 만들어 보자.

딸기 | 딸기는 비타민C가 풍부하여 항산화작용이 뛰어난 과일이다. 딸기 속 엘라직산은 암세포를 억제하는 놀라운 효능을 갖고 있다. 꼭지가 진한 푸른색을 띠고 꼭지부분까지 붉은색을 띤 것이 맛있다.

죽순

대나무의 지하뿌리에서 돋아나는 어리고 연한 싹으로 중국음식 등에 부재료로 많이 쓰인다. 영양이 풍부한 편은 아니나 식물성섬유가 풍부해 변비를 예방하고 콜레스테롤을 억제하는 작용을 한다. 생죽순은 좀 귀한 편이다.

껍질콩

'그린빈스'라 불리며 서양 요리에 주로 쓰이는 식재료. 맛이 달콤하고 고소하며 칼로리가 낮아 다이어트 식품으로 좋다. 비타민A가 풍부해 눈과 간, 피부에 좋고 섬유질이 많아 콜레스테롤치를 낮추는 효능도 있다.

양상추

식이섬유소가 풍부하고 칼로리가 낮아 다이어트에 효과적이다. 양상추 줄기에 우윳빛 유액에 함유된 일종의 알칼로이드 성분이 신경안정 작용을 하여 불면증 치유에 도움이 된다. 육류와 함께 샐러드나 쌈으로 먹으면 어울린다.

취

칼륨의 함량이 대단히 많은 알칼리성 식품이다. 맛과 향이 뛰어나 널리 사랑받으며 봄에 뜯어 나물과 쌈을 싸먹으면 독특한 향취가 미각을 자극한다. 제철에 나는 취를 말려두었다가 두고두고 먹을 수 있는 저장나물이기도 하다.

쑥

줄기는 약용, 어린잎은 식용, 잎은 뜸쑥, 흰털은 인주를 만드는데 쓰인다. 쑥에는 비타민과 무기질의 함량이 많다. 특히 저항력을 길러주는 비타민A가 많아 약 80g만 먹어도 하루에 필요한 양을 공급할 수 있다.

상추

아삭아삭 씹히는 맛이 싱그러운 상추는 비타민과 무기질 보충에 좋은 채소이다. 알칼로이드 성분이 숙면을 취하는 데 도움을 준다. 잎이 연하면서도 토톰한 것을 고르고 고유의 녹색을 잘 유지하고 있는 것, 크기가 일정한 것이 좋다.

미나리

향기가 상큼하고 씹는 맛이 좋은 봄나물. 잎부분은 향이 약하므로 잎보다는 줄기 부분이 음식에 주로 이용된다. 삶아서 나물을 무치거나 전 등에 이용할 수 있으며 독특한 향이 나는 정유성분이 입맛을 돋워주고 보온작용을 한다.

두릅

두릅나무의 어린순을 말하는 것으로 독특한 향기와 조금 쌉짜름한 맛이 봄의 미각을 자극한다. 끓는 물에 살짝 데쳐 초고추장을 찍어먹거나 튀김옷을 입혀 튀기면 별미. 단백질과 칼슘, 비타민C가 풍부해 영양적으로도 우수하다.

아스파라거스

숙취에 좋은 아스파라긴을 처음 발견했다고 해서 붙여진 이름이다. 독특한 모양, 파릇한 색깔이 식감을 자극하고 아삭하게 씹히는 맛이 특징. 섬유소가 풍부하여 변비를 예방하고 지질함량과 열량이 낮아 체중조절이 쉬운 채소다.

청경채

중국요리에 많이 사용되는 채소. 각종 미네랄과 비타민C, 카로틴이 풍부하여 피부미용에 효과적이고 치아와 골격 발육에 도움이 된다. 동물성 단백질이 많이 함유된 닭고기와 섭취하면 영양적으로 우수하다.

참나물

베타카로틴이 풍부한 참나물은 특유의 향을 가지고 있는 대표적인 알칼리성 식품이다. 잎이 부드럽고 소화가 잘되며 섬유질이 풍부하다. 열량이 낮아 비만방지에 효과적이며, 안구건조증 예방에 특히 효과가 있다.

쪽파

파김치를 담가먹거나 파전을 할 때 쓰이는 재료. 잎이 연하고 깨끗하며 줄기 부분이 너무 여러 갈래로 가늘게 나뉘지 않는 것이 좋다. 실파와 헷갈릴 수 있는데, 실파는 뿌리부분이 일자 모양이고 쪽파는 동그란 모양으로 다르다.

양배추

위를 보호해주는 비타민U가 많이 들어 있고 칼슘, 칼륨도 풍부한 알칼리성 식품. 생으로도 먹고 익혀서도 이용한다. 저지방·저열량 식품이며 식이섬유소 함량이 많아 장운동을 활발하게 하여 변비도 예방한다.

우럭

매운탕거리로 그만이다. 단백질, 탄수화물, 칼슘, 인, 철, 칼륨, 비타민C 등이 고루 함유되어 있는 영양식품. 눈이 투명하고 살에 탄력이 있으며 아가미가 붉은 것이 신선하다. 레몬을 활용하면 살을 단단하게 해 식감이 좋아진다.

도미

도미는 단백질과 무기질이 풍부하며 지방질이 적어 비만이 걱정인 사람에게 아주 좋은 식품이다. 도미의 눈은 비타민B_1이 풍부해 강정식으로 알려져 있고 껍질에는 비타민B_2가 많으므로 모두 먹도록 한다.

조기

가장 흔하고 맛있는 것은 노란색이 도는 참조기. 조기란 사람에게 기운을 북돋워주는 효험이 있다는 데서 붙여진 이름으로 맛이 좋을 뿐 아니라 영양가도 풍부한데, 양질의 단백질이 풍부해 어린이들의 발육과 원기회복에 좋다.

뱅어포

몸이 가늘고 길며 무색 투명한 치어를 쪄서 말린 것으로 가공방법과 가공순서에 따라 여러 종류로 나뉜다. 뱅어포를 고를 때는 하얗고 도톰한 것으로 고른다. 노랗게 변한 것은 오래되어 찌든 것이므로 택하지 말도록.

키조개 (관자)

혈액 속 콜레스테롤치를 떨어뜨리는 타우린이 풍부하게 들어있다. 칼로리와 지방함량이 낮아 다이어트에도 도움이 된다. 키조개는 입이 벌어지지 않고 껍질이 깨지지 않을 것으로 고른다. 조리 시 피망을 곁들이면 궁합이 맞다.

멸치

동물성 단백질을 가장 손쉽게 섭취할 수 있는 것이 멸치다. 우리나라 동해안과 서해안에 널리 분포하며 큰 것은 13cm에서부터 작은 1cm도 안 되는 것도 있다. 대부분 말려서 조림, 튀김 등을 하거나 국물을 내는데 이용한다.

바지락

바지락은 간을 보호하는 성분이 있어 간장질환이 있는 사람이나 담석증 환자에게 매우 좋은 식품이다. 바지락은 모시조개와 비슷하지만 맛은 훨씬 좋으며, 필수 아미노산이 골고루 들어 있고 조혈성분이 많은 식품이다.

가자미

살코기가 쫄깃쫄깃하고 단단하여 씹는 감촉이 좋고 맛이 좋기로 소문이 나서 회, 구이, 찜 등을 주로 해 먹는다. 비타민B_1이 풍부해 스트레스를 많이 받는 사람에게 좋으며 기억력 증강에도 도움을 준다.

꽃게

지방의 함량이 적어 맛이 담백하고 소화성도 좋아 병후 회복기 환자나 허약체질, 노인에게 좋은 식품이다. 저지방·고단백을 필요로 하는 비만증·고혈압·간장병 환자에게도 권장할 만하다. 알칼리성식품과 어울린다.

주꾸미

주꾸미의 주정분은 단백질로 스트레스와 편식으로 인해 양질의 단백질이 필요한 현대인에게 적합한 스태미너 식품이다. 타우린이 많이 들어 있어 피로회복에도 탁월한 효과가 있고 간의 피로도 풀어준다.

미더덕

미더덕에는 불포화지방산인 EPA와 DHA가 들어있어 동맥경화, 고혈압, 뇌출혈을 예방하고, 혈중 콜레스테롤치를 떨어뜨리며 항암효과, 노화억제 등에도 효과를 발휘한다. 콩나물과 함께 조리하면 비타민C가 보충된다.

대합

이른바 강정식품, 즉 스태미너 식품으로 간을 보하며 수산물 중에서 단백가가 가장 높은 편이다. 겨울부터 봄철에 걸쳐 제맛이 난다. 수분이 많고 살이 연하며 자기 소화작용이 활발해 부패하기 쉬우므로 선도가 높은 것을 구입한다.

우럭매운탕

재료　우럭 1마리, 다시마물 4컵, 마늘 3쪽, 청주 1큰술, 대파뿌리 2개,
무 50g, 배춧잎 2장, 미나리 100g, 붉은고추 1개, 소금·후춧가루 약간씩,
양파 1/2개, 대파 1뿌리 ¦ 매운탕양념장 ¦ 고운고춧가루·간장·다진마늘·청주
1큰술씩, 고추장 1작은술, 소금 약간

1 우럭은 손질해 3cm 길이로 토막을 낸 다음 끓는 물을 끼얹는다.
2 냄비에 다시마물을 담고 우럭 대가리와 마늘, 청주, 대파뿌리를 넣고 팔
팔 끓여 국물이 3컵 정도 나오도록 우린다.
3 국물을 체에 걸러 맑은 국물만 냄비에 담고 납작 썬 무를 넣어 끓인다.
4 배춧잎은 3cm 길이로 썰고 미나리는 4cm 길이로 썬다.
5 붉은고추는 어슷 썰어 씨를 빼고 양파와 대파는 채썬다.
6 국물에 매운탕양념장을 풀고 우럭과 배춧잎, 대파, 양파를 넣어 끓인다.
7 끓이면서 생기는 거품을 말끔하게 걷어내고 미나리와 붉은고추를 듬뿍
올려 한소끔 끓여 완성한다.

대합무찌개

재료   대합 200g, 다시마물 3컵, 청주 1큰술, 무 100g, 양파 1/4개, 붉은고추 1개, 풋고추 2개, 대파 1뿌리, 된장 1큰술반, 고운고춧가루 1작은술, 소금·후춧가루 약간씩

1 대합은 껍질을 솔로 깨끗이 씻어서 옅은 소금물에 담가 해감을 뺀다.

2 냄비에 대합을 넣고 다시마물과 청주를 붓고 끓여 대합이 입을 벌리면서 뽀얀 국물이 만들어지면 국물은 면보에 거르고 대합살은 물에 씻어서 알맞은 크기로 썬다.

3 무는 깨끗이 씻어 사방 3cm 크기로 납작 썬다.

4 붉은고추와 풋고추는 1cm 폭으로 송송 썰고 양파는 2cm 크기로 큼직하게 썬다.

5 뚝배기에 대합국물을 붓고 된장과 고운고춧가루를 풀어 넣어 끓으면 무, 양파, 고추, 대합살을 넣고 한소끔 끓인다.

6 끓이면서 생기는 거품은 걷어내고, 소금과 후춧가루로 간을 맞춘 후 대파를 송송 썰어 넣는다.

바지락시래기된장국

재료   시래기 삶은 것 100g, 바지락 1컵, 물 2컵, 쌀뜨물 3컵, 대파 1뿌리, 붉은고추 1/2개, 된장 2큰술, 다진마늘 1큰술, 소금·후춧가루 약간씩

1 바지락은 맹물에 담가 해감을 빼낸 후 손으로 비벼 깨끗이 씻는다.

2 시래기는 물에 여러 번 씻어 물기를 짜고 5cm 길이로 자른다.

3 대파와 붉은고추는 어슷 썬다.

4 냄비에 바지락과 물을 붓고 끓이다가 바지락이 입을 벌리면 불을 끈다. 체에 받쳐 국물을 거르고 바지락은 따로 둔다.

5 냄비에 바지락국물과 쌀뜨물을 붓고 국물이 끓어오르면 된장을 푼다.

6 시래기를 넣어 푹 끓이다가 다진마늘, 바지락, 대파, 붉은고추를 넣고 소금, 후춧가루로 간을 맞춘다.

♡ 주꾸미무국

재료　주꾸미 5마리, 무 1/2개, 쪽파 2뿌리, 붉은고추 1/2개, 다진마늘 2작은술, 물 6컵, 소금 약간

1 손질한 주꾸미를 한입 크기로 썬다.
2 무는 넓적하고 두툼하게 썰고, 쪽파는 송송 썬다. 붉은고추는 굵직하게 채썬다.
3 냄비에 물을 붓고 무가 푹 익을 때까지 끓인다. 무가 투명해지면 주꾸미와 다진마늘을 넣고 살짝만 익힌 뒤 소금으로 간한다. 불을 끈 다음, 쪽파와 붉은고추를 넣는다.

♡ 바지락근대된장국

재료　바지락 250g, 근대 1/2단, 된장 2~3큰술, 대파 2뿌리, 풋고추 1개, 붉은고추 1/2개, 다진마늘 1큰술, 고춧가루 1작은술

1 바지락은 껍질째 씻어서 옅은 소금물에 반나절쯤 담가 해감을 뺀다.
2 끓는 물에 바지락을 삶아 입이 벌어지면 바지락은 건져놓고, 그 물은 고운 체에 밭쳐 맑게 거른 다음, 그 물에 된장을 풀어서 끓인다. 끓으면 간이 세지므로 처음엔 약간 삼삼하게 느껴질 정도로 간을 맞춘다.
3 근대잎은 깨끗이 씻어서 위쪽의 질긴 줄기는 잘라버리고 넓은 잎은 길게 반으로 가른다.
4 풋고추, 붉은고추는 어슷 썰고 파도 큼직하게 어슷 썬다.
5 된장 푼 물이 끓으면 근대 씻은 것을 넣고 끓인다. 근대는 익으면 숨이 죽으므로 양을 넉넉히 넣는다.
6 다시 한소끔 끓으면 건져 놓은 바지락과 풋고추, 다진마늘, 대파를 넣어 끓인다. 입맛에 따라 마지막에 고춧가루를 조금 풀어 넣어도 좋다.

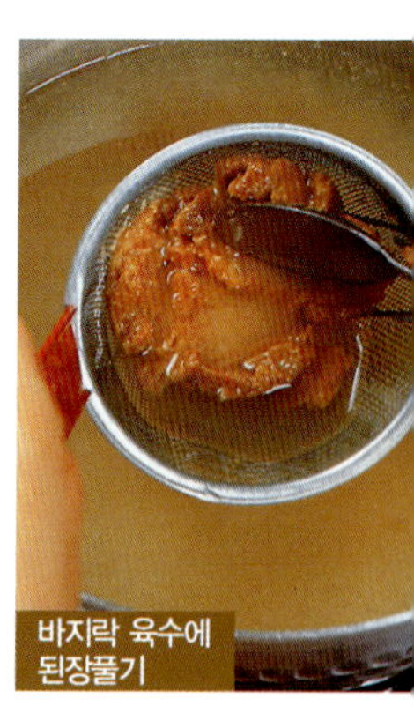

관자적양파꼬치

재료　관자 400g, 적양파 1개, 화이트와인 4큰술, 소금·후춧가루·올리브오일 약간씩 ┊ 요구르트허브소스 ┊ 떠먹는 요구르트 6큰술, 애플민트 6장, 사우어크림 1큰술, 꿀 1/2작은술, 소금·후춧가루 약간씩

1 관자는 깨끗이 씻어 손질해 적당한 크기로 자르고, 적양파는 껍질을 벗겨 1/4등분한다.
2 관자와 적양파를 꼬치에 끼워 올리브오일을 두른 팬에 소금, 후춧가루로 간하여 굽는다. 이때 화이트와인을 살짝 뿌리면 비린내를 없앨 수 있다.
3 믹서에 분량의 소스 재료를 모두 넣은 후 곱게 갈아 관자꼬치에 곁들인다.

🥄 청경채낫또소스찜

재료　청경채 5포기, 대파 약간 ┊낫또소스┊낫또 2/3컵, 간장 1큰술, 다진마늘·통깨 1작은술씩, 참기름 1/2큰술, 연겨자 1작은술

1 청경채는 밑동 끝을 조금만 자르고 길게 반으로 가른다.
2 낫또는 휘저은 후 간장, 다진마늘, 통깨, 참기름, 연겨자를 넣어 양념한다.
3 청경채 위에 낫또소스를 한 스푼씩 얹고 김이 오른 찜통에 얹어 5분간 쪄낸다. 낫또소스 위에 송송 썬 파를 얹어 접시에 담는다.

# 바지락마늘볶음

재료   바지락 300g, 타이고추 3개, 마늘 5쪽, 양파 1/2개, 올리브오일 2큰술, 레몬 슬라이스 2조각, 굴소스 1큰술, 생로즈메리 5g, 화이트와인 1/4컵, 빻은 통후추 1/4작은술, 소금 약간, 고수 30g

1 바지락은 깨끗이 씻어 맹물에 담가 해감을 뺀다.

2 타이고추는 적당하게 가위로 썰고 마늘과 양파는 굵게 채썬다.

3 달군 냄비에 올리브오일을 두르고 타이고추와 마늘, 양파, 레몬을 넣어 볶다가 향이 나면 바지락을 넣어 볶는다.

4 바지락이 입을 벌리면 굴소스와 생로즈메리, 화이트와인, 통후추 곱게 빻은 것을 넣어 약한 불에서 자작하게 끓인다.

5 센불에서 바지락을 다시 볶아 소금으로 간을 하고 고수를 듬뿍 올려 낸다.

두릅베이컨말이

재료　두릅 300g, 베이컨 8장, 녹말가루·송송썬 실파·마늘채 1큰술씩, 들기름 1작은술, 소금 약간

1 두릅은 밑동을 자르고 가시가 없도록 칼로 다듬어 씻어 끓는 물에 소금을 넣고 파랗게 데친 다음 찬물
에 헹궈 물기를 완전하게 없앤다.
2 베이컨을 한 장씩 도마에 깔고 녹말가루를 조금 뿌린 후 두릅을 돌돌 말아 고정한다.
3 팬에 들기름을 두르고 마늘채를 볶다가 준비한 두릅베이컨말이를 올려 노릇하게 굽는다.
4 구운 두릅베이컨말이를 접시에 담고 송송 썬 실파를 뿌린다.

죽순채볶음

재료　죽순 300g, 쇠고기 100g, 표고버섯 3개, 미나리 50g, 숙주 100g, 붉은고추·달걀 1개씩, 올리브오일 적당량 ┆**고기양념**┆간장 2큰술, 설탕 1큰술, 다진파 4작은술, 다진마늘 2작은술, 참기름·깨소금 2작은술씩, 후춧가루 약간 ┆**죽순채양념**┆간장·소금·설탕 2작은술씩, 식초 1큰술, 깨소금 약간

1 죽순은 빗살 모양으로 납작하게 썰어 끓는 물에 5분 정도 데쳐 헹군다.
2 쇠고기는 결대로 채썰고 표고버섯은 기둥을 떼고 채썰어 각각 고기양념에 무쳐 재워 둔다.
3 미나리와 숙주는 끓는 물에 소금을 약간 넣어 데치고 미나리는 4cm 길이로, 고추도 같은 길이로 채썬다.
4 달걀은 황백으로 나누어 지단을 부친다.
5 삶은 죽순은 올리브오일에 볶아 죽순채 양념에 무친다.
6 양념한 쇠고기와 표고버섯도 볶은 후 모든 재료를 한데 섞어 낸다.
Tip 올리브오일은 기억력 감퇴를 예방해주는 식품이에요.

🥄 아스파라거스와 등심구이

재료   아스파라거스 10개, 쇠고기(등심) 300g, 양파 1/2개, 대파 1뿌리, 올리브오일 2큰술, 소금·통후추(곱게 빻은 것) 약간씩 ¦ 쇠고기양념 ¦ 다진마늘·간장 1큰술씩, 설탕 1작은술

1 아스파라거스는 밑 부분을 1cm 정도 자른 후에 굵은 섬유질을 긁어내고 씻어 4cm 길이로 썬다.
2 아스파라거스에 소금과 통후추 곱게 빻은 것을 뿌려 팬에 올리브오일을 두르고 투명하게 굽는다.
3 쇠고기는 등심으로 준비해서 굵게 채썰고 양파와 대파는 곱게 채썬다.
4 쇠고기에 다진마늘, 간장, 설탕, 소금, 빻은 통후추를 넣고 골고루 무쳐 밑간한다.
5 아스파라거스를 볶아낸 팬에 다시 올리브오일을 두르고 양파와 대파를 나른하게 볶은 다음 밑간한 쇠고기를 넣어 굽는다.
6 접시에 구운 고기를 깔고 아스파라거스를 가운데 소복하게 올린다.

🥄 상추겉절이

재료   상추 20장, 오이 1개, 부추 30g ¦ 양념장 ¦ 간장 1큰술반, 고춧가루 1큰술, 다진마늘·설탕 1작은술씩, 다진파 1/2큰술, 식초 2작은술, 깨소금·참기름 1/2작은술씩, 소금 약간

1 상추는 깨끗이 씻어 식촛물에 담갔다 건져 1cm 넓이로 찢는다. 오이는 소금으로 문질러 씻은 후 어슷하게 썬다.
2 부추는 깨끗하게 다듬어 씻어 건져 4cm 길이로 썬다.
3 분량의 재료를 섞어서 양념장을 만든다.
4 상추, 오이, 부추를 섞어 그릇에 담고 먹기 직전에 양념장을 살짝 끼얹어 상에 낸다.

 참나물도토리묵무침

재료　　참나물 150g, 도토리묵 1모, 양파 1/4개, 붉은고추 1개 ┆ **무침양념장** ┆ 간장 2큰술, 고운고춧가루 1작은술, 다진파·맛술 1큰술씩, 다진마늘·설탕·참기름·깨소금 1작은술씩

1　참나물은 다듬어 씻은 후 3cm 길이로 썬다.

2　도토리묵은 모양칼을 이용해서 사방 3cm, 두께 1cm 크기로 납작하게 썬다.

3　붉은고추와 양파는 가늘게 채썰어 찬물에 헹궈 건져 놓는다.

4　분량의 재료를 모두 섞어 무침양념장을 만든다.

5　참나물과 양파채, 붉은고추채를 그릇에 담고 양념장의 1/2만 끼얹어 무친다.

6　접시에 참나물무침을 펼쳐 담고 도토리묵을 올린 다음 남은 양념을 고루 뿌려 낸다.

양념장 끼얹기

🥄 주꾸미장조림

재료   주꾸미 10마리, 무 1/3개, 당근 1/2개, 대파(흰 부분) 1/3뿌리, 대추 5알 ┆**조림장**┆간장 5큰술,
다진마늘 1작은술, 청주 1큰술, 물엿 3큰술, 설탕 2큰술, 물 3컵

1 손질한 주꾸미는 먹기 좋은 크기로 2~3등분한다.
2 무와 당근은 큼직하게 썰고, 대파는 1cm 폭으로 송송 썬다.
3 냄비에 분량의 조림장 재료와 무, 당근, 대파, 대추를 넣고 끓이다가 무가 말캉하게 익어갈 무렵 주
꾸미를 넣고 살짝 익힌 후 바로 불을 끈다.

주꾸미 손질하기

주꾸미 소금으로 주물러 씻기

프라이팬에 채소 볶기

주꾸미볶음

재료　주꾸미 400g, 양파 1개, 당근 1/4개, 붉은고추 2개, 다진파·다진마늘 1큰술씩, 소금 2큰술
┊ **볶음양념** ┊ 고추장·고춧가루·맛술 1큰술씩, 소금 2작은술, 설탕 약간

1 주꾸미는 내장을 꺼내고 지저분한 것을 떼내어 소금으로 주물러 씻는다.

2 손질한 주꾸미는 머리를 2등분하고, 다리는 4cm 길이로 썬다.

3 양파와 당근은 굵게 채썰고 붉은고추는 길게 반 갈라 씨를 털어내고 양파와 같은 길이로 채썬다.

4 팬에 기름을 두르고 다진파와 마늘을 넣고 향이 나게 볶은 다음 채썬 양파, 당근, 붉은고추를 넣어 볶는다.

5 ④에 볶음양념을 넣고 주꾸미를 넣어 채소들에 간이 고루 배도록 볶는다.

🥄 꽃게무침

재료　꽃게 4마리, 붉은고추 1개, 풋고추 2개, 대파 1뿌리, 미나리 20g ┊**양념장**┊간장 1/2컵, 고춧가루 5큰술, 다진파·다진마늘 1큰술씩, 다진생강 1작은술, 물엿 2큰술, 설탕 2작은술, 깨소금 1큰술

1 꽃게는 솔로 문질러 씻고 배, 등딱지, 아가미, 모래주머니를 떼어낸 후 발 끝을 잘라내고 작게 토막을 낸다.
2 토막낸 꽃게에 양념장 재료 중 간장만 먼저 부어 밑간이 충분히 배게 한다.
3 게에 간이 배면 간장을 따라내 분량의 고춧가루를 섞는다. 고춧가루가 어느 정도 불면 나머지 재료를 넣어 양념장을 만든다.
4 붉은고추와 풋고추는 적당한 크기로 어슷 썰어 씨를 턴다.
5 대파와 미나리는 4cm 길이로 썬다.
6 큰 그릇에 꽃게와 채소를 모두 넣고 양념장에 버무린다.

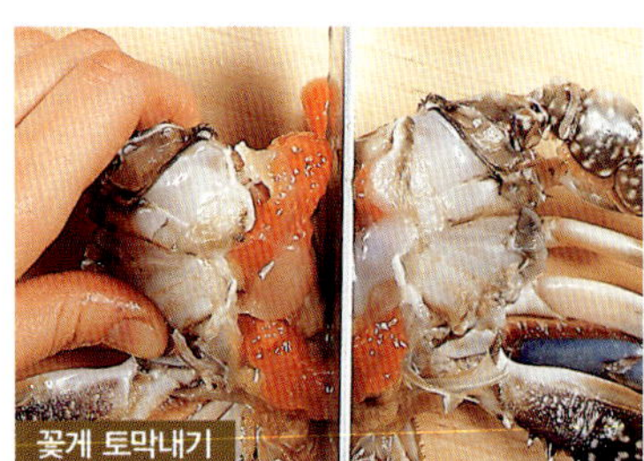

꽃게 토막내기

꽃게에 간장 양념하기

양념장 만들기

양념장에 꽃게와 채소 넣어 버무리기

꽃게굴소스볶음

재료 꽃게 1마리(4조각), 바지락 1봉지, 쌀국수 80g, 숙주나물 120g, 버터 1큰술, 올리브오일 3큰술, 레몬 1조각, 풋고추 1개 ┆ **볶음소스** ┆ 굴소스 2큰술, 참기름·두반장·깨소금·다진마늘·설탕 1큰술씩, 다진대파·물엿 2큰술씩, 다진청양고추 1작은술

1 꽃게와 바지락을 손질한다(옆 페이지 손질법 참조).
2 쌀국수는 미지근한 물에 10분간 담가 두고, 숙주나물은 5분간 찬물에 담가 둔다.
3 분량의 재료를 섞어 볶음소스를 만든다.
4 팬에 버터, 올리브오일을 두르고 버터가 녹으면 꽃게, 바지락을 넣고 볶는다.
5 꽃게와 바지락이 익으면 물기를 뺀 쌀국수와 숙주나물을 넣고 볶다가 소스를 반 정도 넣고 볶는다.
6 남은 소스로 천천히 간을 맞추고 풋고추와 레몬을 어슷하게 길게 썰어 곁들여 낸다.

조기탕수

재료　　조기 1마리, 소금·후춧가루 약간씩, 녹말가루·분린녹말 1/2컵씩, 튀김가루 적당량
┆ 탕수소스 ┆ 푸르츠칵테일 1/2컵, 마늘 2쪽, 마른고추 1개, 녹말물(녹말가루 1큰술+물 1큰술), 육수 1컵,
간장 1/2큰술, 설탕·식초 3큰술씩, 토마토케첩 1큰술, 소금 약간

1 조기는 소금물로 깨끗이 씻어 지느러미를 잘라내고 꼬리에서 머리 쪽을 향해 칼로 비늘을 살살
긁어내고, 아가미 사이로 나무젓가락을 넣어 돌려가면서 내장을 빼낸 다음 흐르는 물에 헹군다.

2 손질한 조기에 녹말가루를 묻히고 그 위에 불린 녹말을 고루 묻혀 180℃ 기름에 바삭하게 튀
긴다.

3 푸르츠칵테일은 체에 밭쳐 시럽은 따라버리고 마늘은 편으로 썬다. 마른고추는 씨를 제거한
후 어슷 썬다.

4 팬에 기름을 두르고 마늘, 마른고추를 넣고 볶아 향이 돌면 육수를 붓고 끓인다.

5 끓으면 간장, 설탕, 식초, 토마토케첩을 넣어 조금 더 끓이다가 녹말물을 풀어서 걸쭉한 소스
가 되면 체에 밭쳐 두었던 푸르츠칵테일을 섞는다.

6 튀긴 조기 위에 탕수소스를 끼얹어 상에 낸다.

껍질콩 데치기

🍳 껍질콩돼지고기볶음

재료　껍질콩 150g, 돼지고기(불고깃감) 300g, 대파(흰 부분) 2뿌리, 생강 20g, 볶은참깨 3큰술, 샐러드유 적당량 ┆ **볶음양념장** ┆ 설탕 1큰술, 간장·청주 3큰술씩, 녹말가루 1큰술

1 껍질콩은 심을 벗기고 소금물에 파랗게 데친 다음 바로 찬물에 헹궈 물기를 빼고 썰어 놓는다.
2 대파는 3cm로 토막내어 반 가르고 생강은 가늘게 채썬다.
3 분량의 재료들을 섞어 볶음양념장을 만든다.
4 팬에 기름을 두르고 대파와 생강을 넣고 향이 나도록 볶다가 돼지고기를 넣는다.
5 돼지고기가 익으면 껍질콩을 넣고 재빠르게 볶다가 볶음양념장을 넣고 간이 배도록 볶는다.
6 볶은 참깨를 넣고 섞어서 불에서 내린다.

죽순자장덮밥

재료 밥 4공기, 죽순 200g, 쌀뜨물 1컵, 춘장 2큰술, 설탕 1작은술, 물 1컵, 물녹말 2큰술, 양파 1개, 양배춧잎 2장, 당근 30g, 대파 1뿌리, 생강 1/4쪽, 마늘 2쪽, 채썬 오이 1/4개분, 식용유·소금 약간씩

1 죽순은 반으로 갈라 납작하게 저며 썬 다음 쌀뜨물에 잠시 담가 향을 없애고 건진다.
2 양파, 양배추, 당근은 각각 사방 1cm 크기로 썬다. 대파는 송송 썰고 생강, 마늘은 곱게 다진다.
3 팬에 기름을 두르고 생강과 마늘을 볶아 향이 올라오면 죽순을 넣어 센불에서 빠르게 볶아 나른해지면 썰어 놓은 채소를 모두 넣고 함께 볶는다.
4 팬에 기름을 넉넉히 두르고 춘장, 설탕을 넣어 중불에서 충분히 볶는다.
5 볶아 둔 죽순과 채소에 볶은 춘장을 넣고 물을 부어 끓이다 물녹말을 뿌려 걸쭉해지면 소금으로 간해 소스를 완성한다.
6 뜨거운 밥에 죽순자장소스를 듬뿍 끼얹고 곱게 채썬 오이를 올린다.

뱅어포고추장구이

재료 뱅어포 10장 ┆ **양념장** ┆ 고추장 3큰술, 물 2큰술, 고운고춧가루·다진마늘·깨소금·참기름·매실청 1큰술씩, 간장·올리고당·꿀 1/2큰술씩, 액젓 1작은술

1 뱅어포는 잡티를 제거하고 오븐에 살짝 굽는다.
2 분량의 양념장을 잘 섞는다.
3 구운 뱅어포에 양념장을 발라 30분 정도 재워 둔다.
4 예열한 오븐에 뱅어포를 굽는다.
5 구운 뱅어포를 먹기 좋게 자른다.

🥄 주꾸미양념구이

재료　주꾸미 5마리, 쪽파 2줄기, 붉은고추 1/2개, 참깨 1작은술, 검은깨 1/2작은술, 밀가루 약간 ┊**양념장**┊고추장 2큰술, 설탕·참기름 1작은술씩, 다진마늘 2작은술, 생강즙 2작은술, 물엿 1/2큰술, 후춧가루 약간

1 손질한 주꾸미를 반 갈라 채반에 올려 약 3일 정도 꾸덕꾸덕하게 말린다.
2 쪽파와 붉은고추는 잘게 다지고, 분량의 재료로 양념장을 만들어 둔다.
3 말린 주꾸미에 양념장을 바르고 오븐이나 그릴에서 구운 뒤, 다진쪽파와 붉은고추, 참깨와 검은깨를 듬뿍 뿌려 낸다.

🥄 주꾸미파전

재료　주꾸미 5마리, 쪽파 1/2단, 달걀 2개, 붉은고추 1개, 포도씨오일 약간 ┊**부침반죽**┊부침가루 1컵, 물 1/2컵

1 손질한 주꾸미를 곱게 다진다.
2 쪽파는 다듬어 씻어 물기를 뺀 다음 적당한 길이로 썰고 붉은고추는 채썬다.
3 달걀을 풀어 놓고, 부침가루와 물을 섞어 부침반죽을 만든다.
4 달군 팬에 포도씨오일을 두르고 국자로 부침반죽을 떠 넣은 뒤 쪽파, 주꾸미, 붉은고추 순으로 얹고 달걀물을 부어가며 노릇하게 지진다.

🥄 가자미조림

재료　가자미 3마리, 녹차가루 1큰술, 무 1/7개, 양파 1/2개, 대파 1뿌리, 진간장 2/3큰술, 물 1/4컵,
고수 또는 실파 약간

1 가자미는 너무 크지 않은 것으로 준비해 머리를 자르고 내장을 정리해 소금을 뿌려 간한다.
2 손질한 가자미에 녹차가루를 뿌려 잠시 그대로 둔다.
3 무는 껍질째 손질해 도톰하게 저며 썬 후 다시 반으로 잘라 반달 모양으로 만든다.
4 양파는 굵직하게 채썬다. 대파는 2~3cm 길이로 자른다.
5 냄비에 무와 양파, 대파를 깔고 가자미를 얹은 후 물을 섞은 진간장을 부어 양념이 배도록 조린다.
6 접시에 담고 녹차가루를 약간 더 뿌려 맛을 내고 고수로 장식한다. 고수 대신 실파나 다른 채소
를 써도 된다.

🥄 가자미튀김

재료　가자미 4마리, 밀가루·튀김기름 적당량씩 ┊**양념장**┊멸치국물 1컵, 맛술 3큰술, 간장 3큰술, 고운고춧가루 약간, 무·레몬 적당량씩

1 가자미는 칼끝으로 비늘을 벗긴 다음 찬물에 씻어 물기를 닦는다.
2 가자미의 눈 밑을 젓가락으로 찔러 고여 있는 물기를 뺀다.
3 등 쪽(검은 부분)의 머리부터 꼬리까지 칼집을 넣고 좌우에도 1cm 간격으로 칼집을 넣는다.
4 칼집 낸 가자미에 소금간을 조금 하고 밀가루를 묻혀 튀긴다.
5 무를 강판에 갈아 살짝 짜 즙과 건더기를 따로 둔다.
6 멸치국물과 간장, 맛술을 섞어 한 번 끓여서 식힌 다음 무즙을 넣고 고운고춧가루와 무 건더기를 섞어 양념장을 만들어 가자미튀김을 찍어 먹는다.

가자미 물기 제거하기

가지미에 칼집 넣기

🥄 참나물골뱅이무침

재료　참나물 100g, 익힌 골뱅이 250g, 미나리·양파 50g씩, 오이 1/2개, 사과·배 1/4개씩, 풋고추 2개, 붉은고추 1개 ┆**양념장**┆ 간장·설탕·매실청·식초·고운고춧가루·참기름 2큰술씩, 고추장·다진마늘·깨소금·생강즙·레몬즙 1큰술씩

1 참나물은 억센 줄기는 버린 후 4cm 길이로 썬다. 골뱅이는 적당한 크기로 얄팍하게 저며 썬다.

2 미나리는 줄기만 다듬어 쓰고, 양파는 채썰고 오이와 사과, 배는 얄팍하게 썬다.

3 풋고추와 붉은고추는 길이로 반 잘라 씨를 털어낸 후 채썬다.

4 모든 재료를 합하여 물에 씻은 후 얼음물에 30분 정도 담갔다가 꺼내 물기를 뺀다.

5 양념장 재료는 분량대로 섞은 뒤 냉장고에서 하루 동안 숙성시킨다. 그래야 양념 맛이 더 깊어진다.

6 반 분량의 양념장에 골뱅이를 먼저 무치고 나머지 양념장과 채소를 넣어 무친다. 한꺼번에 무치면 채소가 금방 풀이 죽으므로 먹을 만큼만 무친다. 참기름을 넣어 살짝 마무리한다.

🥄 관자샐러드

재료　관자 5개, 청주 1큰술, 소금 1작은술,
후춧가루 약간, 샐러드용 채소 적당량
¦소스¦ 양파 100g, 매실절임 1큰술, 풋고추
1개, 붉은고추 1/2개, 버터 2큰술, 물 3/4컵,
설탕 3큰술, 발사믹식초 3큰술, 소금 약간,
물녹말 1큰술

1 관자는 소금, 청주, 후춧가루로 밑간한다.
2 양파와 매실절임, 풋고추, 붉은고추는 송
송 썬 후 버터에 볶다가 물, 설탕, 발사믹식
초, 소금을 넣고 끓으면 물녹말을 넣어 걸쭉
하게 만든다.
3 달군 팬에 관자를 앞뒤로 굽는다.
4 구운 관자 옆에 샐러드용 채소를 보기 좋
게 곁들이고 소스를 끼얹어 낸다.

🥄 취나물된장무침

재료　취나물 200g ¦된장소스¦ 된장 2큰술, 물엿 1/2큰술, 설탕·청주
1작은술씩, 다진파 1큰술, 다진마늘 1/2큰술, 참기름·깨소금·고춧가루
약간씩

1 취나물은 억센 잎과 줄기를 잘라버리고 여린 잎만 골라서 줄기째 씻어
건진다.
2 팔팔 끓는 물에 소금을 조금 넣고 손질한 취를 넣어 파랗게 데친다.
3 삶은 취를 바로 찬물에 두세 번 헹군 다음 10분 정도 담가 두어 쓴맛
을 우려낸다.
4 재료를 분량대로 섞어 된장소스를 만든다.
5 취나물의 물기를 꼭 짠 다음 된장소스를 넣고 무친다.

5월에 참 맛있는 제철음식

그 어느 때보다도 채소와 과일이 풍성한 때이다. 장보기에도 부담이 없고 메뉴짜기도 즐겁다. 재료 자체의 맛을 즐길 수 있는 식품들도 많아 특별한 조리 실력을 발휘하지 않아도 풍성한 식탁을 마련할 수 있다. 꽃게도 살이 올라 게장 담그기에 좋고, 몸에 좋은 더덕이 한창이므로 더덕장아찌도 담가보자. 굴비, 더덕, 도라지, 두릅을 말려두는 때이고 조기젓, 준치젓, 정어리젓을 담그는 시기이기도 하다. 딸기잼도 만들어 두도록 하고 매실주와 매화주도 담궈보자. 마늘장아찌와 양파장아찌도 담가두면 입맛 없을 때 유용한 반찬이 된다.

5월의 채소 양배추, 완두콩, 미나리, 도라지, 상추, 양파, 마늘, 더덕, 마늘종, 청경채, 쪽파, 양상추

5월의 해산물 멍게, 넙치, 잔새우, 멸치, 준치, 꽃게, 미더덕, 병어

5월의 과일 딸기, 앵두

꽃게도 알이 차고 시금치, 상추, 오이도
그 어느때보다 싱싱하고 흔하다. 맵지 않은
꽈리고추를 좀 넉넉히 구입하여 식초 간장에
장아찌도 담그고 오이지, 피클도 담가본다.

과일

앵두 | 안토시아닌과 라이코펜이 들어 있는 대표적인 레드푸드. 포도당과 과당이 주성분이며 사과산이 다량 함유되어 있어 피로회복에 좋다. 또한 식이섬유소 펙틴이 대장운동을 원활하게 해주는 역할을 한다.

딸기 | 비타민C가 풍부하여 항산화작용이 뛰어난 과일이다. 딸기 속 일라직산은 암세포를 억제하는 놀라운 효능을 갖고 있다. 꼭지가 진한 푸른색을 띠고 꼭지부분까지 붉은색을 띤 것이 맛있다.

채소

양상추

식이섬유소가 풍부하고 칼로리가 낮아 다이어트에 효과적이다. 양상추 줄기에 우윳빛 유액에 함유된 알칼로이드 성분이 신경안정 작용을 하여 불면증 치유에 도움이 된다. 육류와 함께 샐러드나 쌈으로 먹으면 궁합이 잘 맞는다.

상추

아삭아삭 씹히는 맛이 싱그러운 상추는 비타민과 무기질 보충에 좋은 채소이다. 알칼로이드 성분이 숙면을 취하는 데 도움을 준다. 잎이 연하면서도 도톰한 것을 고르고 고유의 녹색을 잘 유지하고 있는 것, 크기가 일정한 것을 선택한다.

양파

지방의 함량이 적으며 채소로서는 단백질이 많은 편이다. 또한 칼슘과 철분의 함량이 많아 강장효과를 돋우는 역할도 한다. 각종 음식에 부재료로 쓰이는 향미채소 양파는 독특한 냄새를 지니고 있어 음식의 풍미를 높여주고 식욕을 돋워준다.

마늘종

굵기가 일정하며 단단한 것이 좋다. 알리신에는 면역증강작용과 항암작용이 있으며 성질이 따뜻하여 위장과 심장의 혈액순환을 돕는 역할을 하여 수족냉증에 효과적이다. 마른새우와 함께 조리하면 칼슘을 보충할 수 있다.

마늘

특유의 강한 향기가 있어 음식의 나쁜 냄새를 없애준다. 유화알릴이 풍부해 살균작용을 하며 강장제로서도 효과가 높다. 국산 마늘은 수염이 붙어있지만 수입산은 없으며, 국산은 껍질에 붉은기가 도는 반면 수입산은 흰빛이 돈다.

청경채

중국요리에 많이 사용되는 채소. 각종 미네랄과 비타민C, 카로틴이 풍부하여 피부미용에 효과적이고 치아와 골격 발육에 도움이 된다. 동물성 단백질이 많이 함유된 닭고기와 섭취하면 영양적으로 우수하다.

쪽파

파김치를 담가먹거나 파전을 할 때 쓰이는 재료. 잎이 연하고 깨끗하며 줄기 부분이 너무 여러 갈래로 가늘게 나뉘지 않는 것이 좋다. 실파와 헷갈릴 수 있는데, 실파는 뿌리부분이 일자보양이고 쪽파는 동그란 모양으로 다르다.

도라지

당분과 섬유질이 많고 칼슘과 철분이 많은 우수한 알칼리성식품이다. 도라지는 호흡기질환에 좋은 것으로 알려져 있는데, 도라지의 사포닌 성분이 가래를 삭히고 혈당 강하 작용을 한다. 도라지는 잔뿌리가 많고 원뿌리로 갈라진 것을 고른다. 꿀과 궁합이 맞는다.

양배추

위를 보호해주는 비타민U가 많이 들어 있고 칼슘, 칼륨도 풍부한 알칼리성 식품. 생으로도 먹고 익혀서도 이용한다. 저지방·저열량 식품이며 식이섬유소 함량이 많아 장운동을 활발하게 하여 변비도 예방한다.

완두콩

콩류 중 식이섬유소가 가장 풍부하여, 변비를 치유하고 대장암을 예방하며 동맥경화증에도 효과가 있다. 식이섬유가 풍부해 포만감을 주므로 다이어트에 도움이 된다. 고를 때는 짙은 녹색을 띠고 탄력이 있는 것을 선택한다.

미나리

향기가 상큼하고 씹는 맛이 좋은 봄나물. 잎부분은 향이 약하므로 잎보다는 줄기 부분이 음식에 주로 이용된다. 삶아서 나물을 무치거나 전 등에 이용할 수 있으며 독특한 향이 나는 정유성분이 입맛을 돋워주고 보온작용을 한다.

더덕

견위제일 뿐 아니라 강장식품으로도 유명한 더덕은 폐와 비장, 신장을 튼튼하게 해주는 식품이다. 독특한 향취가 으뜸인 더덕은 쌉쌀하면서도 단맛이 난다. 뿌리에 사포닌이 들어있는데 이것은 인삼에 들어있는 주요성분으로 물에 잘 녹으며 거품이 나는 물질이다.

해산물

잔새우

칼슘과 타우린이 풍부해 고혈압을 예방하고 성장발육을 돕는다. 또한 키토산이 혈액 내 콜레스테롤을 낮춰준다. 비타민A와 C가 풍부한 아욱과 잘 어울리므로 함께 조리하면 좋다. 껍질이 단단하고 투명한 것을 고른다.

멍게

상큼하고 시원한 맛이 일품인 영양만점 멍게는 해삼, 해파리와 함께 3대 저칼로리 수산물로 꼽힌다. 멍게의 타우린 성분은 노화를 방지하고, 신티올 성분은 숙취해소에 도움이 된다. 또한 인슐린 분비를 촉진하여 당뇨병에도 좋다. 초고추장은 멍게 특유의 향을 살려준다.

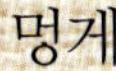

광어(넙치)

광어는 쫄깃한 감칠맛에 비린내도 없어 횟감으로 많이 이용된다. 단백질이 질이 우수하고 지방함량이 적어 비만을 방지하며, 맛이 담백하여 간장질환이 있는 사람이나 당뇨병 환자에게 좋은 식품이다. 광어는 눈이 좌측에 있다.

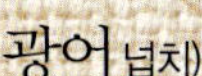

병어

비늘이 없고 표면이 매끄러운 흰살생선으로 지방과 수분이 적어 살이 맛있는 생선이다. 소화도 잘 되어 어린이나 노인, 회복기 환자에게 좋다. 비타민B$_1$과 B$_2$가 풍부한 건강식품으로, 무와 함께 먹으면 소화흡수율을 높일 수 있다.

멸치

동물성 단백질을 가장 손쉽게 섭취할 수 있는 것이 멸치다. 우리나라 동해안과 서해안에 널리 분포하며 큰 것은 13cm에서부터 작은 1cm도 안 되는 것도 있다. 대부분 말려서 조림, 튀김 등을 하거나 국물을 내는데 이용한다.

준치

비타민B$_1$이 풍부하여 원기회복에 그만인 생선. 아가미를 들춰보아 붉은빛을 띠고 있으며 비늘이 덜 벗겨진 것이 좋고, 살을 눌러보아 탄력이 있는 것이 좋은 것이다. '썩어도 준치'라는 말처럼 그 맛이 일품이다.

꽃게

지방의 함량이 적어 맛이 담백하고 소화성도 좋아 병후 회복기 환자나 허약체질, 노인에게 좋은 식품이다. 저지방·고단백을 필요로 하는 비만증·고혈압·간장병 환자에게도 권장할 만하다. 알칼리성식품과 어울린다.

미더덕

미더덕에는 불포화지방산인 EPA와 DHA가 들어있어 동맥경화, 고혈압, 뇌출혈을 예방하고, 혈중 콜레스테롤치를 떨어뜨리며 항암효과, 노화억제 등에도 효과를 발휘한다. 콩나물과 함께 조리하면 비타민C가 보충된다.

미더덕된장찌개

재료　　미더덕 250g, 애호박 30g, 감자 1개, 양파 1/2개, 붉은고추·풋고추 1개씩, 대파 1뿌리, 다시마물 3컵, 된장 3큰술, 부추 80g, 다진마늘 1작은술, 청주 1큰술, 소금 약간

1 미더덕은 옅은 소금물에 씻어 꼬치로 뒤쪽을 찔러 물을 뺀 후 깨끗하게 헹궈 건져 둔다.

2 부추는 다듬어 씻어 2cm 길이로 썬다.

3 애호박은 사방 1cm 크기로 썰고, 감자와 양파는 껍질을 벗겨 같은 크기로 썬다.

4 붉은고추, 풋고추는 곱게 씨째 다지고, 대파는 송송 썬다.

5 다시마물에 된장을 풀어 냄비에 담고 끓으면 미더덕과 애호박, 감자, 양파를 넣어 끓인다.

6 끓으면서 생기는 거품을 걷어내고 고추 다진 것과 대파, 마늘, 청주를 넣어 한소끔 끓인다.

7 미더덕의 향이 밴 구수한 된장찌개가 끓으면 부추 썬 것을 넣고 소금으로 간을 맞춘다.

꽃게탕

재료　꽃게 400g, 배추 1/4포기, 무 1/4개, 두부 1/4모, 중합조개 4~5개, 쑥갓 약간, 호박 1/4개, 팽이버섯 1/2봉지, 붉은고추·풋고추 1개씩, 대파 1뿌리, 육수 5컵, 청주 약간, 다진마늘 1큰술 **양념장** 고추장 1큰술, 된장 2큰술, 고춧가루 2큰술, 참기름 1작은술, 후춧가루 약간, 맛술·생강즙·꽃소금 1큰술씩, 다진마늘·청주 2큰술씩

1 꽃게는 게딱지를 떼고 솔로 비벼 깨끗이 씻은 후 게발의 끝 부분을 잘라내고 먹기 좋은 크기로 토막을 낸다.

2 배추는 겉껍질을 벗기고 사방 3cm 크기로 썰고, 무는 껍질을 벗겨 나박썰기로 썰어 배추와 함께 삶아낸다.

3 두부는 사방 5cm로 썰고, 조개는 소금물에 1시간 정도 담가 해감을 빼낸다. 쑥갓은 씻어 건지고, 호박은 반달썰기한다.

4 팽이버섯은 밑동을 잘라 씻는다. 붉은고추와 풋고추는 어슷하게 썰어 씨를 털어내고, 대파는 어슷하게 썬다.

5 냄비 바닥에 삶은 배추와 무를 깔고 그 위에 손질한 두부, 꽃게, 조개를 넣고 육수를 붓는다.

6 ⑤에 분량의 양념장을 넣고 끓이다가 호박을 넣고 거품은 걷어낸다.

7 다진마늘과 팽이버섯, 붉은고추, 풋고추, 대파를 넣어 끓인다.

8 청주를 넣어 섞고 쑥갓을 올려 낸다.

🥢 더덕고기볶음

재료　더덕 200g, 다진쇠고기 400g, 녹말가루·빵가루 1큰술씩, 소금·식용유 약간씩 ┆**볶음양념장**┆굴소스 2큰술, 두반장·다진마늘·다진파 1큰술씩, 물엿 1큰술, 참기름 1작은술, 깨소금 1작은술, 소금 약간

1 더덕은 껍질을 벗기고 씻어 반 갈라 방망이로 두드려 결대로 굵게 찢는다.
2 다진쇠고기는 녹말가루와 빵가루, 소금을 넣어 조물조물 무쳐 지름 2cm 크기로 완자를 빚는다.
3 재료를 분량대로 넣어 골고루 섞어 볶음양념장을 만든다.
4 팬에 식용유를 두르고 더덕과 다진쇠고기완자를 넣어 볶는다.
5 고기의 겉면이 익으면 볶음양념장을 넣어 약한 불에서 조리듯이 볶아 간이 배도록 익힌다. 중간 중간 고기를 살짝 수저로 눌러 고기와 더덕이 자연스럽게 어우러지도록 한다.

🥢 도라지오이생채

재료　도라지 200g, 오이 1/2개, 소금 약간 ┆**양념**┆고춧가루·식초 1큰술반씩, 설탕 1큰술, 다진파·깨소금 1큰술씩, 다진마늘 1/2큰술, 소금 약간

1 통도라지는 껍질을 벗기고 소금을 넣고 바락바락 주물러 아린맛을 뺀 뒤 알맞은 굵기로 가른다.
2 아린맛을 뺀 도라지는 물에 헹구어 물기를 꼭 짠다.
3 오이는 소금으로 문질러 씻은 후 도라지 길이로 잘라 돌려깎기하여 굵게 채썰어 소금에 살짝 절였다가 헹궈 물기를 꼭 짠다.
4 분량의 재료들을 섞어 양념을 만든다.
5 손질한 도라지와 오이에 양념을 넣어 조물조물 무친다.

🥄 마늘달걀볶음밥

재료   마늘 10쪽, 달걀 3개, 찬밥 4공기, 식용유 3큰술, 쪽파 3뿌리, 소금·후춧가루 약간씩

1 마늘은 모양을 살려 저미고 달걀은 잘 풀어 두고 쪽파는 송송 썬다.
2 달군 팬에 식용유를 두르고 마늘을 노릇하게 익힌 후 덜어낸다.
3 팬에 달걀을 풀어 몽글몽글하게 익힌다.
4 찬밥을 넣고 볶다가 볶은 마늘, 달걀, 송송 썬 쪽파를 넣고 소금, 후춧가루로 간한다.
5 그릇에 볶음밥을 1인분씩 담고 따뜻한 국물을 곁들인다.

VOYAGE AGRÉABLE

L'INFINIE IMMENSITÉ
ESPACES QUE J'IGNORE
ET QUI M'IGNORENT

🥄 마늘종새우볶음

재료　마늘종 150g, 마른새우 1컵 ┊**양념**┊간장 2큰술, 물엿·물 1큰술씩, 설탕 1작은술, 참기름 1작은술, 소금·통깨 약간씩

1 마늘종은 4~5cm 길이로 썰어 끓는 물에 소금을 넣고 데친 후 찬물에 헹군다.
2 마른새우는 체에 올려 잡티를 털어내고 물에 헹군 후 물기를 뺀다.
3 달군 팬에 기름을 두르고 새우를 볶는다.
4 냄비에 간장, 물엿과 설탕, 물을 넣어 바글바글 끓으면 마늘종, 새우를 넣고 볶는다.
5 참기름, 소금으로 간하고 통깨를 뿌린다.

🥄 보리새우두부양념찜

재료　두부 1모, 잔보리새우 1/4컵, 쪽파 3뿌리, 붉은고추·청양고추 1개씩, 쌀뜨물 1컵, 간장·참기름 1작은술씩, 청주·찹쌀가루 1큰술씩, 소금 약간

1 두부는 사방 2cm 크기로 썰고 소금을 뿌려 체에 올려 물기를 뺀다.
2 잔보리새우는 마른 팬에 볶아 비린맛을 없애고, 도마에 올려 굵게 썬다.
3 쪽파와 붉은고추, 청양고추도 잘게 다진다.
4 냄비에 쌀뜨물과 간장, 청주, 참기름을 넣어 끓인다.
5 끓으면 두부를 넣고 약불에서 좀더 끓인다.
6 그릇에 잔보리새우와 쪽파, 고추를 넣고 찹쌀가루로 버무린 후에 두부가 끓고 있는 냄비에 넣어 한소끔 끓여 소금으로 간한다.

🥄 양파무순무침

재료　양파 1개, 무순 100g, 다진파슬리 1작은술, 올리브오일·레몬식초 1큰술씩, 소금·흰후춧가루 약간씩

1 양파는 껍질을 벗겨 동그랗게 가로로 채 썰어 찬물에 담가 매운맛을 없앤다.
2 무순은 잡티를 없애고 씻어 물기를 뺀다.
3 양파를 건져 물기를 완전하게 없앤 후 그릇에 담고 무순을 올려 다진파슬리와 올리브오일, 레몬식초를 넣어 버무린다.
4 양파와 무순이 부드럽게 버무려지면 소금과 흰후춧가루로 간을 맞춰 그릇에 소복하게 담아 낸다.

양배추 절이기

양념에 마늘종 버무리기

양배추와 마늘종 섞기

양배추마늘종김치

재료 양배추 1/3통, 마늘종 6줄기, 굵은소금 2/3큰술 ┆양념┆고춧가루 1큰술, 액젓 2작은술,
설탕 1작은술, 다진마늘 1/4작은술, 소금 1/5작은술

1 양배추는 한 잎씩 뜯어 굵은 심은 저며내고, 먹기 좋은 크기로 네모지게 잘라 굵은소금을 뿌
려 30~40분 정도 절인다. 절인 양배추는 면보에 싸서 물기를 짠다.
2 마늘종은 씻어서 물기를 닦고 1cm 정도 길이로 송송 썬다.
3 준비한 양념을 한데 담아 고루 섞은 후 송송 썬 마늘종을 넣어 고루 버무린다.
4 절인 양배추에 양념한 마늘종을 넣고 고루 버무려 반나절 정도 익힌 후 냉장고에 넣는다.

통마늘장아찌

재료 통마늘 20통, 식초 1컵, 물 2컵,
진간장 2컵, 설탕 2컵

1 통마늘을 슴슴한 식촛물에 4~5일 담가
둔다.
2 삭힌 마늘은 건져 물기를 빼고 항아리에
담는다.
3 냄비에 분량의 물, 간장, 설탕을 넣어 팔
팔 끓인 후 식혀 마늘에 붓는다.
4 일주일, 보름, 한 달 간격으로 간장물만
따라내어 다시 팔팔 끓인 다음 식혀서 항아
리에 붓는다.

상추쌈과 마른새우고추장볶음

재료　상추·겨자잎 적당량씩, 초밥 4공기, 깨소금 2큰술, 마른새우 1컵, 고추장 3큰술, 물 2큰술 ┊ **마른새우양념** ┊ 다진파·마늘 1/2큰술씩, 깨소금 1/2큰술, 참기름 1/2큰술, 설탕·후춧가루 약간씩

1 상추와 겨자잎은 깨끗이 씻어서 소쿠리에 건져 물기를 빼둔다.

2 밥은 고슬하게 지어서 뜨거울 때 배합초(식초 3큰술, 설탕 1큰술반, 소금 1/2작은술)를 뿌려 고루 섞은 후 깨소금을 넣고 버무린다.

3 마른새우는 마른행주에 싼 채 비비거나 체에 담고 털어 잡티를 뗀다.

4 손질한 새우는 굵게 다져서 기름을 두르지 않은 프라이팬에 볶는다.

5 볶아낸 마른새우에 분량의 양념을 넣고 조물조물 무친다.

6 작은 냄비에 고추장을 담고 물을 부어 볶다가 양념한 새우를 넣어 자작하게 되도록 조려 마른 새우고추장볶음을 만든다.

7 초밥을 먹기 적당한 크기로 뭉쳐서 상추나 겨자잎 등에 하나씩 싸서 담고 고추장볶음을 곁들 인다. 연근조림, 오이무침 등을 함께 먹어도 좋다.

배합초에 밥 버무리기

마른새우 볶기

병어버섯불고기

재료　병어 1마리, 미니새송이버섯 100g, 표고버섯 4개, 양파 1/2개, 쪽파 2뿌리, 당근 30g, 소금 약간
┊불고기양념장┊ 간장 3큰술, 설탕·다진마늘 1큰술씩, 생강술·참기름·깨소금 1작은술씩, 후춧가루 1/4작은술,
다시마물 1/4컵

1 손질한 병어는 소금을 넣은 물에 헹궈 건져 채반에 올려 잠시 꾸덕하게 말린다.

2 병어 양쪽에 칼집을 어슷하게 넣고 김이 오른 찜기에 베보자기를 깔고 찐다.

3 미니새송이버섯은 편으로 썰고 표고버섯은 기둥을 잘라내고 곱게 채썬다.

4 양파는 곱게 채썰고, 쪽파는 2cm 길이로 썰고, 당근은 미니새송이버섯과 같은 크기로 썬다.

5 분량의 재료를 섞어 불고기양념장을 만든다.

6 팬에 기름을 두르고 양파와 당근을 볶다가 미니새송이버섯, 표고버섯을 넣어 볶는다.

7 ⑥에 불고기양념장을 넣어 약한 불에서 잠시 끓인 후 쪽파와 병어 찐 것을 넣어 한김 올려 완성한다.

더덕북어포무침

재료 깐 더덕 100g, 마늘종 50g, 북어포 30g ┆**무침양념**┆고추장 4큰술, 고운고춧가루·올리고당·참기름·매실청 1큰술씩, 깨소금·통깨·다진마늘 1/2큰술씩, 액젓 1작은술, 생강즙 1/2작은술

1 깐 더덕은 방망이로 밀어 부드럽게 한 후 적당한 크기로 찢는다.
2 마늘종은 4~5cm 길이로 잘라 끓는 소금물에 살짝 데쳐 찬물에 헹군 다음 물기를 뺀다.
3 북어포는 흐르는 물에 살짝 헹궈 물기를 꼭 짠다.
4 분량의 양념을 합하여 섞은 후 더덕과 북어포를 먼저 무치고 마늘종을 넣어 마저 무친다.

마늘닭봉조림

재료 마늘 10쪽, 닭봉 8개, 표고버섯 2개, 양파 1/4개, 청피망·홍피망 1/2개씩, 생강채 1작은술, 간장 1큰술, 청주·참기름 1작은술씩, 소금·후춧가루 약간씩, 녹말물 1작은술

1 마늘은 중간 크기로 준비해 껍질을 벗기고 이등분한다.
2 닭봉은 씻어서 기름기를 떼어내고 칼집을 서너 번 넣어 준다.
3 표고버섯은 충분히 불린 후에 기둥을 떼어내고 큼직하게 자른다. 양파와 피망도 같은 크기로 자른다.
4 팬에 기름을 두르고 마늘을 넣어 노릇하게 볶은 뒤에 생강채와 닭봉을 넣고 볶다가 간장과 청주를 넣어서 간을 맞추고 색이 나도록 조린다.
5 닭봉이 속까지 익으면 표고버섯과 양파, 피망을 넣고 볶아 소금과 후춧가루로 간을 맞춘다.
6 녹말물을 약간 부어서 걸쭉한 농도가 되면 참기름을 뿌린 후 골고루 버무린다.

청경채 소금에 절이기

양념장 만들기

🥢 청경채즉석김치

재료　청경채 1kg, 굵은소금 조금, 마늘 10쪽, 생강 1쪽, 까나리 액젓 2컵, 고춧가루 1컵반, 실파 1/4단, 찹쌀가루 2큰술, 물 2컵

1 청경채는 깨끗이 씻은 다음 건져서 소금을 뿌려 절여 둔다.
2 마늘과 생강은 각각 다져서 준비한다.
3 고춧가루와 까나리액젓을 분량대로 섞어 갠다.
4 냄비에 2컵의 물과 찹쌀가루를 넣어 잘 풀어서 걸쭉한 찹쌀 풀을 끓인다.
5 액젓에 개어 둔 고춧가루에 다진마늘과 다진생강, 실파를 넣고 찹쌀풀을 넣어서 잘 섞는다.
6 소금에 절여 두었던 청경채는 깨끗한 물에 헹궈 건진다.
7 물기 뺀 청경채를 준비한 양념에 잘 버무린 후 통깨를 뿌린다.

🥄 마늘종장과

재료　쇠고기채·표고버섯채 100g씩, 마늘종 300g, 풋고추채 3개분량, 붉은 고추채 1개분량, 들기름 1큰술, 소금 약간 ┆ **고기버섯양념** 간장·다진파·참기름 1큰술씩, 설탕·다진마늘 1/2큰술씩, 후춧가루 약간 ┆ **양념장** 간장·매실청·깨소금 1큰술씩, 참기름 1/2큰술, 액젓 1/2작은술

1 쇠고기채와 표고버섯채를 고기버섯양념으로 양념하여 볶는다.
2 마늘종은 4cm 길이로 자른 후 소금을 조금 넣은 끓는 물에 데쳐 물기를 뺀다.
3 달군 팬에 들기름을 두르고 데친 마늘종과 풋고추·붉은고추채를 볶아낸다.
4 팬에 양념을 끓이다가 볶아 둔 재료를 모두 넣어 뒤적이듯 볶는다.
5 통깨나 잣가루를 뿌려 낸다.

🥄 마늘쇠고기조림

재료　마늘 100g, 밀가루 약간, 다진쇠고기 150g, 꿀 1작은술, 참기름 1/2큰술, 잣가루 약간 ┆ **쇠고기양념** 다진파 1큰술, 참기름 1큰술, 다진마늘 1/2큰술, 소금 1/2작은술, 후춧가루 1작은술, 설탕 1작은술 ┆ **조림장** 물 4큰술, 맛술 3큰술, 간장 2큰술, 매실청 1큰술, 후춧가루 약간

1 달군 팬에 마늘을 살짝 굽는다.
2 다진쇠고기는 분량의 양념을 한 후 차지게 반죽한다.
3 마늘에 밀가루를 묻힌 후 겉에 고기를 붙인다.
4 조림장을 끓인 후 마늘쇠고기를 굴려가며 조린다.
5 어느 정도 졸아들면 꿀과 참기름을 두른다.
6 잣가루를 얹어 상에 낸다.

더덕샐러드

재료　더덕 100g, 대추 3알, 밤 3톨(채 60g), 미나리 줄기 30g, 잣가루 1/2작은술
┆ 양념장 ┆ 꿀·식초 1큰술씩, 소금 2/3작은술

1 더덕은 방망이로 두들겨서 얇게 찢거나 가늘게 채썬다.
2 대추와 밤은 곱게 채썰고, 미나리도 흐르는 물에 씻어 아주 얇게 채썬다.
3 양념장을 만든다.
4 먹기 직전에 더덕과 밤·대추채에 양념장을 넣고 골고루 섞은 후 미나리, 잣가루
는 마지막에 섞는다.

🥄 마늘두부구이

재료　통마늘 2통, 두부 1모, 송송썬 실파 2큰술, 붉은고추 1/2개, 소금·올리브오일 약간씩 ┊와인소스┊레드와인 3큰술, 올리브오일 2큰술, 레몬즙 1큰술, 와인식초 1작은술

1 통마늘은 껍질을 두 겹 정도만 두고 벗겨 씻어서 가로로 반을 갈라놓는다.
2 두부는 씻어서 1cm 두께, 사방 5cm 크기로 썬 뒤 소금을 뿌려 채반에 올려 물기를 뺀다. 고추는 가늘게 어슷 썬다.
3 팬에 올리브오일을 두르고 통마늘을 구워낸 뒤 마늘 향이 밴 기름에 두부를 앞뒤로 노릇하게 굽는다.
4 레드와인과 올리브오일을 섞은 뒤 레몬즙과 와인식초를 넣어 소스를 만든다.
5 두부와 통마늘 구운 것을 담고 와인소스를 뿌린 다음 실파와 고추를 올린다.

🥄 더덕닭불고기

재료　더덕 5뿌리, 닭고기 1마리(1kg이하), 양파 1/2개, 대파 1뿌리, 풋고추·붉은고추 1개씩, 소금·통깨 약간씩 ┊양념┊간장·고추장 2큰술씩, 고춧가루·다진마늘·설탕·조청·참기름·깨소금 1큰술씩, 양파즙 3큰술, 생강즙 1작은술, 소금·후춧가루 약간씩

1 더덕은 깐 것으로 준비해 소금물에 담가 아린맛을 우리고 방망이로 자근자근 두드린 후 큼직하게 저며 썬다.
2 닭고기는 살만 발라 준비하여 끓는 물에 살짝 데쳐 한입 크기로 자른다.
3 양파는 굵직하게 채썰고 대파와 고추는 어슷하게 썬다.
4 분량의 양념을 만들어 닭고기를 재워 둔다.
5 먹기 직전에 양념한 닭에 더덕과 양파, 대파, 고추를 넣고 고루 주물러 놓는다.
6 석쇠에 굽거나 팬에 넣고 볶아 상추, 깻잎과 곁들여 낸다.

미더덕콩나물찜

재료   미더덕 400g, 새우 300g, 콩나물·미나리 200g씩, 대파 1뿌리나 쪽파 5줄기, 바지락 1컵, 들기름 2큰술, 청주 1큰술, 멸치나 북어머리육수 1컵, 참기름 1큰술, 풋고추·붉은고추 2개씩, 깻잎 10장 ┆**찜양념**┆ 굵은고춧가루·고운고춧가루·다진마늘·매실청 2큰술씩, 액젓 1큰술, 멸치국물 3큰술, 생강즙 1/2큰술, 꽃소금 1작은술 ┆**고추냉이장**┆ 간장·물·매실청·식초 1큰술씩, 고추냉이 적당량 ┆**찹쌀녹말물**┆ 멸치국물 4큰술, 녹말 가루·찹쌀가루 2큰술씩

1 미더덕은 살살 흔들어 씻어 건져 이쑤시개로 찔러 안의 물을 터트린다.
2 새우는 등 쪽에 있는 실 같은 내장을 뺀다. 바지락은 해감하여 씻어 건져둔다.
3 콩나물은 머리와 꼬리를 떼고, 미나리와 대파는 다듬어 4cm 길이로 자른다.
4 풋고추·붉은고추는 반 갈라 씨를 털고 채썬다. 깻잎도 씻어서 준비한다.
5 들기름을 넣어 달군 팬에 바지락, 미더덕을 넣어 볶다가 찜양념을 넣고 뜨거울 때 청주를 끼얹은 다음 육 수를 부어 끓인다.
6 한소끔 끓으면 새우, 콩나물, 미나리를 넣고 다시 한 번 끓인다.
7 풋고추, 붉은고추, 깻잎을 넣고 끓이다가 찹쌀녹말물을 넣어 걸쭉하게 끓인다.

마늘종제육조림

재료 마늘종 150g, 양파 1/2개, 돼지고기(목살) 300g, 소금·후춧가루·청주 약간씩, 녹말가루 적당량 ┊ **조림장** ┊ 다시마물 1컵, 간장 3큰술, 설탕·청주·다진파 1큰술씩, 참기름 2작은술, 깨소금 1작은술, 후춧가루·생강즙 약간씩

1 마늘종은 다듬어 5cm 길이로 썰고 양파는 굵직하게 채썬다.
2 돼지고기 목살은 1cm 두께, 10×5cm 크기로 잘라 소금, 후춧가루, 청주로 밑간하고 녹말가루를 고루 묻힌다.
3 밑간한 목살을 기름을 살짝 두른 달군 팬에 노릇하게 애벌구이한다.
4 마른 팬에 분량의 조림장을 자글자글 끓이다가 끓어오르면 목살과 양파를 넣는다.
5 목살이 익으면 마늘종을 넣고 윤기 나게 조린다.

🥢 양배추오색초절임

재료　양배추 1/4통(샐러드용), 적채 1/3개, 서양마늘 10쪽, 홍·황파프리카 1개씩, 물 적당량, 로즈메리 1줄기, 정향 2개, 통후추 1/2작은술 ┆ **양념** ┆ 설탕 1/2컵, 물 1컵, 식초 2컵, 소금 4큰술

1 양배추와 적채는 한 잎씩 떼어내 깨끗이 씻은 후 굵직하게 썬다.
2 서양마늘은 껍질을 벗겨 적당히 썰고, 파프리카는 깨끗이 씻어 굵직하게 썬다.
3 냄비에 식초, 물, 설탕, 소금을 분량대로 넣고 끓인 후 식혀 둔다.
4 소독한 유리병에 손질한 양배추와 적채, 서양마늘, 파프리카를 함께 담고 로즈메리, 통후추, 정향을 넣은 후 식혀 둔 식촛물을 부어 밀봉해 둔다.

🥄 완두콩리조토

재료　완두콩 40g, 당근 1/5개, 양파 1/4개, 비엔나소시지 3개, 따뜻한 밥 1공기, 닭육수 1컵,
올리브오일·소금·후춧가루·파마산 치즈가루 약간씩

1 완두콩은 끓는 물에 한 번 삶아 두고 당근은 완두콩과 비슷한 크기로 썬다.
2 양파는 슬라이스하고 소시지는 어슷하게 썬다.
3 오일을 살짝 두른 팬에 양파, 소시지를 넣고 가볍게 볶다가 완두콩, 당근을 넣어 볶는다.
4 따뜻한 밥과 닭육수를 넣어 약불과 중불 사이에서 끓인다.
5 밥알이 알맞게 퍼지면서 육수가 어느 정도 잦아들면 소금, 파마산 치즈가루로 간을 맞춘 뒤
그릇에 담고 후춧가루를 뿌린다.

🥄 양파장아찌

재료 양파 5개, 마른고추 1개 ┆ **절임물** ┆ 설탕·식초 1/4컵씩, 물 3컵,
간장 1/5컵, 소금 약간

1 양파는 껍질을 벗기고 12등분한다.
2 마른고추는 큼직하게 자른다.
3 냄비에 절임물 재료를 담고 한소끔 팔팔 끓인 후 완전히 식힌다.
4 유리병에 양파를 담고 절임물을 부어 반나절 정도 익혀 냉장고에
보관한다.

🥄 삼색양파링튀김

재료 양파 2개, 튀김가루 1컵, 다시마물
1/3컵, 빵가루 1컵반, 다진파슬리 2작은술,
고운고춧가루 1/2작은술, 커리파우더
2작은술, 튀김기름 적당량

1 양파는 1cm 두께 링으로 썰어 소금을 약
간 뿌린 후 튀김가루를 묻히고 여분의 가루
는 털어낸다.
2 튀김가루를 다시마물에 풀어 튀김옷을
만든다.
3 빵가루를 1/2컵씩 3등분한 후 다진파슬
리, 고운고춧가루, 커리파우더를 각각 섞어
삼색으로 만든다.
4 양파링에 튀김옷을 입히고 삼색 빵가루
를 각각 묻혀 180℃로 달군 기름에 노릇하
게 튀겨 기름을 뺀다.

🥄 양배추겨자채

재료 양배추 1/4통, 당근 1/3개, 오이 1/2개, 새우(중간크기) 10마리, 레몬즙 1작은술, 대파 1/3뿌리 ┆ 겨자소스 ┆ 겨자 갠 것·생수·설탕 1큰술씩, 식초·우유 2큰술씩, 소금 약간

1 양배추는 심을 도려내고 결 반대 방향으로 1.5cm 폭, 5cm 길이로 자른다.

2 당근과 오이는 얇게 저며 썬다. 양배추, 오이, 당근 썬 것을 얼음물에 담갔다가 건진다.

3 새우는 씻은 뒤 끓는 물에 레몬즙과 대파와 함께 넣고 삶아 건진다.

4 새우가 식으면 길이로 반 잘라 썬다.

5 겨자 갠 것을 다른 소스 재료와 섞어 간을 맞춘다.

6 접시에 양배추, 당근, 오이, 새우를 담고 먹기 전에 겨자소스를 뿌린다.

🥄 마늘종베이컨말이

재료　베이컨 300g, 마늘종 200g, 저며 썬 마늘 5쪽, 통후추 약간 ┆ **소스** ┆ 된장·매실청·배즙
1큰술씩, 고추장·참기름·통깨·땅콩버터 1작은술씩, 생강즙 약간

1 마늘종은 끓는 물에 살짝 데쳐 4~5cm로 잘라 베이컨으로 둘둘 만 후 꼬치로 고정한다.
2 팬을 달궈 식용유를 두르고 마늘을 넣어 볶다가 마늘종베이컨말이를 살짝 구운 후 뚜껑을 덮
어 마저 익힌다.
3 접시에 구운 마늘종베이컨말이와 마늘을 담고 굵게 간 통후추를 살짝 뿌린다.
4 소스를 뿌리거나 곁들인다.

🥄 양배추닭가슴살롤

재료　양배추 1/2통, 적채 1/4개, 청피망 1개, 황·홍파프리카 1개씩, 닭가슴살 160g, 소금·후춧가루·청주 약간씩, 레몬즙 2큰술, 설탕 1큰술, 물 적당량 ┊소스┊ 겨자·레몬즙 1큰술씩, 올리브오일 2큰술, 설탕·후춧가루·소금 약간씩

1 양배추는 한 잎씩 떼어내어 깨끗이 씻은 후 찜통에 물을 붓고 김이 오르면 넣어 살짝 쪄낸다.

2 적채는 한 잎씩 떼어 씻은 후 얇게 채썰고, 피망과 파프리카는 깨끗이 씻어 얇게 채썬다.

3 물과 레몬즙, 설탕을 넣고 잘 섞은 후 채썬 채소를 담가 둔다.

4 냄비에 물을 붓고 닭가슴살을 넣은 후 청주와 소금을 넣고 삶아 잘게 찢는다.

5 찐 양배추를 펴서 채썰어 절여 둔 채소와 잘게 찢은 닭가슴살을 가지런히 놓고 돌돌 만다.

6 분량의 재료를 섞어 소스를 만들어 곁들인다.

🥄 병어간장조림

재료　병어 1마리, 풋마늘대 3줄기, 마늘 3쪽, 마른고추 1/2개 ┊조림장┊ 진간장 2큰술, 물엿·설탕 1작은술씩, 물 1컵, 양파 1/4개, 다진마늘 1큰술, 소금 약간

1 병어는 머리를 자르고 내장을 손질한 후 반으로 토막 낸다.

2 풋마늘대는 손질해 4~5cm 길이로 자르고 마늘은 통으로 준비한다. 마른고추는 손으로 굵직하게 부순다.

3 풋마늘대를 팬에 깔고 병어를 얹은 후 조림장을 만들어 붓고 간이 배도록 조린다.

4 병어는 살이 연해 잘 부서지므로 조리는 중간에 뒤적거리지 않도록 주의한다. 국물이 자작하게 졸아들면 마늘과 부순 고추를 뿌려 매콤하고 칼칼한 맛을 더한다.

🥄 더덕차돌박이무침

재료　더덕 100g, 차돌박이 200g, 잣가루 1큰술 ┊더덕양념┊ 고추장 1큰술, 고운 고춧가루·액젓·매실청·꿀·다진마늘·깨소금 1작은술씩, 생강즙·참기름 1/2큰술씩 ┊차돌박이양념┊ 청주·간장·매실청·참기름 1큰술씩, 다진마늘 1/2큰술, 후춧가루 약간

1 더덕은 먹기 좋게 찢은 후 분량의 양념으로 무친다.

2 차돌박이는 분량의 양념에 재운다.

3 달군 팬에 차돌박이를 한 장씩 구워 나란히 담고, 무친 더덕구이를 곁들인 다음 잣가루를 솔솔 뿌려 낸다.

6월에
참 맛있는
제철음식

장미의 계절인 6월은 5월에 이어 먹거리가 풍성한 달이다. 햇감자가 나오기 시작하므로 포슬포슬하게 감자를 쪄서 먹어도 좋겠고, 부추에 양파를 채썰어 넣고 부침개를 만들어 먹어도 좋겠다. 전복이나 멍게를 회를 즐기는 기회도 놓치지 말자.

모든 제철재료들은 흔할 때 값도 싸고 제 맛도 있으므로 시기를 놓치지 말아 갈무리할 때 갈무리하고, 장아찌·젓갈·말리기 등 제철이 아닐 때도 맛나게 먹을 수 있도록 미리 준비해 두자. 6월에는 오이지를 담그고 풋고추와 홍합, 깻잎을 간장에 절여 장아찌를 만든다. 매실주도 만들어두면 좋다.

6월의 채소　셀러리, 껍질콩, 오이, 늙은호박, 양파, 근대, 부추, 감자, 청경채, 양배추, 미나리
6월의 해산물　흑돔, 병어, 준치, 오징어, 바닷가재, 생다시마, 전복, 멍게
6월의 과일　토마토, 참외, 매실

6월에 맛있는
제철식품

꽃게도 알이 차고 시금치, 상추, 오이도
그 어느때보다 싱싱하고 흔하다. 맵지 않은
꽈리고추를 좀 넉넉히 구입하여 식초 간장에
장아찌도 담그고 오이지, 피클도 담가본다.

토마토 | 열량이 낮아 다이어트 식품으로 적합하다. 크고 단단한 것, 꼭지가 시들지 않고 단단한 것, 붉은색이 선명한 것을 고른다. 새콤하다고 설탕을 뿌려먹으면 비타민B군이 손실되므로 주의한다.

참외 | 칼륨과 비타민C 함량이 높아 건강에 도움이 된다. 노란색과 줄무늬가 선명하고 꼭지가 싱싱한 것을 고른다. 한방에서는 참외꼭지를 말려 이뇨작용을 돕는 약재로 쓴다.

매실 | 식이섬유소가 많고 저지방, 저열량 과일이어서 다이어트에 도움이 된다. 매실의 피크린산은 독성물질을 분해하는 살균효과가 있어 회를 먹을 때 함께 나오는 경우가 많다. 알이 단단하고 색이 선명한 것이 좋다.

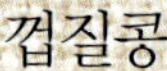

셀러리

비타민 B₁과 B₂가 풍부하고 나트륨과 칼슘이 풍부해서 인체에 해로운 이산화탄소를 배출시키는 기능을 한다. 잎에는 세다놀이라는 성분이 있어 몸의 열을 내려주고 피부를 진정시키는 작용을 하며 이뇨작용도 촉진시킨다. 멜라토닌 성분 덕분에 불면증도 해소된다.

껍질콩

'그린빈스'라 불리며 서양 요리에 주로 쓰이는 식재료. 맛이 달콤하고 고소하며 칼로리가 낮아 다이어트 식품으로 좋다. 비타민A가 풍부해 눈과 간, 피부에 좋고 섬유질이 많아 콜레스테롤 치를 낮추는 효능도 있다.

오이

비타민과 무기질의 공급원으로 중요할 뿐만 아니라 수분이 많고 칼륨의 함량이 높은 알칼리성식품이다. 상큼한 맛과 향이 여름채소 중 으뜸이며 수렴효과와 진정작용이 있어 피부미용에 특이 좋다. 녹색이 짙고 가시가 있으며 굵기가 고르고 꼭지가 싱싱한 것을 고른다.

청둥호박(늙은호박)

호박의 당분은 소화흡수가 잘 되기 때문에 위장이 약하고 마른사람과 회복기의 환자에게 아주 좋다. 비타민A와 C 및 B₂가 풍부한 늙은호박은 저장성이 좋기 때문에 겨우내 두고 먹을 수 있으며 겨울에 부족하기 쉬운 비타민A의 훌륭한 공급원이다.

양파

지방의 함량이 적으며 채소로서는 단백질이 많은 편이다. 또한 칼슘과 철분의 함량이 많아 강장효과를 돕는 역할도 한다. 각종 음식에 부재료로 쓰이는 향미채소 양파는 독특한 향을 지니고 있어 음식의 풍미를 높여주고 식욕을 돋워준다.

근대

단백질 함량은 적으나 필수아미노산을 다량 함유하고 있고 칼슘, 철분 같은 무기질 함량이 높으며 비타민A가 풍부하여 밤눈이 어두운 사람과 성장발육 늦은 어린이에게 아주 좋은 식품이다. 잎이 넓고 부드러운 것, 잎이 상한 곳 없이 광택있는 것을 고른다.

부추

강장·강정효과가 뛰어나며 비타민A가 풍부한 건강채소. 봄 부추는 인삼보다 좋다고 한다. 독특한 향을 내는 유화알릴 성분이 혈액순환을 돕고 신진대사를 활발하게 해 몸을 따뜻하게 해 준다. 꽃봉오리가 핀 부추는 맛이 좋지 않다.

감자

녹말이 주성분인 알칼리성식품으로 비타민C와 칼륨이 풍부하게 들어있다. 칼륨은 나트륨의 배출을 도와 고혈압 환자의 혈압 조절에 도움이 된다. 표면에 흠집이 적고 매끄러운 것을 선택하고 무거우면서 단단한 것을 고른다. 싹이 나거나 녹색빛이 도는 것은 피한다.

청경채

중국요리에 많이 사용되는 채소. 각종 미네랄과 비타민C, 카로틴이 풍부하여 피부미용에 효과적이고 치아와 골격 발육에 도움이 된다. 동물성 단백질이 많이 함유된 닭고기와 섭취하면 영양적으로 우수하다. 연한 청록색을 띠고 잎이 시들지 않은 것을 고른다.

양배추

위를 보호해주는 비타민U가 많이 들어 있고 칼슘, 칼륨도 풍부한 알칼리성 식품. 생으로도 먹고 익혀서도 이용한다. 저지방·저열량 식품이며 식이섬유소 함량이 많아 포만감을 주어 식사량을 줄여준다. 풍부한 식이섬유소는 장운동을 활발하게 하여 변비도 예방한다.

미나리

향기가 상큼하고 씹는 맛이 좋은 봄나물. 잎부분은 향이 약하므로 잎보다는 줄기 부분이 음식에 주로 이용된다. 삶아서 나물을 무치거나 전 등에 이용할 수 있으며 독특한 향이 나는 정유성분이 입맛을 돋워주고 보온 작용을 한다.

전복

조개류 중 가장 맛이 좋고 귀하고 비싼 식품인 전복은 크고 두꺼운 껍질에 쌓여 있다. 회나 죽으로 많이 이용되는데 부패하기 쉬운 식품이므로 회로 먹을 때 주의한다. 간기능 저하로 머리가 아프거나 귀가 울리고 혀와 목이 마르는 증세에 전복이 효과적이다.

병어

비늘이 없고 표면이 매끄러운 흰살생선으로 지방과 수분이 적어 살이 맛있는 생선이다. 소화도 잘 되어 어린이나 노인, 원기회복 중인 환자에게 좋다. 비타민B₁과 B₂가 풍부한 건강식품으로, 무와 함께 조리해 먹으면 소화흡수율을 높일 수 있다.

준치

비타민B₁이 풍부하여 원기회복에 그만인 생선. 아가미를 들춰보아 붉은빛을 띠고 있으며 비늘이 덜 벗겨진 것이 좋고, 살을 눌러보아 탄력이 있는 것이 좋은 것이다. '썩어도 준치'라는 말처럼 그 맛이 일품인데 어획량이 줄어 귀한 생선으로 대접받고 있다.

오징어

사철 내내 시장에 나오지만 가을에 나오는 것이 살이 올라있고 몸통이 단단해 맛있다. 오징어에는 질 좋은 단백질이 어떤 생선류보다 많이 들어있고 타우린도 풍부해 고혈압, 동맥경화, 심장병, 당뇨병, 시력감퇴, 여성의 갱년기장애 등에 효과를 발휘한다.

바닷가재

타우린이 풍부하여 콜레스테롤치를 낮춰주고, 저열량·저지방 식품으로 다이어트에 좋으며, 단백질이 풍부해 근육 만들기에 효과적이다. 가재는 배가 단단하고 살이 꽉 찬 것을 고른다. 토막 내서 보관하면 단맛이 빠져나와 맛이 없어지므로 통째로 냉동 보관한다.

생다시마

칼륨과 라미닌이라는 혈압저하 물질이 들어 있어 고혈압 예방에 좋다. 다시마 속 알긴산은 콜레스테롤을 저하시키고, 풍부한 식이섬유소는 배변의 양을 늘리고 장의 통과속도를 빠르게 하여 변비에 도움을 준다. 거무스름하고 육질이 통통한 다시마가 좋다.

멍게

상큼하고 시원한 맛이 일품인 멍게는 해삼, 해파리와 함께 3대 저칼로리 수산물로 꼽힌다. 멍게의 타우린 성분은 노화를 방지하고, 신타올 성분은 숙취해소에 도움이 된다. 또한 인슐린 분비를 촉진하여 당뇨병에도 좋다. 초고추장은 멍게 특유의 향을 살려준다.

물오징어매운국

재료　오징어 2마리, 무 100g, 붉은고추·청양고추 1개씩, 양파 1/2개, 대파 1뿌리, 다진마늘 1큰술, 고추장 2큰술, 참치액 1작은술, 소금·후춧가루 약간씩 ┊ **멸치장국** ┊ 국물멸치 10마리, 물 7컵, 청주 1큰술

1 껍질을 벗긴 오징어는 몸통 안쪽에 사선으로 칼집을 넣어 1cm 폭으로 자른다.
2 무는 사방 3cm 크기로 납작하게 썰고, 고추는 어슷 썰어 씨를 털고 대파와 양파는 채썬다.
3 국물멸치를 볶다가 청주와 물을 붓고 푹 끓인다.
4 진한 멸치국물이 우러나면 맑은 육수만 받아 끓이다가 무와 양파를 넣고 한소끔 더 끓인다.
5 국에 손질한 오징어, 대파, 다진마늘을 넣고 고추장을 넣어 매운맛을 더한다.
6 국물 맛이 시원하게 우러나면 참치액과 소금, 후춧가루로 맛을 내고 붉은고추와 청양고추를 넣고 우르르 끓여서 그릇에 담는다.

감자돼지고기찌개

재료　감자 4개, 돼지고기 등심(또는 목살) 200g, 양파·풋고추·대파 적당량씩, 붉은고추 1개, 식물성기름 1큰술 ┆**찌개양념**┆ 고추장 3큰술, 고춧가루 1큰술, 된장 1/2큰술, 다진마늘 2작은술, 물 2컵 ┆**돼지고기양념**┆ 간장·다진마늘 2작은술씩, 소금·설탕·생강즙 1작은술 씩, 후춧가루 약간

1 감자는 껍질을 벗기고 큼직하게 반달썰기한 다음 찬물에 담가 둔다.

2 돼지고기는 얄팍하게 저며 썰어 간장, 설탕, 다진마늘, 생강즙, 소금, 후추를 넣고 주물 러 양념해 둔다.

3 양파는 큼직하고 네모지게 썰고, 파와 고추는 어슷 썬다.

4 냄비에 고기와 양파를 넣어 볶다가 감자를 넣고 물을 부어 끓인다.

5 감자가 반 이상 익으면 고추장과 된장, 고춧가루를 섞어 풀어 넣고 끓인다. 감자가 무르 게 익으면 다진마늘과 어슷 썬 파, 고추를 넣어 잠깐 더 끓인다. 싱거우면 간장으로 간한다.

부추두부국

재료　부추 50g, 두부 1/2모, 무 80g, 대파 1뿌리, 마늘 2쪽, 청주 1큰술, 간장·들기름 1작은술씩, 달걀 1개, 소금 약간, 멸치국물 4컵

1 부추는 다듬어 씻어 2cm 길이로 썬다.
2 두부는 사방 1cm 크기로 썰고, 무는 사방 2cm 크기로 납작하게 썬다. 마늘과 대파는 굵게 채썬다.
3 냄비에 들기름을 두르고 마늘채와 대파채, 청주, 무를 넣어 볶는다.
4 무가 투명해지면 멸치국물을 붓고 한소끔 끓인다.
5 끓으면 부추와 두부를 넣고 한소끔 더 끓여 소금과 간장으로 간한 후 달걀을 곱게 풀어 줄알쳐 부드럽게 익힌다.

부추명란달걀국

재료　실부추 30g, 달걀 3개, 명란 1개, 다시마물 6컵 ┆양념┆ 국간장 2작은술, 다진마늘 1작은술, 소금·후춧가루 약간씩, 참기름 1큰술, 깨소금 2큰술

1 실부추는 잘 다듬어 씻은 후 1cm 길이로 송송 썬다.
2 달걀은 곱게 풀어 체에 거른 후 부추와 섞는다.
3 명란은 양념을 닦아내고 껍질을 벗긴 후 알만 긁어낸다.
4 냄비에 다시마물을 붓고 팔팔 끓인 후 불을 줄인다.
5 국물에 국간장, 다진마늘, 부추가 섞인 달걀물을 넣고 끓인다.
6 달걀이 익으면 명란을 넣고 소금과 후춧가루로 간을 맞추고 참기름과 깨소금으로 마무리한다.

오이감정

재료　오이 1개, 쇠고기 100g, 풋고추 2개, 붉은고추 1개, 대파 1/2뿌리, 북어머리육수나 쌀뜨물 3컵,
고추장 3큰술, 된장·액젓 1작은술씩, 다진마늘 1큰술 ▎**쇠고기양념**　간장·다진파·참기름 1작은술씩,
설탕·다진마늘 1/2작은술씩, 후춧가루 약간

1 오이는 소금으로 문질러 씻은 후 저며 썰고 쇠고기는 납작납작 썰어 쇠고기양념에 재운다.

2 파는 어슷 썰고 고추는 송송 썰어 고추씨를 털어낸다.

3 냄비에 쇠고기를 넣고 볶다가 육수를 붓고 끓으면 고추장과 된장을 푼다.

4 국물 맛이 우러나면 오이를 넣고 끓이다가 고추, 파, 다진마늘을 넣어 한소끔 더 끓인다.

🥄 부추두부무침

재료　두부 1/2모, 부추 50g ┊ **무침양념장** │ 고운고춧가루·다진마늘 1작은술씩, 간장·다진파
1큰술씩, 물엿·참기름·깨소금 1작은술씩, 소금 약간

1 두부는 통째로 끓는 물에 담가 데친 후에 건져서 그대로 식혀 사방 1.5cm 크기로 자른다.

2 부추는 다듬어 씻어 2cm 길이로 썬다.

3 분량의 재료를 고루 섞어 무침양념장을 만든다.

4 상에 내기 직전에 두부와 부추를 양념장에 무쳐 완성한다.

🥢 부추겉절이

재료 부추 200g, 붉은고추·청양고추·풋고추 1개씩,
다진새우젓 2큰술, 고춧가루 3큰술, 다진마늘 1큰술,
생강즙 1/2작은술, 매실청·소금 약간씩

1 부추는 깨끗이 다듬어 씻어 5cm 길이로 썬다.
2 붉은고추와 청양고추, 풋고추를 반 갈라 씨를 털고
송송 썬다.
3 오목한 그릇에 다진새우젓을 국물과 함께 담고 고춧
가루를 넣어 골고루 섞어 충분하게 색이 우러나게 한다.
4 ③에 마늘, 생강즙, 매실청으로 간을 맞춰 겉절이양
념을 만든다.
5 넓은 그릇에 부추와 고추채를 담고 겉절이양념을 넣
어 고르게 버무려 소금으로 간을 맞춘다.

🥢 셀러리닭가슴살볶음

재료 셀러리 3줄기, 닭가슴살 3쪽, 팽이버섯 1/2봉지,
실고추 약간, 올리브오일 2큰술, 진간장 1/2큰술,
소금·후춧가루 약간씩 ┊닭가슴살밑간┊양파즙 2큰술,
청주 1큰술, 소금 약간

1 셀러리는 줄기의 껍질을 벗겨내고 어슷하고 도톰하
게 저며 썬다.
2 닭가슴살은 셀러리와 비슷한 크기로 잘라 밑간한다.
3 팽이버섯은 밑동을 자르고 2~3cm 길이로 썬다.
4 실고추는 적당한 길이로 자른다.
5 달군 팬에 올리브오일을 두르고 닭가슴살을 넣어 볶
다가 하얗게 익으면 셀러리를 넣어 볶고 팽이버섯, 실
고추를 차례로 넣어 섞은 후 소금으로 간한다.

🥢 껍질콩절인양파샐러드

재료 적양파 2개, 껍질콩 200g, 물 적당량, 식초·
레몬즙 1큰술씩, 설탕 2큰술, 소금·후춧가루 적당량씩
┊참깨소스┊참깨 3큰술, 간장·식초 1작은술씩, 설탕
1큰술, 달걀노른자 1개

1 적양파는 껍질을 벗겨 굵직하게 썬다.
2 껍질콩은 손질한 후 끓는 물에 살짝 데친다.
3 물, 식초, 레몬즙, 설탕, 소금을 잘 섞은 후 껍질콩과
적양파를 각각 하루 정도 절여 둔다.
4 믹서에 분량의 참깨소스 재료를 넣고 곱게 간다.
5 절여 둔 적양파와 껍질콩을 그릇에 가지런히 담고,
후춧가루를 뿌린 후 참깨소스를 곁들여 낸다.

셀러리다진고기볶음

재료 셀러리 5대, 다진쇠고기 300g, 양파 1/2개, 마늘 2쪽, 마른고추 1개, 올리브오일 2큰술, 소금 약간 ┊**고기양념**┊다진마늘·참기름 1/2작은술씩, 소금·후춧가루 약간씩

1 셀러리는 억센 껍질을 벗기고 씻어서 4cm 길이로 토막내어 굵게 채썬다.
2 다진쇠고기는 핏물을 종이타월로 눌러 닦고 고기양념에 조물조물 무친다.
3 양파는 채썰어 찬물에 헹궈 매운맛을 빼고, 마늘은 곱게 채썰고 마른고추는 가위로 잘게 자른다.
4 팬에 올리브오일을 두르고 마른고추와 마늘을 볶다가 향이 올라오면 양파와 다진쇠고기를 넣어 볶는다.
5 고기와 양파가 익으면 셀러리를 넣고 윤기가 나도록 볶다가 소금으로 간을 맞춘다.

근대숙쌈&
파래양념장

재료 밥 4공기, 근대 20장, 소금 약간 ┊**파래양념장**┊물파래 50g, 고운고춧가루·다진마늘·참치액·참기름 1작은술씩, 간장·다진파·맛술·깨소금 1큰술씩, 후춧가루 약간

1 고슬고슬하게 지은 뜨거운 밥을 준비해서 한김 식힌다.
2 근대는 질긴 껍질을 벗기고 마지막 헹굼물에 소금을 넣어 씻어 건져 김이 오르는 찜기에 넣어 1분 정도 찐 다음 채반에 펼쳐서 식힌다.
3 근대에 밥을 한 숟가락씩 올려 양쪽을 덮어 돌돌 말아 숙쌈을 만든다.
4 물파래는 깨끗하게 씻어 건져 물기를 꼭 짜고 송송 썰어 남은 양념장 재료를 모두 넣고 고루 섞어 파래양념장을 만든다.
5 접시에 근대숙쌈을 담고 파래양념장을 곁들인다.

🥄 고추장양배추말이찜

재료 양배춧잎 4장, 돼지고기(안심) 100g, 양파 1/2개, 청피망·
홍피망 1/2개씩, 부추 반 줌, 밀가루 2큰술 ┊돼지고기밑간┊
소금 1/3작은술, 후춧가루 1/4작은술, 맛술 1큰술, 참기름
1작은술 ┊고추장소스┊고추장 1큰술반, 매실청 3큰술, 간장·
다진마늘 1/2큰술씩, 다진파 2큰술, 소금 1/3작은술, 물 1컵

1 양배추는 한 잎씩 떼어낸 뒤 김이 오른 찜통에 넣어 살짝 찐 뒤 식힌다.

2 돼지고기는 5cm 길이로 채썰어 소금과 후춧가루, 맛술, 참기름으로 밑간해 둔다.

3 양파는 곱게 채썰고, 피망도 씨를 제거한 다음 양파와 같은 크기로 채썬다.

4 부추는 끓는 물에 넣어 살짝 데친 다음 찬물에 식힌다.

5 양배추를 8cm 폭으로 잘라 안쪽에 밀가루를 조금 뿌린 뒤 돼지고기와 양파, 피망을 가지런히 얹어 돌돌
만 뒤 데친 부추 서너 줄기로 묶는다.

6 뚝배기에 고추장소스를 넣어 끓이다가 양배추말이를 차곡차곡 넣은 뒤 국물이 자작해지도록 조린다.

병어소포구이

재료 병어 1마리, 감자 1개, 브로콜리 1/2개, 당근 1/4개, 양파 1/2개, 마늘 2쪽, 화이트와인 2큰술, 소금·후춧가루 약간씩, 말린타임 약간, 파치먼트 페이퍼 60cm

1 병어는 내장과 지느러미를 손질하고 물에 씻은 다음 소금과 후춧가루로 밑간한다.
2 감자와 당근, 양파, 브로콜리는 모두 큼지막하게 썰어 소금과 후춧가루로 밑간을 해 버무려 놓는다.
3 파치먼트 페이퍼에 병어와 밑간한 채소를 얹고 화이트와인을 뿌린 다음 말린 타임을 넣고 밀봉한다.
4 ③을 200℃로 예열해 놓은 오븐에서 40분간 구운 다음, 그릇에 파치먼트 페이퍼째 올린다.

오징어감자치즈구이

재료 오징어(몸통) 2마리, 감자(중간크기) 2개, 당근·양파 1/4개씩, 청피망·홍피망 1/4개씩, 피자치즈 1컵, 토마토케첩 2큰술, 녹말가루·소금·후춧가루·파슬리가루 약간씩

1 감자는 부드럽게 삶아 뜨거울 때 껍질을 벗기고 포크나 숟가락으로 곱게 으깬다.
2 오징어는 링 모양으로 썰어 끓는 물에 살짝 데친 후 식힌다.
3 당근, 양파, 피망은 곱게 다진 후 감자 으깬 것에 섞어 소금과 후춧가루로 밑간한다.
4 데친 오징어의 안쪽에 녹말가루를 바르고 양념한 ③의 감자소를 채워 넣는다.
5 토마토케첩을 바르고 피자치즈와 파슬리가루를 올려 200℃ 오븐에 5~7분 정도 굽는다.

🥄 오이쇠고기볶음

재료　오이 2개, 소금 1큰술, 다진쇠고기 100g, 실파 1뿌리, 다진마늘·간장 약간씩, 실고추 조금 ┆ **쇠고기양념** ┆ 간장 1/2큰술, 다진파·마늘 1작은술씩, 참기름·깨소금·설탕·후춧가루 약간씩

1 오이는 굵은소금으로 문질러 찬물에 깨끗이 헹군다.
2 씻은 오이는 동글납작하게 썰어 소금을 살짝 뿌린 후 10분 정도 절인다.
3 적당히 절어서 물이 스며나오면 오이를 손으로 감싸쥐고 물기를 짠다.
4 다진쇠고기에 쇠고기양념을 넣어 간이 약간 배게 잠시 재운 뒤 프라이팬에 살살 볶는다.
5 쇠고기가 반쯤 익으면 절인 오이를 함께 넣고 살짝 볶다가 다진마늘을 넣어 좀더 볶는다.
6 간을 봐서 싱거우면 간장으로 간을 더하고 불에서 내린다. 식기 전에 실파를 송송 썰어 넣고 실고추를 솔솔 뿌리면 한결 맛깔스럽다.

🥄 오이뱃두리

재료　오이 2개, 쇠고기 100g, 마른고추 1개, 물 2컵, 소금 1큰술, 식용유 약간 ┆ **쇠고기양념** ┆ 간장·참기름·다진파 1큰술씩, 설탕·다진마늘 1/2큰술씩, 후춧가루 조금 ┆ **무침양념** ┆ 참기름·깨소금 1/2큰술씩, 소금 약간

1 오이는 3cm로 잘라 골패 모양으로 썰어 씨 부분을 도려낸 후 소금물에 30분 정도 절인 뒤 헹궈 물기를 없앤다.
2 쇠고기는 결 반대 방향으로 곱게 채썰어 양념에 무친다.
3 달군 팬에 물기 짠 오이를 마른고추와 같이 넣고 새파랗게 볶아 차게 식힌 후 고추만 골라낸다.
4 양념한 쇠고기를 팬에 볶아 차게 식힌다.
5 그릇에 오이와 쇠고기 볶은 것을 넣어 분량의 무침양념으로 무친다.

🥄 전복버섯찜

재료 　전복 10개, 새송이버섯 2개, 표고버섯 3개, 대파 1뿌리, 잣 3큰술, 대추 5개, 소금 약간 ┊ **찜양념장** ┊ 간장 3큰술, 청주 2큰술, 다진마늘·참기름 1작은술씩, 생강즙 1/4작은술, 꿀 1큰술, 다시마물 1/4컵, 통깨 약간

1 전복은 겉면을 잘 씻어서 껍질과 살을 분리해 각각 씻어 둔다. 전복살은 앞쪽에 사선으로 칼집을 넣는다.
2 새송이버섯은 길이대로 썰고, 표고버섯은 물에 불린 후에 기둥을 떼어내고 씻어 굵게 채썬다.
3 대파는 씻어서 1cm 폭으로 썬다. 잣은 고깔을 떼어내고 대추는 주름 부분까지 말끔하게 씻어 물기를 닦는다.
4 냄비에 통깨를 뺀 분량의 찜양념장을 모두 넣고 약한 불에서 은근하게 끓인다. 끓어오르면 표고버섯, 새송이버섯, 대파와 전복, 대추를 넣어서 더 끓인다.
5 전복에 간장 색이 어느 정도 배면 잣을 넣어 한소끔 끓인 후에 전복살과 버섯, 대추, 잣, 대파를 고루 담아 낸다.

🥄 부추콩가루무침

재료 　부추 150g, 볶은 콩가루 3큰술, 소금 약간 ┊ **무침양념장** ┊ 간장 1작은술, 고운고춧가루 1작은술, 다진파 1작은술, 다진마늘 1/2큰술, 참기름 1큰술, 깨소금 1작은술, 소금 약간

1 부추는 길이 그대로 다듬어 씻는다.
2 끓는 물에 소금을 조금 넣고 부추를 살짝 데쳐 찬물에 헹궈 건진다.
3 데친 부추는 물기를 짜고 4cm 길이로 썬다.
4 분량의 재료를 섞어 무침양념장을 완성한다.
5 그릇에 무침양념장을 담고 손질한 부추를 넣어 살살 버무리면서 간이 배도록 한다.
6 볶은 콩가루를 부추무침에 끼얹어 버무린다.

셀러리토마토샐러드

재료 셀러리 2대, 방울토마토 24개, 적무순 100g ┆ 마요네즈허브드레싱 ┆ 마요네즈 4큰술, 레몬즙
2큰술, 스피아민트 1줄기, 설탕 1작은술, 소금·후춧가루 약간씩

1 셀러리는 깨끗이 씻어 섬유질을 제거한 후 어슷하게 썬다.
2 방울토마토는 반으로 자르고, 적무순은 깨끗이 씻어 뿌리를 손질한 후 물기를 제거한다.
3 믹서에 분량의 드레싱 재료를 넣고 곱게 간다.
4 셀러리, 방울토마토, 적무순을 고루 담고 마요네즈허브드레싱을 뿌린다.

오이소박이

재료　오이 10개, 소금물(소금 1/2컵, 물 15컵), 무 200g, 부추 100g, 소금 1큰술, 설탕 1큰술 ┊ **양념장**┊ 고춧가루 6큰술, 생강즙 1큰술, 다진마늘·다진새우젓·배즙 2큰술씩, 다진양파 4큰술, 까나리액젓 3큰술

1 오이는 단단하며 갸름한 것으로 골라 굵은소금으로 문질러 씻은 다음 칼로 튀어나온 가시를 다듬고 7cm 길이로 토막을 낸다.

2 토막낸 오이에 열십자로 칼집을 넣고 짭짤한 소금물에 담가 30분~1시간 정도 절인 후 소쿠리에 건져 물기를 뺀다.

3 무는 껍질을 벗기고 5cm 길이로 곱게 채썰고, 부추도 같은 길이로 자른다.

4 분량의 재료를 섞어 양념장을 만든다.

5 무채에 양념장을 넣고 버무려 색을 낸 다음 부추를 고루 섞어 소를 만든다.

6 오이 칼집 사이에 양념한 소를 꼭꼭 채워 용기에 담는다.

7 양념한 그릇에 물을 1/4컵 정도 붓고 소금 1큰술과 설탕 1작은술로 간해 그릇에 묻은 양념을 깨끗이 헹궈 오이소박이 담은 용기에 부어 익힌다.

병어깨소스구이

재료　병어 2마리, 굵은소금 약간, 식용유 약간 ┆깨소스┆
다시마물 2큰술, 깨소금 3큰술, 청주·다진파·참기름 1큰술씩,
다진마늘 1/2큰술, 소금 1작은술, 후춧가루 약간

1 병어는 비늘을 긁어내고 아가미로 내장을 뺀 다음 옅은 소금
물에 씻어 앞뒤로 칼집을 넣어 둔다.
2 깨소스를 만들어 병어를 30분 정도 재워 둔다.
3 달군 팬에 기름을 두르고 병어를 올려 소스를 덧발라 가며
굽는다.

양파소박이

재료　양파·마늘 5개씩, 부추 100g, 쪽파 3뿌리, 생강 1/2쪽,
소금 약간 ┆양념장┆찹쌀죽 2큰술, 생수 1/2컵, 고운고춧가루
6큰술, 끼니리액젓 1큰술, 실탕 1작은술, 소금 1큰술반

1 양파는 껍질을 벗기고 세로로 4등분한 다음 소금을 뿌려 20
분 정도 절인다.
2 부추는 다듬어 씻어 1cm 길이로 썰고 쪽파는 송송 썬다.
3 마늘과 생강은 곱게 채썬다.
4 걸쭉한 찹쌀죽에 생수를 부어 묽게 탄 후 고운고춧가루와 까
나리액젓을 넣어 고춧가루 색이 우러나도록 불린 다음 설탕과
소금으로 맛을 내 양념장을 만든다.
5 양파를 찬물에 헹궈 물기를 없앤 후 양념장을 양파 결 사이
사이에 끼우고 밀폐용기에 차곡차곡 담은 다음 남은 양념장을
모두 얹어 하루 정도 두었다 먹는다.

양배추카레쇠고기찜

재료　양배추 1/4통, 다진쇠고기 20g, 두부 100g, 녹말가루 1/2컵, 육수 1컵반, 양파 1/2개, 고추 1개, 마늘 2쪽, 꿀 1큰술, 사과 1/4개, 토마토소스·우유 1/2컵씩, 고형카레 2조각, 버터 2큰술 ¦ **양념**¦ 간장·다진파 2큰술씩, 설탕·다진마늘·참기름 1큰술씩, 후춧가루 약간

1 양배추는 넓적한 잎으로 골라 찐 후 식혀 물기를 뺀다. 두부는 물기를 없앤 후 으깨어 쇠고기와 함께 준비한 양념으로 잘 치댄다.

2 물기 뺀 양배추잎에 녹말가루를 뿌리고 두부쇠고기소를 적당히 넣어 잘 아물려 싼 후 녹말가루를 뿌리고 여분의 가루는 털어낸다.

3 김이 오른 찜통에 양배추롤을 얹어 소가 익을 정도로 찐다.

4 양파는 다지고 마늘과 고추는 잘게 썰어 팬에 볶다가 육수를 붓고 잘게 썬 사과와 토마토소스를 넣어 은근히 저어가며 끓여 토마토의 신맛을 날린다.

5 ④의 소스에 카레를 풀어 섞은 후 우유를 넣어 부드러운 맛을 낸다.

6 ⑤의 소스에 양배추쇠고기찜을 넣어 간이 배게 익힌 후 버터를 넣어 풍미를 더한다. 완성된 찜 위에 파마산치즈를 올린다.

🥄 알감자굴소스조림

재료　알감자 200g, 포도씨오일 1/2큰술, 굴소스 2큰술, 조청 3큰술, 물 1컵, 풋고추·
붉은고추 1개씩, 후춧가루 1/4작은술, 통깨 1/2큰술

1 알감자는 씻어서 2~4등분한 다음 찬물에 담가 전분을 제거한다.
2 고추는 길이로 반 갈라서 씨를 제거한 다음 2cm 폭 마름모 모양으로 썬다.
3 뚝배기에 오일을 두르고 알감자를 넣어 볶다가 굴소스, 조청을 넣어 간이 배면 물을
부어서 속까지 익힌다.
4 국물이 졸아들면 불을 끄고 고추와 후추를 넣어 한 번 더 볶은 다음 통깨를 뿌린다.

🥄 양배추데리야키볶음면

재료　양배추 1/6통, 적채 1/4개, 스파게티면 360g, 청피망·홍피망 1/2개씩, 땅콩 적당량,
다진마늘 2작은술, 데리야키소스 2컵, 후춧가루·설탕·참기름 약간씩, 올리브오일 적당량

1 냄비에 물을 붓고 끓어오르면 스파게티면을 넣고 8분 정도 삶는다.
2 피망은 깨끗이 씻어 굵직하게 썰고, 양배추와 적채는 한 잎씩 떼어내어 씻은 후 굵직
하게 썬다.
3 팬에 올리브오일을 두르고 다진마늘과 피망, 땅콩을 넣고 볶은 후 삶은 스파게티면을
넣고 잘 저어가며 볶는다.
4 ③에 손질한 양배추와 적채를 넣고 볶다가 데리야키소스를 넣어 조금 더 볶는다.
5 설탕과 후춧가루로 맛을 더한 후 참기름 두른 팬에 살짝 볶는다.

✎ 오징어오이초무침

재료　오징어 1마리, 오이 1/2개, 실파 6뿌리 ┆ **초고추장** ┆ 고추장 2큰술, 물 1큰술, 식초 2큰술, 설탕 1큰술, 깨소금 1작은술

1 오징어는 내장을 깨끗이 손질한 뒤 껍질을 벗기고 몸통에 대각선으로 칼집을 낸다.

2 오징어를 4 × 2cm 크기로 썰어 끓는 물에 넣고 살짝 데친 후 건져 식힌다.

3 오이 가장자리에 칼집을 촘촘히 넣어 2cm 크기로 뜬 후 소금물에 절였다 꼭 짠다.

4 실파는 소금물에 살짝 데친 뒤 헹구어 물기를 짠 후 한 가닥씩 말아 강회를 만든다.

5 접시에 오징어와 오이, 실파강회를 보기 좋게 담고 초고추장을 끼얹는다.

✎ 병어치즈전

재료　병어 2마리, 소금·후춧가루 약간씩, 청주 1큰술, 생강즙 1작은술, 슬라이스치즈 2장, 밀가루 1/2컵, 달걀물 2개 분량, 다진파슬리 1/2큰술

1 병어는 아가미 쪽에 칼집을 내어 내장을 제거한 후 깨끗이 씻어 물기를 없앤다.

2 물기 뺀 병어는 가장자리를 따라 앞뒤로 칼집을 내고 3장 포뜨기한다.

3 포를 뜬 병어살에 소금, 후춧가루를 뿌려 밑간하고 청주와 생강즙에 잠시 재워 둔다.

4 치즈는 잘게 다져 밀가루를 약간 묻혀 놓고 파슬리는 곱게 다져 치즈와 함께 달걀물에 섞는다.

5 재워 놓은 생선에 밀가루를 묻히고 달걀옷을 입혀 앞뒤로 노릇노릇하게 지져 낸다.

🥢 부추돼지고기잡채

재료　부추 200g, 돼지고기 150g, 당면 80g, 양파 1/2개, 당근 1/3개, 식용유 3큰술, 진간장 2큰술, 다진마늘 2작은술 ┊**돼지고기양념**┊진간장·청주 1큰술씩, 참기름 2작은술, 설탕 1/2작은술, 양파즙 2큰술

1 부추는 3~4cm 길이로 자르고 돼지고기는 기름기 없는 부위로 준비해 굵직하게 채썬다.

2 채썬 돼지고기에 준비한 양념을 넣어 고루 버무린 후 잠시 재운다.

3 당면은 끓는 물에 쫄깃하게 삶아 건지고 양파와 당근은 껍질을 벗기고 곱게 채썬다.

4 달군 팬에 식용유를 두르고 양념한 돼지고기와 양파를 볶다가 당근을 넣어 살캉거릴 정도로 볶는다.

5 돼지고기가 충분히 익으면 당면을 넣은 후 진간장과 다진마늘을 더 넣어 당면에도 색을 입히면서 간이 배도록 한다. 마지막에 부추를 넣어 고루 뒤섞은 후 불에서 내린다.

부추 돌돌 말기

🥄 부추말이튀김

재료　호부추(중국요리에 많이 사용하는 것으로 줄기가 굵다) 100g, 식용유 1/2컵
┆튀김옷┆밀가루 1/2컵, 달걀흰자 1개, 물 1/3컵, 소금 1작은술

1 부추는 씻어 물기를 턴 후 한 가닥씩 잡고 돌돌 말아 끝 부분을 속으로 밀어 넣는다.
2 밀가루에 달걀흰자와 물, 소금을 넣어 고루 섞어 튀김옷을 만든다.
3 말아 놓은 부추에 튀김옷을 가볍게 묻힌다.
4 끓는 기름에 부추말이를 넣어 바삭하게 튀겨 얼른 건져 기름을 뺀다.

chapter seven

7월에 참 맛있는 제철음식

시원한 바다가 그리워지는 계절이다. 땀을 많이 흘리는 달이다보니 음식 또한 담백하고 시원한 것을 찾게 된다. 그렇다고 매일 찬 음식을 먹을 수는 없는 일. 가끔 육류와 생선, 해조류 등을 이용하여 보신음식도 만들어보자. 보신음식으로는 삼계탕, 육개장도 좋고, 그라탱과 스파게티 같은 별미로 열량을 높이는 것도 좋겠다. 녹황색 채소가 특히 흔한 계절이므로 야채를 이용한 다양한 조리법으로 식탁에 변화를 주어본다.

7월에는 감자와 민어를 말리고, 오이지를 담그며, 된장과 고추장에 오이·고추·깻잎을 박아 장아찌를 담기도 한다. 이 시기에 준비하는 젓갈은 곤쟁이젓이다.

7월의 채소　　부추, 양상추, 가지, 피망, 애호박, 노각(늙은오이), 열무, 꽈리고추, 오이, 풋고추, 파프리카, 감자
7월의 해산물　　홍어, 농어, 갑오징어, 전복, 생다시마, 멍게, 민어, 준치, 가오리
7월의 과일　　수박, 참외, 산딸기, 자두, 아보카도

7월에 맛있는 제철식품

더위가 기승을 부리다 보니 입맛도 떨어지고 체력도 떨어질 때. 과일류, 야채류가 풍성하므로 과일주, 과일잼도 담그고 조리법에도 변화를 주어 잃어버린 입맛을 살려 보자.

채소

부추

강장·강정효과가 뛰어나며 비타민A가 풍부한 건강채소. 봄 부추는 인삼보다 좋다고 한다. 독특한 향을 내는 유화알릴 성분이 혈액순환을 돕고 신진대사를 활발하게 해 봄을 따뜻하게 해 준다. 꽃봉오리가 핀 부추는 맛이 좋지 않다.

양상추

식이섬유소가 풍부하고 칼로리가 낮아 다이어트에 효과적이다. 양상추 줄기에 우윳빛 유액에 함유된 일종의 알칼로이드 성분이 신경안정 작용을 하여 불면증 치유에 도움이 된다. 육류와 함께 샐러드나 쌈으로 먹으면 궁합이 맞다.

가지

윤기가 흐르는 보라색이 입맛을 돋우어주는 여름채소. 자체에 영양가는 별로 없으나 조직이 기름을 잘 흡수하므로 식물성기름으로 조리하면 몸에 좋은 분포화지방산과 비타민E 등을 보충할 수 있다.

피망

'여름 채소의 왕자' 라고 불리는 피망은 맵지 않고 감미로운 서양고추. 비타민C와 비타민A가 풍부한 것이 특징인데 지방질을 곁들여 먹으면 흡수의 이용률이 높아져 좋다. 샐러드로 먹거나 기름에 볶은 잡채에 넣어 먹으면 좋다.

애호박

주성분은 당질이며 비타민A와 C가 풍부한 것이 특징이다. 호박은 잘 익을수록 단맛이 증가하는데 주로 당분이 늘어나기 때문이다. 호박의 낭분은 소화흡수가 잘 되므로 위장이 약한 사람도 마음 놓고 먹을 수 있다.

노각 (늙은오이)

늙어서 빛이 누렇게 된 오이를 말하는데 흔히 '늙은오이' 라고 불린다. 씨를 빼고 채쳐 나물로 무쳐 먹는 경우가 많다. 노각은 칼륨이 풍부해 체내 노폐물 배출에 도움이 준다. 더불어 혈압 강하에 도움을 주어 고혈압도 예방한다.

열무

김장용 무와는 다른 품종으로 잎을 먹는 채소. 주로 물김치를 담근다. 열무는 눈을 맑게 하고 기억력을 향상시키며, 혈압 안정에 도움을 준다. 너무 자란 것은 줄기가 질겨 맛이 없으므로 줄기에 연두색이 돌면서 통통한 것을 고른다.

꽈리고추

비타민A와 C가 풍부하고 칼슘과 철분 등 무기질이 고루 들어 있다. 고추 특유의 매운맛은 캡사이신이라는 성분 때문인데, 혈액순환을 돕고 위액 분비를 촉진시켜 식욕을 좋게 한다. 스트레스로 인한 식욕저하에도 도움이 된다.

오이

비타민과 무기질의 공급원이며, 수분이 많고 칼륨의 함량이 높은 알칼리성식품. 상큼한 맛과 향이 여름채소 중 으뜸이며 수렴효과·진정 작용이 있어 피부미용에 특히 좋다. 녹색이 짙고 가시가 있으며 꼭지가 싱싱한 것을 고른다.

풋고추

우리나라 음식 맛을 좌우하는 가장 중요한 양념. 그 자체가 음식의 주재료로 쓰이기도 하지만 말려서 빻은 고춧가루는 고추장, 김치 등에 다 이용된다. 고추의 특징인 매운맛이 위액 분비를 촉진시켜 소화를 돕고, 피를 잘 돌게 한다.

파프리카

비타민A와 C 등 영양성분이 다른 채소에 비해 다량 함유되어 있다. 특히 비타민C는 멜라닌 색소의 생성을 방해해 기미, 주근깨를 예방한다. 너무 휘거나 변형되지 않고 통통하면서도 반듯한 모양, 꼭지가 마르지 않은 것을 고른다.

감자

녹말이 주성분인 알칼리성식품으로 비타민C와 칼륨이 풍부하게 들어있다. 칼륨은 나트륨의 배출을 도와 고혈압 환자의 혈압 조절에 도움이 된다. 표면에 흠집이 적고 매끄러운 것을 선택하고 무거우면서 단단한 것을 고른다.

갑오징어

갑오징어 뼈는 지혈작용에 뛰어난 효과를 발휘한다. 갑오징어는 등면에 길고 납작한 뼈조직을 가지고 있으며 맛이 담백하다. 저지방, 저칼로리, 고단백 식품으로 다이어트에 좋으며 회, 무침, 튀김, 냉채 등으로 이용된다.

농어

단백질 함량이 월등이 높은 여름 보양식, 비타민, 칼슘, 철분, 인 등도 풍부하여 산모의 원기회복과 몸이 허약한 아이들의 몸보신용으로도 많이 이용된다. 각종 필수아미노산이 풍부해 뇌기능 강화, 치매예방에 효능을 발휘한다.

전복

조개류 중 가장 맛이 좋고 귀하고 비싼 식품. 회나 죽으로 많이 이용되는데 부패하기 쉬운 식품이므로 회로 먹을 때 주의한다. 간기능 저하로 머리가 아프거나 귀가 울리고 혀와 목이 마르는 증세에 전복이 효과적이다.

홍어

제철이 아니면 질기고 맛도 싱거워 겨울에서 이른 봄 산란기에 먹어야 연하고 좋다. 홍어는 고단백·저지방 식품이다. 가오리와 다른 점은 등이 거무스름하고 살색이 희다는 것이다. 삭혀서 막걸리와 함께 먹는 홍탁이 유명하다.

생다시마

칼륨과 라미닌이라는 혈압저하 물질이 들어 있어 고혈압 예방에 좋다. 다시마 속 알긴산은 콜레스테롤을 저하시키고, 풍부한 식이섬유소는 배변의 양을 늘리고 장의 통과속도를 빠르게 하여 변비에 도움을 준다.

멍게

상큼하고 시원한 맛이 일품인 멍게는 해삼, 해파리와 함께 3대 저칼로리 수산물로 꼽는다. 멍게의 타우린 성분은 노화를 방지하고, 신티올 성분은 숙취해소에 도움이 된다. 또한 인슐린 분비를 촉진하여 당뇨병에도 좋다.

민어

민어는 영양이 풍부하고 비린내가 적어 땀을 많이 흘리고 쉽게 피로해지는 여름에 보신요리로 좋다. 소화흡수가 빨라 어린이 성장발육을 촉진하고 노인이나 환자의 건강회복에 좋다. 비타민이 풍부한 채소와 함께 섭취한다.

산딸기

산딸기는 항산화작용을 하고 항바이러스에 효과적인 비타민C가 풍부하다. 열량이 낮아 다이어트에 효과적이며, 우유와 함께 먹으면 영양의 균형을 맞출 수 있다. 산딸기는 일반딸기보다 단단하므로 흐르는 물에 씻는 것이 좋다.

참외

참외는 다른 과일에 비해 영양은 많지 않은 편이나 칼륨과 비타민C 함량이 높아 건강에 도움이 된다. 노란색과 줄무늬가 선명하고 꼭지가 싱싱한 것을 고른다. 한방에서는 참외꼭지를 말려 이뇨작용을 돕는 약재로 쓴다.

수박

수박은 색이 선명하고 줄무늬가 확실하며 잘 랐을 때 단면의 색이 곱고 씨가 검은 것이 좋다. 수박의 주성분은 수분으로 이뇨작용 효과가 있으므로 부종환자와 다이어트를 하는 사람에게 좋은 과일이다. 맥주와는 궁합이 나쁘다.

자두

새콤달콤한 자두는 식이섬유가 풍부해 다이어트에 좋고, 펙틴이 풍부하여 변비예방에도 효과적이다. 비타민C도 풍부하여 감기예방에도 도움이 된다. 단단하고 껍질에 윤기가 흐르는 것을 선택한다.

아보카도

비타민과 미네랄이 풍부한 건강과일. 풍부한 비타민과 필수지방산 성분이 피부건강을 유지하고, 풍부한 칼륨은 나트륨 배출을 돕는다. 멕시코가 원산지인 아보카도는 껍질 색이 약간 검은 듯한 녹색을 띠고 탄력 있는 것이 좋다.

오이냉국

재료　조선오이 300g, 불린미역 150g, 풋고추 2개, 붉은고추 1/2개, 후춧가루 약간, 소금 2작은술, 식초 1큰술, 멸치국물 5컵 ┆ **양념** ┆ 액젓 3큰술, 다진마늘·레몬즙·매실청·깨소금·참기름 1큰술씩

1 조선오이는 깨끗이 씻은 후 채썰고, 불린미역은 살짝 데쳐 찬물에 헹궈 물기를 뺀다.
2 불린미역과 오이를 양념에 버무려 차게 둔다. 풋고추와 붉은고추는 채썬다.
3 멸치국물에 소금과 식초로 간해 차게 둔다. 먹을 때 양념한 오이미역에 차게 해둔 국물을 붓고 고추채를 얹어 낸다. 국물을 조금 얼렸다가 먹을 때 띄워내면 싱거워지지도 않고 시원하다.

감자매운찌개

재료　돼지고기(목살) 150g, 감자 2개, 양파 1/3개, 대파 1/3뿌리, 연배추 80g, 풋고추·붉은고추 1개씩, 다진마늘 1작은술 ┆ **돼지고기양념** ┆ 고추장 1큰술, 고춧가루 2큰술, 다진마늘 1작은술, 다진생강 1작은술, 청주·참기름 1/2작은술씩, 후춧가루 약간 ┆ **기본국물** ┆ 멸치국물 3컵 ┆ **양념** ┆ 국간장·소금 약간씩

1 돼지고기는 얇게 썬 것으로 준비해 돼지고기양념에 버무려 간이 배도록 잠시 둔다.

2 감자는 도톰하게 둥근 모양으로 썰고, 양파와 대파는 껍질을 벗기고 채썬다.

3 연배추는 흐르는 물에 씻어 3cm 길이로 썰고, 고추는 어슷 썰어 씨를 빼둔다.

4 냄비에 양념한 돼지고기를 넣고 볶다가 분량의 멸치국물을 붓고 감자와 붉은고추를 넣어 끓인다.

5 한소끔 끓어 감자가 익으면 연배추와 양파, 대파, 풋고추, 다진마늘을 넣고 잠깐 더 끓인다.

6 국간장과 소금으로 간한다.

애호박매운찌개

재료　오징어 1마리, 애호박 1/2개, 무 200g, 대파 1뿌리, 풋고추·붉은고추 1개씩 ┆ **기본국물** ┆ 멸치다시마국물 4컵, 고추장·간장 1큰술씩 ┆ **양념** ┆ 고춧가루·다진마늘 1큰술씩, 생강즙 약간, 소금·후춧가루 약간씩

1 오징어는 손질하여 껍질을 벗겨내고 안쪽에 사선으로 칼집을 넣은 다음 3cm 크기로 썬다.

2 애호박과 무는 2cm 굵기로 깍둑 썰고, 대파는 4cm 길이로 잘라 반으로 쪼개 썬다. 고추는 송송 썰어 속씨를 제거한다.

3 멸치다시마국물에 고추장과 간장을 풀고 무를 넣어 끓인다.

4 무가 반 정도 익으면 오징어, 애호박, 대파를 넣고 끓인 다음 고춧가루, 다진마늘, 생강즙을 넣어 한소끔 더 끓인다.

5 끓는 국에 고추를 넣어 맛을 돋우고, 재료가 익으면 소금과 후춧가루로 간한다.

애호박새우젓조치

재료 애호박 1/2개, 두부 1/4모, 붉은고추·풋고추 1개씩, 대파 1/2뿌리, 쌀뜨물 3컵, 새우젓 1/2큰술, 다진마늘 1작은술, 소금 약간

1 애호박은 겉면에 윤기가 흐르고 몸체가 고른 것으로 준비해서 반으로 자른 다음 도톰하게 썬다.
2 두부는 흐르는 물에 씻어 1.5cm 크기로 썬다.
3 고추는 어슷 썰어 씨를 털고, 대파도 어슷 썬다.
4 새우젓은 건더기만 준비해 곱게 다진다.
5 냄비에 다진새우젓과 쌀뜨물을 넣고 끓이면서 중간 중간 거품을 걷어낸다.
6 국물이 끓으면 애호박과 두부를 넣고 끓인다.
7 두부가 익어 떠오르면 다진마늘과 고추, 대파를 넣고 한소끔 더 끓인 다음 소금으로 간한다.

애호박민어지짐

재료 민어 1마리, 생새우 3마리, 모시조개 5개, 애호박·양파 1/2개씩, 무 100g, 풋고추·붉은고추·청양고추 1개씩, 대파 1뿌리, 쪽파 2뿌리, 느타리버섯 50g, 쇠고기(우둔살) 80g, 쑥갓 50g, 쌀뜨물 6컵, 고추장 2큰술, 된장 1작은술, 고춧가루·청장 1큰술씩, 다진마늘·다진생강 1작은술씩 ┆**고기양념**┆ 청장 1작은술, 다진파 1큰술, 다진마늘 1/2큰술, 후춧가루 1/4작은술

1 민어는 비늘을 긁고 7~8cm 크기로 토막을 쳐 흐르는 물에 씻어 둔다.
2 생새우와 모시조개는 통째로 깨끗이 씻는다.
3 애호박은 일정한 모양 없이 큼직하게 뚝뚝 썰고 무는 납작하게, 고추와 대파는 어슷하게, 양파·쪽파·쑥갓은 길게 썬다.
4 느타리버섯은 적당히 찢고 쇠고기는 납작하게 썰어 고기양념에 무쳐 둔다.
5 쌀뜨물을 붓고 고추장과 된장을 잘 푼 후 고춧가루와 무, 쇠고기를 넣고 끓인다.
6 국물이 끓어오르면 민어와 새우, 조개를 먼저 넣고, 호박을 넣은 뒤 민어가 충분히 익도록 10~15분 정도 끓인다.
7 청장으로 간을 맞추고, 버섯과 고추, 양파, 쪽파 등 남은 채소와 다진생강, 마늘을 넣어 가볍게 끓인다. 마지막에 쑥갓을 넣는다.

✎ 찐가지나물

재료　가지 2개, 실파 1/2뿌리, 실고추 약간, 통깨 1작은술 ┆ **무침양념장** ┆ 간장·맛술 1큰술씩, 다진마늘·참기름 1작은술씩, 생강즙 1/3작은술, 소금·후춧가루 약간씩

1 가지는 씻어서 꼭지를 잘라내고 반 갈라 김이 오른 찜통에 넣어 2분 정도 살캉하게 찐다.
2 찐 가지를 넓은 채반에 올려 한김 식힌다.
3 실파는 송송 썰어 놓고 실고추는 짧게 끊어 놓는다.
4 분량의 재료를 섞어 무침양념장을 만든다. 찐 가지를 가늘게 찢어 양념장에 조물조물 무친다.
5 송송 썬 실파와 실고추, 통깨를 뿌려 상에 낸다.

🥄 영양부추오징어냉채

재료　갑오징어 100g, 중하 10마리, 게살 20g, 문어 100g, 영양부추 150g, 오이 1개, 당근 20g, 배 1/3개, 무순 1팩, 잣 1/2큰술, 밤 2개 ┆ **냉채소스** ┆ 화이트와인·식초·매실청 4큰술씩, 레몬즙·케이퍼 1큰술씩, 설탕 2큰술, 소금 2작은술, 다진마늘 1큰술반

1 갑오징어는 데쳐서 채썬다. 대하는 내장을 빼고 껍질째 데쳐 껍질을 까고 저며 썬다. 게살은 먹기 좋은 굵기로 찢고, 문어는 데쳐서 저며 썬다.

2 영양부추는 다듬어 5cm 크기로 자른다. 오이는 5cm 길이로 잘라 돌려깎기한 후 채썬다. 당근과 배도 모두 채썬다.

3 잣은 마른 팬에 볶아 식힌다. 잣을 볶아 쓰면 더욱 고소하다.

4 분량의 재료를 섞어 냉채소스를 만든다.

5 해물과 채소를 합하여 그릇에 담고 차게 식힌 소스를 끼얹는다. 잣도 얹어 낸다. 소스는 반드시 먹기 직전에 끼얹는다.

Tip 오징어다리는 지저분해 보이므로 냉채 요리에는 사용하지 않아요.

부추고추부침개

재료　부추 100g, 청양고추 3개, 붉은고추 1개, 밀가루 1/2컵, 식용유 약간 ┆고추장물┆
고추장·맛술 1큰술씩, 소금 약간, 물 1컵

1 부추는 다듬어 씻어 2cm 길이로 썬다.
2 청양고추와 붉은고추는 반을 갈라 잘게 송송 썬다.
3 밀가루에 고추장물을 부어 갠 다음 부추, 청양고추, 붉은고추를 넣어 버무린다.
4 팬에 기름을 두르고 반죽을 한 국자 듬뿍 떠서 넓고 얇게 펼쳐 앞뒤로 노릇하게 부친다.

부추 썰기

고추 썰기

고춧물 부어 반죽하기

🥄 파프리카피클

재료   양파 4개, 노랑·빨강 파프리카 1/2개씩 ┆ **절임물** ┆ 설탕·식초 1/3컵씩, 생수 5컵, 통후추 1/5컵,
바질 가루 2큰술, 소금 약간

1 양파는 껍질을 벗기고 굵직하게 채썰고 파프리카도 비슷한 크기로 굵직하게 채썬다.
2 냄비에 설탕을 비롯한 절임물 재료를 담고 한소끔 팔팔 끓인 후 완전히 식힌다.
3 양파와 파프리카를 밀폐용기에 담고 ②의 절임물을 부어 반나절 이상 삭힌 후 냉장고에 넣어 차게
  두었다 먹는다.

구운가지샐러드

재료 가지 2개, 굵은소금 약간, 방울토마토 4개, 페타치즈 200g, 애플민트잎·올리브오일· 후춧가루 약간씩 | 올리브오일발사믹드레싱 | 올리브 오일 3큰술, 다진바질 2작은술, 발사믹식초 1작은술, 소금·후춧가루 약간씩

1 깨끗이 씻은 가지는 세로로 도톰하게 자른 후 굵은소금을 뿌려 10분 정도 두어 물기가 생기면 키친타월로 닦는다.

2 방울토마토와 애플민트잎은 깨끗이 씻고, 페 타치즈는 적당한 크기로 자른다.

3 분량의 재료를 잘 섞어 올리브오일발사믹드레 싱을 만든다.

4 올리브오일을 두른 팬에 손질한 가지와 방울토 마토를 올리고, 후추로 간을 해 노릇하게 굽는다.

5 구워낸 가지와 토마토, 페타치즈를 가지런히 담 고 드레싱을 곁들인 후 애플민트잎으로 장식한다.

🥢 부추치즈달걀말이

재료　실부추 30g, 슬라이스치즈 2장, 양파 1/4개, 달걀 3개, 다시마물 5큰술, 소금·후춧가루·식용유 약간씩

1 실부추는 밑동을 잘 다듬은 후 흐르는 물에 살살 흔들어 씻는다.
2 실부추, 슬라이스치즈, 양파는 굵직하게 다진다.
3 분량의 달걀을 풀어 다시마물과 소금, 후춧가루로 간을 맞춘 다음 고루 섞어 체에 내린다.
4 체에 내린 달걀물에 다진 실부추, 치즈, 양파를 고루 섞는다.
5 달군 팬에 기름을 약간만 두르고 재료를 고루 섞은 달걀물을 붓는다.
6 달걀 표면이 반 정도 익으면 가장자리부터 돌돌 말아가며 익혀서 먹기 좋게 자른다.

🥢 애호박밀전병

재료　애호박 1/2개, 깻잎 10장, 붉은고추 1개, 소금 1/2큰술, 물 1컵, 달걀 1개, 밀가루 1컵, 고추장 1큰술, 식용유 적당량

1 애호박은 0.3cm 두께로 채썰어 소금에 절인 후 물기를 꼭 짠다.
2 깻잎은 물에 흔들어 씻어 물기를 뺀 후 가늘게 채썰고, 붉은고추는 반 갈라 씨를 털어내고 3cm 길이로 채썬다.
3 물에 달걀을 풀어 달걀물을 만든 뒤 밀가루를 넣어 덩어리지지 않게 잘 섞은 다음 고추장을 푼다.
4 밀가루반죽에 호박 절인 것을 꼭 짜서 넣고 채썬 깻잎과 고추를 넣어 고루 섞는다.
5 팬에 식용유를 두르고 호박전 반죽을 한 국자씩 얇게 떠 넣어 노릇하게 지진다.

가지조림

재료　가지 3개, 양파 1/2개, 돼지고기 50g, 마늘·생강 1쪽씩, 마른고추 3개, 꿀 1/2큰술, 참기름·통깨
약간씩 ┊ **돼지고기양념** ┊ 고춧가루 1큰술, 고추장 1/2큰술, 진간장·다진마늘·다진생강 1작은술씩, 후춧가루·물
약간씩 ┊ **조림장** ┊ 간장·설탕 1/3컵씩, 물 1/2컵

1 가지는 4.5cm 길이로 토막내 도톰하게 썰고 양파는 결대로 채썬다.

2 마늘은 납작하게 저미고 생강도 편으로 썬다. 마른고추는 씨를 털고 1cm 너비로 자른다.

3 돼지고기는 목살 부위를 덩어리로 구입해 도톰하게 포를 뜬 후 3cm 너비로 썬 다음 돼지고기양념에 조물
조물 버무려서 팬에 넣고 꼬들꼬들하게 굽는다.

4 달군 팬에 기름을 두르지 않고 가지를 앞뒤로 노릇하게 구운 뒤 접시에 펼쳐서 식힌다. 양파도 같은 방법
으로 구워 식힌다.

가지 토막내기

5 오목한 팬에 조림장 양념을 끓이다가 생강을 넣는
다. 가장자리에 큰 거품이 생기면 마늘과 마른고추를
넣고 한소끔 끓이다가 팬이 거품으로 뒤덮이면 구워
놓은 돼지고기를 넣는다.

6 돼지고기를 넣은 후 가지와 양파를 차례로 넣고 고
루 섞은 뒤 마지막에 꿀과 참기름을 넣고 재빨리 섞는
다. 넓은 접시에 펼쳐 담고 통깨를 뿌려 마무리한다.

가지볶음

재료　가지 250g, 풋고추 3개, 붉은고추 1개, 양파 50g, 쇠고기 50g, 마늘편 3개, 팽이버섯 1/2개, 미나리 70g, 들기름 2큰술, 깨소금 1큰술, 잣가루 1/2큰술, 꿀·참기름 1작은술씩, 소금 약간　┆**쇠고기양념**┆간장·다진파·참기름 1작은술씩, 설탕·다진마늘 1/2작은술씩, 후춧가루 약간

1 가지와 풋고추, 붉은고추, 양파는 채썬다. 쇠고기는 채썰어 분량의 양념으로 무친다.

2 팽이버섯은 밑동을 잘라내고 길이를 반 자른다.

3 미나리는 잎을 떼고 깨끗이 씻어 적당한 길이로 썬다.

4 들기름을 두른 팬에 마늘편과 양파채를 볶다가 가지를 볶고 미나리, 풋고추, 붉은고추 순으로 볶아 다른 그릇에 옮겨 식힌다.

5 같은 팬에 쇠고기채를 볶다가 조림장을 넣고 끓여 반 정도 졸아들면 다시 가지와 미나리를 넣어 볶는다.

6 팽이버섯을 넣어 살짝 볶은 후 꿀, 참기름, 잣가루를 얹어 낸다.

감자부추전

재료   감자 500g, 양파 100g, 소금 1/2큰술, 부추 150g, 밀가루 3/4컵, 붉은고추 1개, 식용유 적당량

1 블렌더에 양파와 소금을 넣고 간다.
2 ①에 감자를 갈아서 섞는다.
3 잘게 썬 부추와 밀가루도 고루 섞는다.
4 홍고추도 동글동글하게 썰어 씨를 털어내고 반죽에 섞는다.
5 달군 팬에 식용유를 두른 후 완성한 반죽을 한 숟갈씩 떠 넣어 노릇하게 지진다.

구운감자양배추샐러드

재료   감자 2개, 양배추(샐러드용)·적채 1/2통씩, 로즈메리 1줄기, 굵은소금·후춧가루 약간씩, 올리브오일 적당량 ┊소스┊ 사우어크림 2큰술, 레몬즙·크림치즈 1큰술씩, 설탕·후춧가루 약간씩

1 감자는 깨끗이 씻어 껍질째 굵직하게 썰어 둔다.
2 양배추와 적채는 한 잎씩 떼어내어 깨끗이 씻은 후 굵직하게 썰어 물에 담가 둔다.
3 그릇에 감자를 넣고 로즈메리를 깨끗이 씻어 뜯어 넣은 후 굵은소금, 올리브오일, 후춧가루로 밑간을 해둔다.
4 분량의 재료를 잘 섞어 소스를 만든다.
5 200℃로 예열한 오븐에 밑간한 감자를 넣어 20분간 굽는다.
6 구운 감자와 손질한 양배추·적채와 함께 접시에 담은 후 소스를 곁들인다.

🥄 가지차돌박이구이

재료 가지 2개, 차돌박이 200g, 새싹채소 한 줌, 식용유 약간 ┊ **고기양념** ┊ 간장 1/2큰술, 설탕 1작은술, 배즙 1큰술, 다진마늘·참기름 1작은술씩, 후춧가루 약간 ┊ **된장소스** ┊ 황태된장 3큰술, 맛술 1큰술반, 청주·설탕·참기름 1큰술씩

1 차돌박이는 분량의 고기양념에 재운다.

2 가지는 2cm 두께로 썰어 한쪽 면에 칼집을 넣고 달군 팬에 기름을 두르고 앞뒤로 노릇하게 굽는다.

3 분량의 재료를 고루 섞어 된장소스를 만들어 가지의 칼집 낸 쪽에 발라 준다.

4 달군 팬에 양념에 재운 고기를 구워 가지 위에 올리고 새싹채소도 장식해 접시에 담는다.

오징어볶음

재료　오징어 1마리, 양파 1/2개, 풋고추·붉은고추 1개씩, 대파 1/2뿌리, 애호박·당근 1/4개씩, 깻잎 1묶음, 식용유 적당량 ┆ **볶음양념** ┆ 고운고춧가루 3큰술, 굵은고춧가루·다진마늘·간장 1큰술씩, 설탕· 참기름 2큰술씩, 깨소금 1/2큰술, 생강즙 1작은술, 소금 약간

1 오징어는 깨끗이 손질하여 대각선 모양으로 칼집을 넣은 다음 3cm 길이로 채썰어 준비한다.
2 양파는 오징어 굵기로 썰고 대파와 고추는 어슷 썬다.
3 애호박, 당근은 2×4cm 크기의 직사각형 모양으로 썰고, 깻잎은 한입 크기로 썬다.
4 달군 팬에 식용유를 살짝 두르고 깻잎을 제외한 나머지 채소를 넣고 볶다가 오징어를 넣는다.
5 채소와 오징어가 어우러지면 볶음양념을 넣어 볶는다. 마지막에 깻잎을 넣고 재빨리 볶아 낸다.

오징어 채썰기

채소 준비하기

오징어와 채소 볶기

🥄 고추찹쌀튀각

재료 청양고추·꽈리고추 10개씩, 밀가루·찹쌀가루 3큰술씩, 녹말가루 1큰술, 식용유 2컵, 구운소금·설탕·통깨 약간씩

1 청양고추와 꽈리고추는 씻어 꼭지를 뗀다. 큰 것은 반으로 갈라 놓는다.
2 밀가루와 찹쌀가루, 녹말가루를 섞어 고추에 묻힌다.
3 찜기에 김이 오르면 가루 묻힌 고추를 넣어 8분 정도 찐다.
4 쪄낸 고추를 채반에 놓아 햇볕에 2~3일 정도 바싹 말린다. 집에 식재료 건조기가 있으면 그것을 이용해도 좋다.
5 고추가 바싹 마르면 종이봉투나 지퍼백에 넣어 밀봉한 다음 건조한 장소 또는 냉동실에 보관한다.
6 고추를 꺼내 160℃의 튀김기름에 바삭하게 튀긴 다음 설탕, 구운소금, 통깨를 뿌린다.

🥢 오이깍두기

재료 오이 3개, 양파 1개, 굵은소금 2큰술 ┆양념장┆ 고운고춧가루 2큰술, 참치액·설탕 1작은술씩, 다진파·다진마늘 1큰술씩, 소금 약간

1 오이는 굵은소금 1큰술로 비벼가면서 씻어 1cm 폭으로 동그랗게 썬 다음 반으로 다시 저민다.
2 양파는 사방 2cm 크기로 썬다.
3 그릇에 오이와 양파를 담고 굵은소금 1큰술을 뿌려 20분 정도 절인 후 물에 헹궈 건져 물기를 완전히 없앤다.
4 분량의 재료를 한데 섞어 양념장을 만들어 고춧가루 색이 우러나게 한다.
5 오이와 양파에 양념장을 넣어 고루 색이 나도록 버무리고 소금으로 간한다.

🥄 부추양파부침개

재료　부추 100g, 양파 1개(150g), 청양고추 2개, 조갯살 1컵, 부침가루 2컵, 조개육수 1컵 ┆ **양념장** ┆ 간장 1큰술, 식초 1/2큰술, 맛술 1작은술, 다시마물 약간

1 부추는 손질한 후 4cm 길이로 썰고 양파는 가늘게 채썬다. 고추는 어슷하게 썰어 씨를 턴다.

2 조갯살은 옅은 소금물에 흔들어 해감을 뺀 다음 깨끗이 헹궈 끓는 물에 살짝 익혀 건지고 국물은 체에 받쳐 맑은 육수만 받아 둔다.

3 부침가루에 조개육수를 부어가며 섞은 다음 양파, 고추, 조갯살을 넣어 골고루 잘 섞고 마지막에 부추를 넣고 재빨리 버무린다(부추는 오래 버무리면 풋내가 난다).

4 달군 팬에 기름을 넉넉히 두르고 반죽을 한 국자씩 떠 넣고 꾹꾹 눌러 펴가며 앞뒤로 노릇하게 굽는다.

5 접시에 부침개를 담고 양념장을 곁들인다.

🥄 피망잡채

재료 청피망 6개, 홍피망 1개, 표고버섯 3장, 양파 1/2개, 돼지고기 100g, 녹말가루 3큰술, 달걀흰자 1개, 식용유 적당량, 소금·후춧가루 약간씩 ┇**돼지고기양념**┇ 간장 1큰술, 설탕·다진마늘·깨소금·참기름 1/2큰술씩, 후춧가루 약간

1 청피망과 홍피망은 반으로 갈라 씨를 털어내고 채썬다.
2 표고버섯은 미지근한 물에 불려 기둥을 떼고 채썰어 간장과 설탕으로 양념한다. 양파도 채썬다.
3 돼지고기는 채썰어 분량의 양념으로 버무린 다음 달걀흰자와 녹말가루를 넣고 무친다.
4 팬에 기름을 두르고 돼지고기를 볶다가 준비한 채소들을 넣고 볶은 후 소금, 후춧가루로 간한다.

🥄 부추쇠고기전병쌈

재료 쇠고기(채끝살) 400g, 소금·후춧가루 적당량씩, 찹쌀가루·녹말가루 1/2컵씩, 식용유 약간 ┇**부추생채**┇ 부추 200g, 무순 50g, 양파 1/2개 ┇**생채소스**┇ 맛술·간장 3큰술씩, 멸치국물 1컵, 고춧가루 2큰술, 깨소금 1큰술

1 쇠고기는 폭이 7cm 정도 되게 얇게 썰어 잔칼질을 한 다음 찬물에 1시간 전도 담가 두어 핏물을 뺀다.
2 고기의 물기를 닦고 소금, 후춧가루로 밑간한 뒤 찹쌀가루와 녹말가루를 1:1로 섞어 쇠고기에 묻힌다.
3 식용유를 두른 팬에 쇠고기를 넣고 지진다.
4 멸치국물에 간장과 맛술을 섞은 다음 살짝 끓여서 알코올을 날리고 고춧가루, 깨소금을 넣어 생채소스를 만든다.
5 부추는 3cm 길이로 썰고, 채썬 양파와 무순은 찬물에 담갔다 꺼내 물기를 뺀다. 준비한 채소를 생채소스에 버무린다.
6 지진 쇠고기에 생채소스 묻힌 채소를 넣고 만다.

🥄 피망오이샐러드

재료 청피망·홍피망 1개씩, 오이 1/2개, 치즈 2장, 햄 40g, 양상추 2장 ┇**샐러드소스**┇ 마요네즈 2큰술, 케첩·타바스코소스 1작은술씩, 다진피클 1큰술, 다진양파 1/2큰술, 레몬즙·소금·후춧가루 적당량씩

1 피망, 오이, 치즈, 햄은 1×4cm 크기로 자르고, 양상추는 한잎 크기로 뜯어 찬물에 씻어 건진다.
2 우묵한 그릇에 분량의 재료를 섞어 매콤하게 소스를 만들고 준비한 채소를 넣어 버무린다.

꽈리고추장조림

재료 쇠고기(홍두깨살) 600g, 꽈리고추 100g, 마늘 5쪽, 대파 1/2뿌리, 통후추 1작은술, 홍차·물엿 2큰술씩, 물 4컵, 간장·청주 1/2컵씩, 설탕 4큰술

1 쇠고기는 홍두깨살로 준비하여 큼직하게 잘라 놓는다.
2 꽈리고추는 물에 씻어 꼭지를 떼고 마늘과 대파, 통후추도 깨끗이 손질해 준비한다.
3 찬물에 쇠고기와 마늘, 대파, 통후추, 홍차를 넣고 물을 부어 끓인다. 떠오르는 거품은 걷어 낸다.
4 쇠고기가 익으면 고기를 건져내고, 쇠고기 삶은 물은 기름기를 걷어내고 깨끗한 육수를 받아 간장, 청주, 설탕, 물엿을 넣고 한소끔 끓인다.
5 끓으면 건져 두었던 쇠고기를 넣어 함께 끓인다.
6 쇠고기에 맛이 배면 꽈리고추를 넣고 국물이 1/3로 줄어들 때까지 조린다.

애호박양파볶음

재료 애호박 1개, 양파 1/2개, 붉은고추 1개, 새우젓·다진마늘 2작은술씩, 통깨·소금 약간씩, 식용유 적당량, 들기름 2큰술

1 애호박은 0.3cm 두께로 반달 썰고, 양파는 굵직하게 채썬다. 고추는 4cm 길이로 채썬다.
2 팬에 식용유를 조금 두르고 애호박을 넣어 볶는다. 애호박이 살짝 익으면 양파와 붉은고추, 새우젓, 다진마늘, 통깨, 소금을 넣고 센불에서 재빨리 볶는다.
3 애호박이 부드럽게 익으면 마지막에 들기름을 넣고 잘 섞은 뒤 그릇에 담아 낸다.

🥄 알감자가지말이꼬치

재료　　알감자 320g, 가지 2개, 버터 적당량, 굵은소금·소금·후춧가루·설탕 약간씩
ㅣ라임소스ㅣ 사우어크림 6큰술, 생크림 3큰술, 라임주스 2큰술, 설탕·후춧가루 약간씩

1 껍질을 벗긴 알감자는 김이 오른 찜통에 넣어 푹 찐다.
2 가지는 길게 잘라 굵은소금을 뿌려 물기가 나오면 거즈로 닦는다.
3 버터를 두른 팬에 가지를 구워 찐 감자를 동글게 감싼 뒤 소금, 후춧가루로 간하여 다시 한 번 굽고 설탕을 뿌린다. 분량의 재료를 섞어 라임소스를 만들어서 꼬치와 함께 곁들인다.

멍게비빔밥

재료 멍게 10마리, 마늘 5쪽, 부추 50g, 오이·붉은고추 1개씩, 풋고추 2개, 밥 3공기, 무순·참기름 약간씩 ┆ **초고추장** ┆ 고추장 1/2컵, 레몬즙·다진마늘·설탕·참기름 1큰술씩, 생강즙 1/2작은술, 매실청·식초·올리고당 2큰술씩

1 멍게는 껍질을 벗기고 먹기 좋은 크기로 자른다. 마늘은 채썬다.
2 부추는 깨끗이 씻어 건져 먹기 좋게 썰고 오이는 채썬다. 고추는 어슷 썰어 씨를 턴다.
3 그릇에 밥을 반만 담고 부추 썬 것을 얹은 후 멍게와 마늘을 올리고 무순을 올린다.
4 분량대로 섞어 만든 초고추장과 참기름을 넣어 비벼 먹는다.

꽈리고추청국장찜

재료 꽈리고추 200g, 밀가루·청국장가루 2큰술씩 ┆ **양념장** ┆ 액젓 1작은술, 고춧가루 1/2큰술, 다진마늘·붉은고추채·들기름·깨소금· 매실청 1큰술씩, 간장·다진파 2큰술씩

1 꽈리고추는 꼭지를 떼고 씻어 이쑤시개로 구멍을 낸다.
2 밀가루와 청국장가루를 함께 체에 담아 고루 친다.
3 꽈리고추에 준비한 가루를 묻힌다.
4 김이 오른 찜통에 가루 묻힌 꽈리고추를 넣고 찐다.
5 찐 고추를 양념장에 살살 버무려 담아 낸다.

꽈리고추마른새우조림

재료 꽈리고추 150g, 마른새우 40g, 저민마늘 50g, 들기름 1/2큰술, 매실청 1큰술, 꿀·참기름·통깨 1작은술씩, 소금 약간 ┆ **조림장** ┆ 양파 50g, 저민생강 10g, 물 1/2컵, 맛술 4큰술, 진간장 2큰술, 액젓 1작은술

1 꽈리고추는 꼭지를 떼어 놓는다.
2 마른새우는 체에 넣고 흔들어 가시와 잡티를 제거한다.
3 은근한 불에 분량의 조림장을 끓인 후 건더기는 건진다.
4 달군 냄비에 들기름을 두르고 꽈리고추와 새우를 볶는다.
5 조림장에 볶은 고추와 새우, 마늘을 넣어 조린다.
6 ⑤에 매실청과 꿀을 넣어 물기 없이 조린 후 참기름과 통깨를 뿌려 낸다.

감자스테이크

재료　감자 4개, 베이컨(구워서 기름 뺀 것) 100g, 피망 1개, 양파 1개, 체다치즈·파마산치즈 3큰술씩, 소금 1/2작은술, 달걀노른자 1개, 후춧가루 약간, 녹말가루 적당량, 감자채 400g ┊소스┊ 다진마늘 1큰술, 양파채 100g, 양송이 150g, 토마토소스·레드와인 1컵씩, 월계수잎 1장, 간장 2큰술, 핫소스·꿀 1큰술씩, 매실청 1/2컵, 후춧가루 약간, 버터 1큰술

1 감자는 쪄서 으깨 소금, 달걀, 파마산치즈를 넣고 반죽한다. 베이컨은 굽고, 피망, 양파, 체다치즈는 다진다.
2 반죽을 원하는 양만큼 나누고 녹말가루를 묻힌 후 감자채를 붙여 지진다.
3 달군 팬에 마늘과 양파채를 넣고 볶다가 양송이를 넣어 볶는다. 토마토소스와 와인을 넣어 조린다.
4 나머지 소스 재료도 넣어 은근히 조린 후 버터를 넣어 걸쭉하게 끓인다. 감자스테이크 위에 소스를 얹는다.

부추고추굴소스볶음

재료　풋고추·붉은고추 2개씩, 부추 150g, 양송이 3개, 마늘 2쪽, 양파 1/4개, 식용유 1큰술, 굴소스 2작은술, 소금 약간

1 고추는 반으로 잘라 씨를 턴 후 길쭉하고 어슷하게 저며 썬다.
2 부추는 씻어서 4~5cm 길이로 자르고, 양송이는 껍질을 벗기고 모양을 살려 도톰하게 저며 썬다. 마늘도 도톰하게 저며 썰고 양파는 곱게 채썬다.
3 달군 팬에 식용유를 두르고 마늘과 양파를 먼저 넣어 볶다가 고추와 양송이를 넣어 볶는다.
4 고추가 한숨 죽으면 부추를 넣고 굴소스와 소금을 넣어 간을 맞추고 뒤적이듯 볶아 낸다.

🥄 꽈리고추뱅어포볶음

재료　뱅어포 4장, 꽈리고추 200g, 식용유 2큰술, 소금 약간 ┊ **간장양념** ┊ 진간장 2큰술,
참기름 1작은술, 설탕 1/2작은술, 소금 약간

1 간장양념을 만들어 뱅어포에 고루 바른다.
2 양념을 바른 뱅어포는 한입에 먹기 좋은 크기로 네모나게 자른다.
3 꽈리고추는 씻어 꼭지를 떼고 반으로 어슷하게 썬다.
4 팬에 식용유를 두르고 뱅어포와 고추를 넣어 살짝 볶는다. 소금으로 간을 맞춘다.

🥄 늙은오이무침

재료　늙은오이 1개 ┊ **소금물** ┊ 소금 1큰술, 물 1컵 ┊ **양념장** ┊ 고추장 2큰술, 다진파·매실청·
들기름 1큰술씩, 다진마늘 1/2큰술, 생강즙 1/2작은술, 액젓 1작은술

1 늙은오이는 껍질을 벗긴 후 반 갈라 씨 부분을 도려낸다.
2 오이를 반 잘라 길이로 얇게 편으로 썬 뒤 굵게 채썬다.
3 채썬 오이를 분량의 소금물에 넣어 20분 정도 절인다.
4 절인 오이의 물기를 꼭 짠다.
5 먹기 직전에 분량의 양념장에 무쳐 낸다.

chapter eight

8월에 참 맛있는 제철음식

균형 잡힌 식단을 위해서는 제철식품과 더불어 사계절 식품을 골고루 이용하는 지혜가 필요하다. 찌는 더위에 자칫 입맛을 잃을 수 있으므로 입맛을 찾을 수 있는 조리법을 찾아보자. 초복과 중복, 말복이 이어지는 시기이므로 자연스럽게 보신음식을 접할 수 있어 다행스럽다. 더위에 지치고 입맛 없는 남편과 아이들을 위해 복날 상차림에 특별히 신경을 써보자.

8월은 애호박과 감자, 풋고추, 깻잎, 가지 등을 말려두기 좋은 달이며 풋고추를 간장에 절여 풋고추장아찌를 만들어 두어도 좋다. 복숭아주와 포도주를 만들어두면 1년 내내 '센스만점' 이란 찬사를 들을 수 있다.

8월의 채소　　풋고추, 열무, 양배추, 깻잎, 감자, 고구마순, 옥수수, 양상추, 아욱
8월의 해산물　　전복, 성게, 잉어, 전갱이, 해파리, 민어, 미꾸라지, 오징어,
　　　　　　　　생다시마, 장어, 가재, 가오리
8월의 과일　　멜론, 복숭아, 포도, 수박

더위가 기승을 부리다 보니 입맛도 떨어지고 체력도 떨어질 때. 과일류, 야채류가 풍성하므로 과일주, 과일잼도 담그고 조리법에도 변화를 주어 잃어버린 입맛을 살려 보자.

포도 | 비타민과 유기산이 풍부하여 과일의 여왕이라 불린다. 피로하거나 갈증이 날 때 먹으면 피로회복에 도움이 된다.

멜론 | 비타민C와 베타카로틴, 포타슘이 많아 항산화작용이 뛰어나다. 열량이 낮아 다이어트에도 효과적이다.

복숭아 | 비타민과 무기질, 각종 당류가 풍부하여 피로회복에 많은 도움이 된다. 또한 식이섬유소와 수분이 많아 다이어트에 좋다.

수박 | 색이 선명하고 줄무늬가 확실하며 잘랐을 때 색이 곱고 씨가 검은 것이 좋다. 수박의 주성분은 수분으로 이뇨작용 효과가 있으므로 부종환자에게 좋은 과일이다. 맥주와는 궁합이 나쁘다.

풋고추

우리나라 음식 맛을 좌우하는 가장 중요한 양념. 그 자체가 음식의 주재료로 쓰이기도 하지만 말려서 빻은 고춧가루는 고추장, 김치 등의 음식에 다 이용된다. 고추의 특징인 매운맛 때문에 적당히 먹으면 위액의 분비를 촉진시켜 소화를 돕고, 피를 잘 돌게 한다.

열무

김장용 무와는 다른 품종으로 잎을 먹는 채소. 주로 물김치를 담근다. 열무는 눈을 맑게 하고 기억력을 향상시키며, 혈압 안정에도 도움을 준다. 열무를 고를 때 너무 자란 것은 줄기가 질겨 맛이 없으므로 줄기에 연두색이 돌면서 통통한 것을 고르도록 한다.

양배추

위를 보호해주는 비타민U가 많이 들어있고 칼슘, 칼륨도 풍부한 알칼리성 식품. 생으로도 먹고 익혀서도 이용한다. 저지방·저열량 식품이며 식이섬유소 함량이 많아 포만감을 주어 식사량을 줄여준다. 풍부한 식이섬유소는 장운동을 활발하게 하여 변비도 예방한다.

깻잎

깨의 잎을 깻잎이라고 하는데, 잎을 주재료로 여러 가지 입맛 돋우는 음식을 만들 수 있다. 비타민A와 B₁, B₂, C, 니아이신이 풍부하게 들어있으며 맛과 향이 진하고 고소해 냄새가 강한 요리와 함께 먹으면 좋다. 잎이 부드럽고 짙은 녹색을 띠는 것을 고른다.

감자

녹말이 주성분인 알칼리성식품으로 비타민C와 칼륨이 풍부하게 들어있다. 칼륨은 나트륨의 배출을 도와 고혈압 환자의 혈압 조절에 도움이 된다. 표면에 흠집이 적고 매끄러운 것을 선택하고 무거우면서 단단한 것을 고른다. 싹이 나거나 녹색빛이 도는 것은 피한다.

아욱

입맛을 잃기 쉬운 여름철에 권한만한 알칼리성 식품. 시금치보다 단백질이 거의 2배, 지방은 3배, 칼슘은 2배나 더 많이 함유한 식품이 아욱이다. 성장기 아이들에게 훌륭한 영양식품이며 열량이 낮아 다이어트에도 매우 좋은 식품이다. 새우와 궁합이 맞는다.

고구마순

열량이 낮고 식이섬유소가 풍부하여 비만인 사람에게 좋은 식품이다. 고구마순에 풍부한 비타민A는 지용성 비타민으로 올리브오일에 볶아 섭취하면 비타민 흡수율을 높일 수 있다. 마르지 않고 통통하며 색이 연하고 무르지 않은 것으로 고른다.

옥수수

옥수수의 녹말은 그 질이 우수하여 녹말만을 뽑아서 술을 만들거나 여러 가지 가공식품에 널리 이용된다. 옥수수는 영양적으로는 부족한 점이 많으나 씨눈에는 아주 훌륭한 기름인 비타민E가 있어 피부 건조와 노화를 막으며 피부저항력을 높이는 작용도 한다.

양상추

식이섬유소가 풍부하고 칼로리가 낮아 다이어트에 효과적이다. 양상추 줄기에 우윳빛 유액에 함유된 일종의 알칼로이드 성분이 신경안정 작용을 하여 불면증 치유에 도움이 된다. 육류와 함께 샐러드나 쌈으로 먹으면 궁합이 잘 맞는다.

전복

조개류 중 가장 맛이 좋고 귀하고 비싼 식품인 전복은 크고 두꺼운 껍질에 쌓여 있다. 회나 죽으로 많이 이용되는데 부패하기 쉬운 식품이므로 회로 먹을 때 주의한다. 간기능 저하로 머리가 아프거나 귀가 울리고 혀와 목이 마르는 증세에 전복이 효과적이다.

잉어

고단백 식품에 소화가 잘 되는 생선. 산후 보양식으로 인기가 높다. 탕이나 찜, 즙으로 이용하는데 지방이 많은 편이므로 비만인 사람에게는 맞지 않는다. 흑회색에 살이 단단하고 눈이 맑은 것으로 고른다.

전갱이

전갱이는 선도가 떨어지면 맛이 급속히 떨어지므로 말려서 가공하거나 통조림으로 많이 만들어진다. 비타민A와 D가 풍부해 눈과 피부건강에 좋고, 골다공증도 예방한다. 몸 전체가 팽팽하고 탄력이 있으며 표면에 광택이 있고 아가미는 밝은 선홍색인 것이 신선하다.

민어

민어는 영양이 풍부하고 비린내가 적어 땀을 많이 흘리고 쉽게 피로해지는 여름에 보신요리로 좋다. 민어는 물고기 중에서 소화흡수가 빨라 어린이 성장발육을 촉진하고 노인이나 환자의 건강회복에 좋다. 비타민이 풍부한 채소와 함께 섭취하도록 한다.

해파리

해파리는 씹는 맛이 일품인 식품으로 식욕을 돋워주는 역할을 한다. 또한 대장의 대사를 촉진하는 작용이 있어 장을 말끔하게 청소해주기도 한다. 특히 해파리는 지방이 거의 들어있지 않아 비만증이거나 다이어트 중인 사람에게 좋다.

미꾸라지

우수한 단백질이 많고 칼슘과 비타민A, B₂, D가 풍부한 강장·강정식품이다. 또 뼈째먹을 수 있는 칼슘원으로도 이상적이어서 여름철이면 보양음식으로 사랑받는다. 미꾸라지는 내장을 따뜻하게 하고 피의 흐름을 좋게 하며 빈혈에도 효과가 있다.

오징어

사철 내내 시장에 나오지만 가을에 나오는 것이 살이 올라있고 몸통이 단단하다. 오징어에는 질 좋은 단백질이 어떤 생선류보다 많이 들어있고 타우린도 풍부해 고혈압, 동맥경화, 심장병, 당뇨병, 시력감퇴, 여성의 갱년기장애에 효과를 발휘한다.

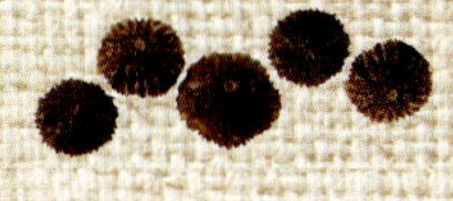

생다시마

칼륨과 라미닌이라는 혈압저하 물질이 들어 있어 고혈압 예방에 좋다. 다시마 속 알긴산은 콜레스테롤을 저하시키고, 풍부한 식이섬유소는 배변의 양을 늘리고 장의 통과속도를 빠르게 하여 변비에 도움을 준다. 거무스름하고 육질이 통통한 다시마가 좋다.

장어

더위에 지친 여름철 건강식으로 우리나라뿐 아니라 서양에서도 즐겨먹는 생선. 장어의 단백질은 그 영양가가 매우 높으며 지방을 구성하는 불포화지방산은 모세혈관을 튼튼하게 해준다. 비타민E도 풍부해 혈관에 활력을 불어넣고 노화도 방지한다.

바닷가재

타우린이 풍부하여 콜레스테롤치를 낮춰주고, 저열량·저지방 식품으로 다이어트에 좋으며, 단백질이 풍부해 근육 만들기에 효과적이다. 가재는 배가 단단하고 살이 꽉 찬 것을 고른다. 토막 내서 보관하면 단맛이 빠져나와 맛이 없어지므로 통째로 냉동 보관한다.

성게

성게는 엽산 함유량이 높아 소화흡수에 좋고 강장제로 효능이 탁월하다. 해삼보다 단백질을 많이 함유하고 있어 '바다의 호르몬'이라고도 불린다. 산모의 산후회복이나 알코올 해독에도 효과가 크다. 대개 생으로 먹는 경우가 많은데 가열해 조리하여 먹어도 맛있다.

⌣ 감자양파국

재료　감자 2개, 양파 1개, 쪽파 4뿌리, 국간장 1큰술, 다시마물 6~7컵, 소금·후춧가루·참기름 약간씩

1 감자는 껍질을 벗기고 도톰하게 나박썰기해 찬물에 10분 정도 담가 둔다.
2 양파는 곱게 채썰고 쪽파는 4cm 길이로 썬다.
3 달군 냄비에 참기름을 약간 두르고 양파를 볶는다.
4 양파 향이 올라오면 감자와 국간장을 넣고 5분 정도 더 볶는다.
5 다시마물을 붓고 감자가 부드럽게 익을 정도로 끓인다.
6 감자가 익으면 쪽파를 넣고 한소끔 끓인 후 소금, 후춧가루로 간을 맞추고 참기름을 한 방울 떨어뜨려 완성한다.

✎ 민어찌개

재료　민어 1마리, 쇠고기 100g, 애호박 1개, 실파 30g, 풋고추·붉은고추 3개씩, 고추장 3큰술, 다진마늘 1큰술, 소금 1/4작은술, 물 3컵

1 민어는 비늘을 깨끗이 긁어내고 내장과 아가미, 지느러미를 떼어내 깨끗이 씻은 후 5cm 길이로 토막내어 표면에 십자로 칼집을 넣는다.
2 쇠고기는 살코기로 준비하여 가로 3cm, 세로 1.5cm 정도 크기로 도톰하게 납작납작 썬다.
3 애호박은 4cm 길이로 토막내어 세로로 세워 놓고 1cm 두께로 골패썰기한다.
4 실파는 4cm 길이로 썰고 풋고추와 붉은고추는 어슷 썰어 씨를 털어낸다.
5 냄비에 물 3컵을 붓고 팔팔 끓으면 고추장 3큰술을 넣고 잘 풀어 고추장 맛이 국물 전체에 퍼지도록 한소끔 끓인다.
6 고추장 푼 국물이 끓으면 납작 썬 쇠고기와 민어를 넣고 익을 때까지 끓인다.
7 민어가 거의 익으면 애호박과 고추, 실파를 모두 넣고 다진마늘과 소금으로 간을 해 한소끔 끓인 후 불에서 내린다.

고추된장뚝배기

재료   풋고추 3개, 붉은고추 1개, 청양고추 2개, 대파 1뿌리, 양파 1/2개, 된장 2큰술, 참치액 1작은술, 쌀뜨물 3컵

1 풋고추와 붉은고추, 청양고추는 깨끗하게 씻어 0.8cm 크기로 동그랗게 썬다.

2 대파는 굵게 송송 썰고 양파는 사방 2cm 크기로 썬다.

3 뚝배기에 고추와 대파, 양파를 넣어 분량의 된장, 참치액을 넣어 버무린다.

4 뚝배기에 쌀뜨물을 붓고 센불에 올려 끓인다.

5 끓이면서 생기는 거품은 말끔하게 걷어내고 약한불에서 한소끔 더 끓여 바특한 된장찌개를 만든다.

🥄 풋고추채볶음

재료   아삭이 풋고추 200g, 붉은고추 1/2개, 미나리 100g, 쇠고기 70g, 들기름·다진파 1큰술씩, 다진마늘 1/2큰술 ⁝ **쇠고기양념** 간장·다진파·참기름 1/2큰술씩, 설탕 1작은술, 다진마늘·깨소금 1작은술씩, 후춧가루 약간 ⁝ **무침양념** 액젓·매실액·깨소금·참기름 1/2작은술씩

1 아삭이 풋고추와 붉은고추는 반 갈라 씨를 털어내고 채썬다.
2 미나리는 줄기만 끓는 소금물에 데친 후 4cm 길이로 잘라 물기를 뺀다.
3 쇠고기는 채썰어 쇠고기양념에 무친 후 들기름에 바짝 볶아 식힌다.
4 달군 팬에 다진마늘과 파를 볶다가 채썬 풋고추와 붉은고추, 미나리를 차례로 볶아 차게 식힌다.
5 볶아 식힌 재료를 한데 담고 무침양념을 넣어 무친다.

전복초회

재료 전복 5개, 무 1/6개, 당근 1/4개, 대파 1/2뿌리
┊ **초고추장** ┊ 고추장 4큰술, 설탕·식초 1큰술씩, 다진마늘
1/3작은술, 통깨 약간

1 전복은 껍질에서 살을 분리하여 동그란 모양을 살려
얄팍하게 저며 썬다.
2 무와 당근은 껍질 벗겨 곱게 채썰어 물에 담갔다가
건져 물기를 뺀다.
3 대파도 채썰어 물에 담갔다가 건진다.
4 분량의 초고추장 재료를 한데 담고 고루 섞어 초고추
장을 만든다.
5 접시에 무와 당근채, 대파채를 보기 좋게 쌓고 그 위
에 전복을 올린 다음 접시 가장자리에 초고추장을 군데
군데 올린다.

열무나물

재료 열무 200g, 소금·실고추 약간씩 ┊ **된장양념** ┊
된장 1큰술반, 다진마늘 1/2작은술, 다진파 1큰술, 꿀·
참기름·깨소금·맛술 1작은술씩, 소금 약간

1 여리고 순한 열무를 준비해서 다듬어 씻어 건진다.
2 끓는 물에 소금을 약간 넣고 열무를 넣어 파랗게 데
치고 찬물에 헹궈 물기를 꼭 짠다.
3 열무를 가지런하게 도마에 올린 후 큼직한 포크를 이
용해서 결대로 쭉쭉 찢은 다음 먹기 좋은 길이로 썬다.
4 열무의 물기를 꼭 짠 후에 그릇에 담고 된장양념에
조물조물 무친다.
5 팬에 기름을 두르고 무친 열무를 넣어 중불에서 부드
럽게 볶는다. 소금으로 간을 맞추고 실고추를 뿌린다.

🥄 열무미소조림

재료 데친 열무 200g, 들기름 1작은술, 통깨 약간 ┆조림장┆ 다시마물 1/4컵, 간장 1작은술, 미소된장 1큰술, 맛술·청주·다진파 1큰술씩, 다진마늘 1/4작은술

1 데친 열무는 3cm 길이로 썬다.
2 냄비에 다시마물을 붓고 간장과 미소된장, 맛술, 청주, 다진마늘, 다진파를 넣어 한소끔 끓인다.
3 조림장이 끓으면 데친 열무를 넣어 약한 불에서 은근하게 조린다.
4 열무에 간이 배면 불을 끄고 들기름과 통깨를 넣고 버무려 맛을 더한다.

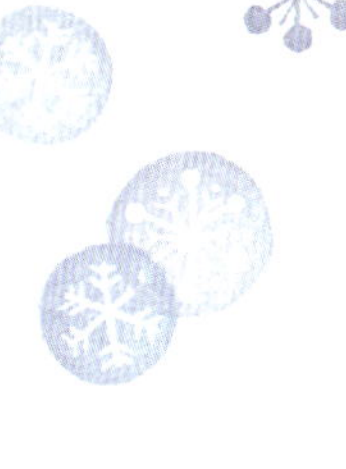

🥄 깻잎채조림

재료 깻잎 4묶음(60장), 통깨 약간, 식용유 1컵 ┆볶음양념┆ 청주·간장·설탕 2큰술씩, 조청 1큰술

1 깻잎은 한 장씩 씻어 물기를 빼고 돌돌 말아 곱게 채썬다.
2 식용유를 170℃로 가열한 후 깻잎채를 넣고 젓가락으로 뒤적여가며 파랗게 튀긴 후 기름을 제거한다.
3 냄비에 볶음양념을 넣고 반 정도 졸아들 때까지 끓인다.
4 튀겨낸 깻잎채를 끓고 있는 양념에 넣고 고루 볶은 후 통깨를 뿌린다.

깻잎순된장나물

재료 깻잎순 200g, 소금·통깨 약간씩
┆**무침양념**┆ 된장 1큰술반, 다진파 1큰술,
다진마늘 1작은술, 깨소금 1작은술, 참기름
1/2큰술, 국간장 약간

1 깻잎순은 누런 잎을 떼고 찬물에 여러 번
씻은 후 옅은 소금물에 데친다.
2 데친 깻잎순은 찬물에 재빨리 헹구어 꼭
짠 후 먹기 좋게 자른다.
3 분량의 재료를 섞어 무침양념을 만든다.
4 그릇에 깻잎순을 담고 양념에 조물조물
버무린 후 통깨를 뿌려 낸다.

장어찌라시스시

재료 양념장어 1마리, 밥 3공기, 오이
1개, 무순 20g, 달걀 2개, 통깨 1작은술
┆**배합초**┆ 식초 4큰술, 설탕 3큰술, 맛술
1큰술, 멸치다시마국물 2큰술, 소금 약간

1 장어는 한입 크기로 썰어 둔다.
2 밥은 뜨거울 때 배합초를 넣고 재빨리
뒤섞어 식히면서 골고루 섞는다.
3 오이는 소금으로 문질러 씻은 후 돌려깎
아 3cm 길이로 가늘게 채썰고 소금을 약
간 뿌려 살짝 숨을 죽인 후 물기를 없앤다.
4 무순은 물에 흔들어 씻어 껍질을 없애고
물기를 제거한다.
5 달걀은 잘 섞어 지단을 부친 후에 얇게
채썬다.
6 그릇에 초밥을 펼쳐서 담고 오이채, 무
순을 흩뿌려 올린 후 달걀지단을 올린다.
그 위에 장어를 보기 좋게 올리고 통깨를
뿌린다.

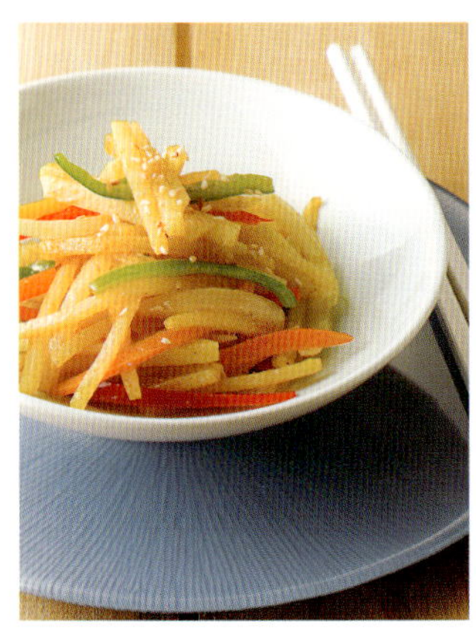

감자파프리카카레볶음

재료　감자 2개, 주황·노랑·빨강파프리카 1/4개씩, 양파·청피망 1/4개씩, 식용유 1큰술, 카레가루 2큰술, 간장 1작은술, 후춧가루·통깨 약간씩

1 감자는 껍질을 벗겨 5cm 길이로 곱게 채썰어 찬물에 담가 둔다.

2 파프리카와 양파, 피망도 감자 길이로 곱게 채썬다.

3 달군 팬에 식용유를 두르고 양파를 넣고 볶는다.

4 양파 향이 올라오면 중불로 줄이고 감자와 카레가루를 넣고 충분히 볶는다.

5 감자가 거의 익으면 센불에서 채썬 파프리카와 피망을 넣어 볶다가 간장, 후춧가루로 간한 후 통깨를 뿌린다.

고추소박이

재료　풋고추 30개, 굵은소금 2큰술, 물 5컵, 당근 1/2개, 무 1/4개, 고춧가루 3큰술, 다진마늘 1작은술, 설탕 1/2큰술, 소금 1작은술

1 고추는 끝 부분에 칼집을 넣어 반으로 벌린 후 속과 씨를 턴다.

2 넓은 그릇에 굵은소금과 물을 넣어 충분히 녹인 후 풋고추를 넣어 1시간 이상 절인다.

3 고추를 절일 동안 당근과 무를 껍질 벗기고 곱게 채썰어 고춧가루와 다진마늘, 설탕, 소금 등을 넣어 고루 버무려 양념한다.

4 절인 고추를 건져 물기를 뺀 후 당근과 무 양념한 것을 고추 사이에 채운다.

5 실온에 반나절 정도 두어 익힌 후 냉장고에 넣는다.

볶음간장 만들기

멸치볶음에 고추 넣어 볶기

풋고추멸치볶음

재료　풋고추(꽈리고추) 3~4개, 멸치(작은 것) 200g, 참기름 1작은술,
통깨 약간 ┆ **볶음간장** ┆ 간장 3큰술, 물엿 2큰술, 설탕 1큰술, 다진
마늘 1작은술, 생강즙 약간, 청주 1큰술, 물 2큰술, 후춧가루 약간

1 꽈리고추는 씻어서 물기를 빼고 작은 것은 통째로, 큰 것은 반으
로 어슷하게 잘라 준비한다.
2 멸치는 조금 작은 것으로 골라 잡티를 털어내고 깨끗이 헹구어
체에 올려 물기를 뺀다.
3 분량의 재료를 섞어 볶음간장을 만든다.
4 프라이팬을 뜨겁게 달군 후 기름을 두르고 멸치를 넣어 볶는다.
멸치가 충분히 볶아지면 꽈리고추를 넣고 함께 볶는다.
5 볶은 멸치와 꽈리고추에 준비한 볶음간장을 넣고 섞은 뒤 통깨
와 참기름을 넣어 살짝 버무린다.

장어영양밥

재료　장어 1마리, 소금 1/4작은술, 후춧가루 1/6작은술, 청주·들기름 1큰술씩, 불린 쌀 1컵반, 영양부추 1/5단, 붉은고추 1/2개, 대파(흰부분) 1/4뿌리 ┊ **양념간장** ┊ 간장 4큰술, 생강즙·다진마늘·깨소금 1큰술씩, 고춧가루 1/2큰술, 후춧가루 1/2작은술, 참기름 1작은술

1 장어는 머리와 뼈를 제거한 뒤 등 쪽의 흰 막을 칼로 긁어낸 다음 물에 헹구고, 2cm 폭으로 썰어 소금, 후 춧가루, 청주로 밑간을 해 둔다.
2 뚝배기를 달군 뒤 들기름을 두르고 쌀을 볶다가 밑간한 장어를 넣어 볶는다.
3 쌀과 장어가 폭 잠길 정도로 물을 붓고 센 불에서 끓이다가 불을 약하게 줄인 뒤 뚜껑을 닫고 살짝 더 끓인 다. 한소끔 끓으면 불을 끄고 뜸을 들인다.
4 영양부추는 4cm 길이로 썰고, 홍고추는 씨를 제거한 다음 곱게 채썰고 대파도 곱게 채썬다.
5 채썬 고추와 대파는 물에 담갔다 건져 둔다.
6 밥이 다 되면 준비한 채소를 밥 위에 올리고 양념간장을 곁들여 상에 낸다.

깻잎치킨말이구이

재료　닭가슴살 400g, 깻잎 12장, 올리브오일 적당량 ┊ **닭가슴살밑간** ┊ 화이트 와인 4큰술, 다진마늘 1큰술, 소금·후춧가루 약간씩 ┊ **검은깨소스** ┊ 검은깨 5큰술, 간장 2큰술, 설탕 1/2큰술, 참기름·식초 2작은술씩

1 닭가슴살을 화이트와인과 다진마늘, 소금, 후춧가루로 간하여 잠시 재워 둔다.
2 올리브오일을 두른 팬에 밑간한 닭가슴살을 굽는다.
3 씻어서 물기 뺀 깻잎 위에 구운 닭가슴살을 올려 돌돌 만 뒤 꼬치에 끼운다.
4 팬에 소스 재료를 분량대로 넣고 섞어 졸인 다음 곁들여 낸다.

깻잎찜

재료　깻잎 50장, 다진마늘 1큰술, 다진파 5큰술, 다진붉은고추 2큰술, 다진청양고추 1큰술 ┊**찜양념장**┊간장 2큰술반, 참치액·깨소금 1작은술씩, 다시마물 1/4컵, 설탕·참기름 1큰술씩

1 깻잎은 깨끗이 씻어 물기를 턴다.
2 붉은고추와 청양고추는 씨를 빼고 굵게 다진다.
3 분량의 재료를 섞어 찜양념장을 만든다.
4 깻잎에 양념장을 켜켜이 발라 내열그릇에 담는다.
5 냄비에 물을 약간 붓고 깻잎을 담은 내열그릇을 넣어 중탕한다.

Tip　깻잎은 특히 뒤쪽의 주름 부분을 흐르는 물에 말끔하게 헹궈야 이물질이 완전하게 떨어져요.

해파리냉채

재료　해파리 150g, 오이 1개, 홍피망 1/2개, 배 1/4쪽 ┊**해파리양념**┊식초·설탕 1큰술씩, 간장 1/2큰술 ┊**마늘소스**┊다진마늘 2쪽분량, 설탕 1큰술반, 식초 2큰술, 소금 약간, 간장 1/2큰술

1 해파리는 5cm 길이로 채썰어 냉수에 담가 5～6회 물을 갈아 주면서 짠물을 뺀 다음 살짝 데친다.
2 해파리의 물기를 뺀 다음 식초, 간장, 설탕을 넣고 간이 배도록 주무른다.
3 오이와 홍피망은 채썰어 냉수에 담갔다 건진다. 배도 잘게 채썬다.
4 다진마늘에 분량의 재료를 넣고 마늘소스를 만든다. 맛이 너무 진하면 물을 조금 넣어 묽게 한다.
5 해파리와 오이, 피망 등을 마늘소스에 버무려 접시에 담는다. 차게 해두었다가 상에 낸다.

🥄 오징어두반장볶음

재료 오징어 1마리, 대파 1/3뿌리, 마늘 5쪽, 생강 1/2개, 식용유 적당량 ┆ **볶음소스** ┆ 두반장·물 2큰술씩, 청주·물엿 1큰술씩, 간장·참기름 1/2큰술씩, 후춧가루 약간

1 오징어는 반으로 가르고 내장을 빼낸 후 말끔하게 씻어 껍질을 벗긴다.
2 오징어 몸통 안쪽에 0.3cm 간격으로 사선이 엇갈리게 칼집을 넣은 뒤 폭 1.5cm, 길이 5cm로 자른다. 오징어 다리도 같은 크기로 자른다.
3 대파는 3cm 길이로 자르고, 마늘은 저며 썰고, 생강은 가늘게 채썬다.
4 그릇에 두반장, 물, 청주, 물엿, 간장, 참기름, 후춧가루를 섞어 볶음소스를 만든다.
5 뜨겁게 달군 팬에 기름을 두르고 대파, 마늘, 생강을 넣어 향을 내어 볶다가 오징어를 넣는다.
6 오징어가 어느 정도 익으면 볶음소스를 넣고 센불에서 재빨리 볶는다.

🥄 고구마순나물

재료　고구마순 250g, 다진마늘·들기름 1큰술씩, 송송 썬 실파 2큰술, 소금 약간 ┊ 들깨즙 ┊ 들깨가루 2큰술, 청장 1작은술, 다시마물 1/4컵

1 고구마순은 껍질을 모두 벗기고 소금을 풀어 놓은 물에 헹궈 건진다.
2 끓는 물에 소금을 약간 넣고 고구마순을 무르게 삶아 찬물에 헹궈 건져 물기를 짠 후 먹기 좋은 크기로 자른다.
3 들깨가루와 청장, 다시마물을 섞어 들깨가루의 멍울이 없어지도록 개서 들깨즙을 완성한다.
4 고구마순에 들기름과 다진마늘을 넣어 조물조물 무친 후 들깨즙을 붓고 팬에 넣어 중간 불에서 끓인다.
5 들깨즙이 고구마순에 스며들면 약한 불로 줄이고, 송송 썬 실파를 뿌려 버무린 후에 소금으로 간을 맞춰 그릇에 담아 상에 낸다.

🥄 오징어고추부침개

재료　오징어 1마리, 풋고추·붉은고추 3개씩, 밀가루 2컵, 달걀 1개, 물 2/3컵, 다진마늘 1작은술, 소금 1/2작은술, 식용유 5큰술

1 오징어는 손질해 껍질째 먹기 좋은 크기로 자르고, 고추는 송송 썰어 씨를 대충 턴다.
2 밀가루에 달걀과 물, 다진마늘, 소금 등을 넣고 고루 섞어 반죽을 만든다.
3 밀가루 반죽에 고추와 오징어를 넣어 고루 섞는다.
4 달군 팬에 반죽을 적당히 덜어 넣고 너무 두껍지도 얇지도 않게 전을 부친다.

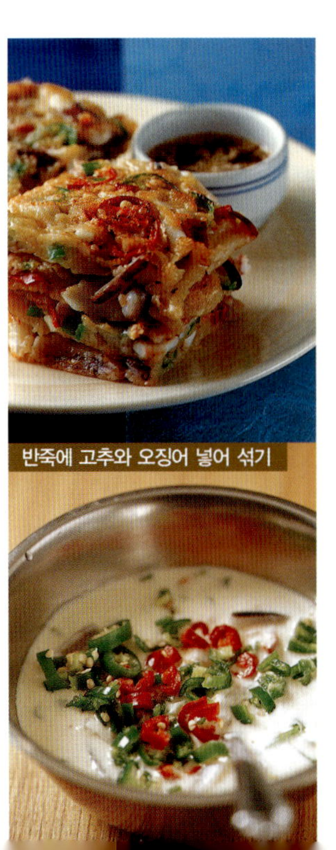

강된장열무비빔밥

재료　밥 2공기, 열무김치 200g, 쇠고기 30g, 소금·후춧가루 약간씩, 양파 1/4개, 대파 1/3뿌리, 청양고추·
붉은고추 1/2개씩, 마른새우 1큰술, 멸치다시마국물 1컵반(300cc)　┊**된장양념**┊된장 1큰술반, 고추장 1작은술,
꿀·참기름 약간씩

1 쇠고기는 채썰어 소금, 후춧가루로 밑간을 하고 양파는 굵게 다지고 대파와 고추는 송송 썬다.
2 된장, 고추장을 꿀, 참기름과 잘 섞어 된장양념을 만든다.
3 달군 뚝배기에 양념한 고기를 넣고 된장양념을 올린 후 마른새우를 넣고 육수를 부어 끓인다. 끓으면
양파와 대파를 넣고 약한 불에서 서서히 끓인다. 국물이 졸면 고추를 넣고 조금 더 끓여 강된장을 만든다.
4 그릇에 밥을 담고 열무김치를 썰어 올린 후 강된장을 곁들인다.

오징어다리조림

재료　오징어 다리 300g, 마늘 3쪽, 생강 1/2쪽, 청양고추 3개, 간장 2큰술, 청주·물엿 1큰술씩, 쌀뜨물 1컵

1 오징어는 다리로만 준비해서 4cm 길이로 썬다.

2 냄비에 쌀뜨물을 붓고 끓으면 오징어 다리를 넣어 살짝 데친다.

3 마늘과 생강은 굵게 채썰고 청양고추는 반 갈라 어슷하게 썬다.

4 달군 냄비에 기름을 약간 두르고 마늘과 생강, 청양고추를 넣고 볶아 향이 나면 데친 오징어 다리를 넣어 볶는다.

5 ④에 간장과 청주를 넣고 조리다가 오징어 다리에 간이 배면 불에서 내려 물엿을 넣고 버무려 완성한다.

🥄 열무김치말이비빔국수

재료　　열무김치 1kg, 국수 400g, 오이 1개, 달걀 1개, 쇠고기채·표고버섯채 100g씩 ┊**쇠고기양념**┊ 다진마늘·설탕 1/2큰술씩, 간장·다진파·참기름 1큰술씩, 후춧가루 약간 ┊**양념장**┊ 매실청·간장·레몬즙 1/2큰술씩, 액젓 1작은술, 고운 고춧가루 1큰술, 참기름·깨소금 2큰술씩, 고추장 3큰술

1 오이는 채썰고, 쇠고기채와 표고버섯채는 쇠고기양념을 나눠 각각 무쳐서 볶은 후 식힌다.
2 달걀은 곱게 풀어 지단을 부친 후 가늘게 썬다.
3 열무김치는 먹기 좋은 크기로 송송 썬다.
4 분량의 양념장에 열무김치를 넣어 고루 섞는다.
5 국수는 끓는 물에 삶아 건져 찬물에 헹궈 물기를 뺀 후 양념해 놓은 열무김치로 무친다.
6 그릇에 국수를 담고 오이채, 쇠고기채, 표고버섯채, 지단을 얹는다.

🥄 미꾸라지튀김

재료　　미꾸라지 300g, 청주 2큰술, 소금·후춧가루·밀가루· 빵가루 적당량씩, 달걀물 1개 분량, 깻잎 약간 ┊**타르타르소스**┊ 삶은달걀 1개, 파슬리가루 1큰술, 오이피클 1개, 다진셀러리 약간, 다진양파 2큰술, 마요네즈 1컵, 소금·흰후춧가루 약간씩

1 살아 있는 미꾸라지에 소금을 많이 뿌려 뚜껑을 닫아 둔다. 미꾸라지의 몸이 뻣뻣해지면 망에 담아 흐르는 물에 헹군다.
2 물기 뺀 미꾸라지는 청주와 후추를 뿌려 둔다. 깻잎은 씻어서 물기를 닦은 다음 앞뒤로 밀가루를 묻힌다.
3 깻잎에 미꾸라지를 한 마리씩 싸서 돌돌 만 다음 달걀물과 빵가루를 묻혀서 달군 기름에 넣어 바삭하고 노릇하게 튀긴다.
4 타르타르소스를 만들어 튀김에 곁들여 낸다.

🥄 감자닭고기찜

재료　　닭 1/2마리, 감자 3개, 당근 1/2개, 대파 1/2뿌리, 소금 약간 ┊**닭밑간**┊ 양파 1/3개, 청주 2작은술, 소금·후춧가루 약간씩 ┊**찜양념**┊ 진간장 2큰술, 다진마늘·설탕·물엿 1작은술씩, 물 2컵

1 닭은 깨끗이 손질해 토막낸 다음 강판에 간 양파와 청주, 소금, 후춧가루를 넣어 밑간한다.
2 감자와 당근은 굵직하게 썰어 모서리를 둥글리고 대파는 송송 썬다.
3 냄비에 밑간한 닭과 감자와 당근을 담고 찜양념을 넣어 고루 섞어 센불에서 5분 정도 끓이다가 다시 약한불에서 20분 정도 찐다. 불에서 내리기 전에 대파를 얹고 소금으로 간한다.

복날 상차림
초복·중복·말복

육개장

재료 쇠고기 양지머리 400g, 물 6컵, 배추 1/6포기, 무 1/6개, 대파 1뿌리, 달걀 1개, 다진마늘 5쪽분량, 국간장 1큰술, 소금·후춧가루 약간씩 ¦고기양념¦ 고춧가루 1/2큰술, 다진마늘 1/2작은술, 참기름 1큰술, 소금·후춧가루 약간씩

1 쇠고기는 덩어리째 냄비에 담고 물을 부어 푹 끓인다.

2 배추는 한 잎씩 떼어 끓는 물에 삶아 찬물에 헹궈 먹기 좋은 크기로 자른다.

3 무는 껍질째 씻어 나박 썰고, 대파는 3~4cm 길이로 자른다.

4 삶은 쇠고기는 건져 한김 식혀 결대로 찢어 준비한 고기양념에 넣어 무친다.

5 쇠고기육수에 양념한 쇠고기와 배추, 무, 다진마늘, 국간장을 넣어 푹 끓인다. 재료가 서로 어우러지도록 끓으면 대파와 달걀을 풀어 넣고 한소끔 끓인 후 소금, 후춧가루로 간한다.

황기삼계탕

재료 영계 2마리, 황기 5g, 찹쌀 1/2컵, 밤 2개, 대추 6개, 통마늘 1통, 수삼 3뿌리, 긴 꼬치 2개 ¦양념¦ 송송썬 파·소금·후춧가루 적당량씩

1 닭은 깨끗이 씻어 꽁지 쪽에 있는 노란 기름덩어리를 떼어낸다.

2 찹쌀은 깨끗이 씻어 물에 2시간 정도 불려서 소쿠리에 건져 물기를 거둔다.

3 수삼의 흙은 솔을 이용하여 흐르는 물에 씻는다. 껍질 깎은 밤, 대추도 깨끗이 씻어 놓는다.

4 손질한 닭의 배에 불린 찹쌀을 채우고 마늘, 밤, 대추, 수삼을 조금씩 넣는다. 끓이면서 내용물이 나오지 않도록 꼬치로 배를 꿰매고 다리를 엇갈리게 고정한다.

5 닭을 냄비에 넣고 닭이 잠길 정도로 물을 붓고 황기와 남은 대추, 마늘, 수삼을 넣는다. 처음에는 센불에서 한소끔 끓이다가 약불로 줄여 찹쌀이 익을 때까지 40분 정도 끓인다.

6 뚝배기에 닭을 나누어 담고 소금, 후추, 송송 썬 파를 넣고 다시 한 번 끓여 낸다.

7 닭살은 발라 소금에 찍어 먹고, 국물은 따로 먹거나 찹쌀밥을 말아 먹는다.

chapter nine

9월에 참 맛있는 제철음식

햇곡식, 햇과일이 풍부하고 맛난 생선류와 해조류가 많이 잡히는 계절이다. 삼치, 고등어, 장어는 물론 고구마, 아욱, 토란, 양배추에도 제맛이 들어 어떤 조리법으로 음식을 만들어도 맛있다. 더위가 가시면서 식욕이 당기는 계절이기도 하므로 풍성하게 음식을 만들어 가족의 건강을 지키자. 이달에는 고구마와 고구마순, 버섯, 호박, 고춧잎을 말리고, 가지와 토란, 오이를 간장에 절여두고 김, 깻잎, 오이, 풋고추는 된장과 고추장에 넣어 장아찌를 만들어보자. 포도즙, 복숭아잼, 포도젤리, 포도잼을 만들어두면 아이들 간식 걱정은 한방에 사라진다. 남편을 위해 국화주, 인삼주, 머루주, 포도주도 담가보자.

9월의 채소　고구마, 아욱, 풋콩, 토란, 느타리버섯, 당근, 붉은고추, 속음배추, 양배추

9월의 해산물　고등어, 미꾸라지, 삼치, 오징어, 장어, 생다시마, 갈치, 가오리

9월의 과일　배, 사과, 포도, 석류, 무화과

9월에 맛있는 제철식품

제철 맛나는 재료들이 다른 때 보다 많은 달이다.
고등어도 살이 올라 기름이 흐르고, 새우, 낙지도
맛이 좋다. 조리법의 다양성을 살려 여름동안
잃었던 입맛을 찾아보자.

채소

고구마

식물성 섬유가 많아 변비에 효과가 있고, 수지 성분이 있어서 배설을 촉진시킨다. 고구마를 먹으면 피부가 고와진다고 알려져 있는 것도 바로 변통을 좋게 하는 성질 때문이다. 주성분은 당질이므로 비만증, 고혈압, 당뇨병, 심장질환을 앓는 사람은 안 먹는 것이 좋다.

아욱

입맛을 잃기 쉬운 여름철에 권한만한 알칼리성 식품. 시금치보다 단백질이 거의 2배, 지방은 3배, 칼슘은 2배나 더 많이 함유한 식품이 아욱이다. 성장기 아이들에게 훌륭한 영양식품이며 열량이 낮아 다이어트에도 매우 좋은 식품이다. 새우와 궁합이 맞는다.

풋콩

단맛이 나서 어린이 영양간식으로 많이 이용된다. 콩깍지가 볼록하고 속의 콩이 크며 짙은 청색인 것이 좋은 것이다. 열량이 낮아 포만감을 주므로 다이어트식으로 제격이다. 국수와 함께 조리해 먹으면 탄수화물 대사를 원활하게 해주어 건강에 좋다.

토란

주성분은 당질, 단백질이지만 칼륨도 풍부하게 들어 있다. 토란의 미끈거리는 성질은 갈락틴이라는 낭실 때문인데, 소화성은 좋지 않지만 뱃속의 열을 내리고 간장과 신장을 튼튼히 해주며 노화방지에 효과를 나타낸다. 토란은 생으로 먹으면 중독 증세를 보일 수 있다.

느타리버섯

느타리버섯은 칼로리가 매우 낮고 섬유소와 수분이 풍부해 포만감을 주며, 대장 내에서 콜레스테롤 등 지방의 흡수를 방해하여 비만을 예방하는 건강다이어트 식품이다. 갓의 표면에 회색빛이 돌고 뒷면의 빗살무늬가 선명하며 흰빛을 띠는 것이 신선하다.

당근

당근에 함유된 카로틴은 우리 몸 안에서 비타민A로 바뀐다. 카로틴 외에도 비타민 E를 제외한 거의 모든 비타민과 철분, 칼슘, 칼륨 등이 균형 있게 들어있다. 당근은 붉은색이 도는 것이 더 달고, 손으로 잡아 묵직한 느낌이 들고 껍질이 매끈한 것이 좋다.

붉은고추

풋고추가 햇볕을 받아 잘 자라면 붉은고추가 된다. 붉은고추에는 비타민A와 캡사이신이 다량 함유되어 있어 항산화기능이 뛰어나며 혈액 속 콜레스테롤을 배출하여 혈압을 저하시키는데 도움이 된다. 꼭지가 신선하고 피가 두껍고 통통하며 속씨가 적은 것이 좋다.

솎음배추

배추류는 침의 분비를 원활히 하고 장자 안에서의 소화를 도우며 내장의 열을 내리게 하는 작용을 한다. 또한 배추는 변비에 좋은 식품인데, 그것은 부드러운 섬유질이 있기 때문이다. 비타민C와 칼슘이 풍부한 것도 영양상의 특징이다.

양배추

위를 보호해주는 비타민U가 많이 들어 있고 칼슘, 칼륨도 풍부한 알칼리성 식품. 생으로도 먹고 익혀서도 이용한다. 저지방·저열량 식품이며 식이섬유소 함량이 많아 포만감을 주어 식사량을 줄여준다. 풍부한 식이섬유소는 장운동을 활발하게 하여 변비도 예방한다.

생다시마

칼륨과 라미닌이라는 혈압저하 물질이 들어 있어 고혈압 예방에 좋다. 다시마 속 알긴산은 콜레스테롤을 저하시키고, 풍부한 식이섬유소는 배변의 양을 늘리고 장의 통과속도를 빠르게 하여 변비에 도움을 준다. 거무스름하고 육질이 통통한 것이 좋다.

갈치

단백질 함량이 높고 지방이 알맞게 들어 있어 맛이 좋다. 갈치는 우리나라 주요 어종의 하나로 서민에게 친숙한 생선인데, 칼슘에 비해 인의 함량이 많은 산성식품이므로 채소를 곁들여 먹는 것이 좋다.

미꾸라지

우수한 단백질이 많고 칼슘과 비타민A, B₂, D가 풍부한 강장·강정식품이다. 또 뼈째먹을 수 있는 칼슘원으로도 이상적이어서 여름철이면 보양음식으로 사랑받는다. 미꾸라지는 내장을 따뜻하게 하고 피의 흐름을 좋게 하며 빈혈에도 효과가 뛰어나다.

삼치

고기 맛이 좋고 가격이 저렴해 고등어, 꽁치와 함께 우리 식탁에 자주 오르는 생선. 단백질을 비롯한 각종 영양소가 풍부하다. 혈압을 내리는 효과가 있는 칼륨도 많이 함유하고 있어 고혈압 예방에 좋다. 지방이 비교적 많은 편이지만 소금구이나 회로 많이 먹는다.

고등어

우리나라 전 연안에 분포되어 있는 등푸른 생선의 대표격. 값이 쌀 뿐만 아니라 몸에 좋은 양질의 단백질을 함유하고 있고 EPA, DHA와 각종 영양소가 풍부하여 자라나는 아이들에게 좋은 식품이다. 가을고등어가 가장 맛이 좋다.

장어

더위에 지친 여름철 건강식으로 우리나라뿐 아니라 서양에서도 즐겨먹는 생선. 장어의 단백질은 그 영양가가 매우 높으며 지방을 구성하는 불포화지방산은 모세혈관을 튼튼하게 해준다. 비타민E도 풍부해 혈관에 활력을 불어넣고 노화도 방지한다.

가오리

간재미라고도 불린다. 국산은 배가 흰색이고 등이 황갈색인데 수입산은 배가 검정색이고 등이 담황색이며, 국산은 꼬리가 가늘고 긴 반면 수입산은 꼬리가 통통하고 짧다. 가오리의 살과 간에는 성인병 예방 성분이 들어 있다.

포도

비타민과 유기산이 풍부하여 과일의 여왕이라 불린다. 피로하거나 갈증이 날 때 먹으면 피로회복에 도움이 되지만 칼로리가 높으므로 너무 많이 섭취하지 않도록 한다.

배

펙틴이 풍부해 혈중 콜레스테롤 수치를 낮춰주고 변을 부드럽게 해주어 변비를 예방한다. 칼로리가 낮아 비만인 사람에게 좋은 과일이며 육류와 잘 어울리는 과일이다.

사과

껍질에는 퀄세틴이라는 성분이 있어 항산화작용이 뛰어나며 항바이러스, 항균작용에 도움이 된다. 변비와 설사에 모두 효능을 발휘하는 과일. 껍질에 광택이 있고 단단한 것을 고른다.

석류

씨앗을 싸고 있는 막에 천연 에스트로겐 성분이 함유되어 있어 갱년기 여성에게 아주 좋은 과일이다. 다양한 비타민이 함유되어 있어 감기예방에도 좋고 다이어트에도 도움이 된다.

무화과

돼지고기를 먹은 다음에 먹으면 소화를 돕는다. 펙틴이 풍부해 변비에 좋고, 피신이라는 효소가 소화 작용을 촉진하지만, 다이어트 시 많이 먹으면 좋지 않다. 오래 보관하기 힘들므로 말려서 보관한다.

▽ 장어부추탕

재료　장어 2마리, 조선부추 100g, 달걀 2개, 대파 1뿌리, 붉은고추·청양고추 1개씩, 소금·후춧가루 약간씩 ┊장어 육수향신채┊대파잎 2개, 양파 1/2개, 생강 1쪽, 마늘 3쪽, 통후추 3알

1 장어는 등 쪽에 길게 칼집을 넣어 넓게 펴고 내장을 뺀 다음 깨끗이 씻는다. 뼈를 발라 낸 장어살을 3cm 길이로 자르고 뼈는 10cm 길이로 토막낸다.

2 우묵한 냄비에 장어뼈와 머리를 담고 물을 넉넉히 부어 중불에서 향신채를 모두 넣고 1시간 정도 푹 고아 육수를 만든다.

3 육수를 체에 밭쳐 맑은 육수만 받은 후 장어살을 넣고 소금, 후춧가루로 간을 해서 끓인다.

4 조선부추는 3cm 길이로 썰고, 달걀은 알끈을 제거해 풀어서 함께 섞어 놓는다.

5 대파는 굵게 채썰고 붉은고추와 청양고추는 잘게 채썰어 씨를 털어 준비한다.

6 국물이 뽀얗게 끓으면 대파와 고추를 넣고 부추를 넣은 달걀물을 줄알 쳐서 넣은 후 한소끔 끓여 완성한다.

▽ 오징어맑은탕

재료　오징어 1마리, 무 100g, 북어육수 3컵, 쪽파·미나리 70g씩, 생강즙 1/2작은술, 다진마늘·액젓 1큰술씩, 소금·후춧가루 약간씩

1 오징어는 손질한 후 먹기 좋게 썬다.

2 무는 나박나박 썰어 북어육수에 넣고 한소끔 끓인다.

3 국물이 끓으면 오징어를 넣고 다시 끓인다.

4 미나리와 쪽파, 생강즙, 마늘을 넣고 액젓과 소금·후춧가루로 간한다.

오징어강된장찌개

재료   오징어 1마리, 양파 1/2개, 감자 1개, 애호박 1/3개, 대파 1/2뿌리, 붉은고추 1/2개, 청양고추 2개
¦국물¦ 다진마늘·참기름 1큰술씩, 된장 2큰술, 고추장 1큰술, 다시마멸치국물 3컵

1 오징어는 껍질과 내장을 제거하고 잘 씻어 잘게 다진다.
2 양파와 감자, 애호박은 사방 1cm 정도로 깍둑 썰고 대파와 청양고추, 붉은고추는 송송 썬다.
3 냄비에 참기름을 두르고 다진 마늘을 볶다가 오징어와 된장, 고추장을 넣어 볶는다.
4 육수 1컵을 부어 끓이다가 채소를 모두 넣고 나머지 육수를 부어 국물이 자작하게 졸아들 때까지 끓인다.

🥢 버섯해파리무침

재료　해파리 200g, 느타리버섯 100g, 오이 1/2개, 붉은고추 1개, 소금 약간 ┊ 마늘겨자양념장┊ 발효겨자 1큰술반, 다진 마늘·레몬즙·설탕 1작은술씩, 식초·꿀 1큰술씩, 후춧가루 약간, 소금 1/2작은술, 물 2큰술

1 해파리는 채썬 것으로 구입해서 찬물에 1시간 이상 담가 소금기를 빼고 깨끗하게 씻는다.

2 씻어 놓은 해파리에 팔팔 끓는 물을 부은 후에 찬물에 헹궈 물기를 빼서 냉장고에 잠시 두어 차게 한다.

3 느타리버섯은 결대로 굵게 찢는다. 오이는 소금에 문질러 씻어 4cm 길이로 돌려 깎아 채썬 다음 소금물에 헹궈 건져 물기를 꼭 짠다.

4 붉은고추는 씨를 털어내고 4cm 길이로 곱게 채썬다.

5 분량의 재료를 고루 섞어 농도를 맞춰 새콤달콤한 양념장을 만든다.

6 차게 해둔 해파리, 느타리버섯, 오이, 붉은고추를 섞어 접시에 담고 먹기 직전에 마늘겨자양념장을 뿌린다.

🥢 오징어불고기

재료　오징어 1마리, 양파 1/4개, 붉은고추 1개, 실고추·통깨· 굵은소금 약간씩 ┊ 불고기양념장┊ 고추장 1큰술반, 간장·참기름 1작은술씩, 설탕·다진마늘·청주 1큰술씩, 다진파 2큰술, 다진 생강·후춧가루 약간씩

1 오징어는 굵은소금으로 문질러 껍질을 벗기고 깨끗하게 씻어 물기를 뺀다.

2 오징어 몸통 안쪽에 촘촘하게 칼집을 넣고 사방 4cm 크기로 썬다. 오징어 다리에도 칼집을 넣어 5cm 길이로 썬다.

3 양파와 붉은고추는 채썰고 실고추는 짧게 끊어 준비한다.

4 그릇에 분량의 불고기양념장 재료를 넣어 골고루 섞는다.

5 양념장에 오징어와 양파를 넣고 버무려 잠시 재운다.

6 오징어에 양념장이 스며들어 간이 배면 달군 팬에 기름을 두르고 오징어와 양파를 재빨리 볶아 익힌다.

7 붉은고추, 통깨, 실고추를 뿌려서 완성한다.

🥄 고등어김치찜

재료 고등어 1마리, 김치 1/4포기, 양파 1/4개, 대파(흰 부분) 5cm, 설탕 1/2작은술, 청주 1큰술, 고춧가루 1큰술, 소금·후춧가루 약간씩, 물 1컵, 김치국물 3큰술

1 손질한 고등어는 소금물에 씻어 물기를 빼고, 어슷하게 토막낸다.
2 김치는 속을 털어내고 준비한다.
3 양파는 2cm 두께로 채썰고 대파는 어슷 썬다.
4 냄비에 고등어와 속을 털어낸 김치를 포기째 담고, 양파, 대파, 설탕, 청주, 고춧가루, 소금, 후춧가루, 물, 김치국물을 넣어 김치가 무르도록 푹 끓인다.

🥄 양배추오징어튀김

재료 양배추 1/6통, 적채 1/4개, 오징어 1마리, 코코넛가루 약간, 식용유 적당량
┆튀김반죽┆달걀 1개, 튀김가루 1컵, 우유 1/2컵, 물 적당량, 소금·후춧가루 약간씩
┆소스┆간장 2큰술, 물·레몬즙 1큰술씩, 설탕 약간

1 양배추와 적채는 한 잎씩 떼어내어 깨끗이 씻은 후 굵직하게 썰어 물에 담가 둔다.
2 오징어는 내장을 제거하고 껍질을 벗겨 손질한 후 동그랗게 썰어 둔다.
3 달걀, 튀김가루, 우유, 물을 넣고 잘 섞은 후 소금, 후추로 간해 튀김반죽을 만든다.
4 반죽에 손질한 오징어, 양배추, 적채를 넣어 잘 섞는다.
5 튀김기름 온도가 170℃ 정도 되면 준비한 재료를 조금씩 넣어 노릇하게 튀긴다.
6 접시에 튀김을 담아 코코넛가루를 적당히 올리고 소스를 만들어 곁들인다.

삼치마요네즈구이

재료　삼치 400g, 소금·후춧가루 약간씩, 마늘 4쪽, 포도씨오일 1큰술, 레몬즙·파슬리가루 약간씩 ¦ **마요네즈소스** ¦ 마요네즈 4큰술, 설탕 2큰술, 씨겨자 1큰술, 후춧가루 약간

1 구이용으로 손질한 삼치에 소금과 후춧가루를 뿌려 밑간한다.
2 마요네즈와 설탕, 씨겨자 등 분량의 재료를 섞어 마요네즈소스를 만든다.
3 마늘은 편으로 썰어 포도씨오일을 두른 팬에 노릇하게 구워 놓는다.
4 팬에 삼치를 넣고 앞뒤로 노릇하게 굽는다.
5 삼치 겉면이 익으면 마요네즈소스를 골고루 바른 다음 한 번 더 굽는다. 이때 마요네즈소스가 안쪽까지 스며들도록 덧바르며 굽는다.
6 잘 구워진 삼치를 접시에 담고 구운 마늘과 레몬즙, 파슬리가루를 뿌려 낸다.

삼치에 소스 발라 굽기

마요네즈소스 만들기

이.달.의.밥.상

🥢 즉석겉절이

재료　숨음배추 300g, 대파 1뿌리, 미나리·소금 약간씩 ┊**양념장**┊ 참치액(또는 국간장)·까나리액젓·설탕·다진마늘 1큰술씩, 고운고춧가루 3큰술, 다진생강·소금 약간씩

1 숨음배추는 손으로 찢어 소금을 뿌려 절인다.
2 대파는 어슷하게 채썰고 미나리는 2cm 길이로 썬다.
3 분량대로 양념장 재료를 섞어 고춧가루를 불려 놓는다.
4 숨음배추를 물에 헹궈 건진 후 대파, 미나리와 함께 먹기 직전 양념에 버무린다.

🥢 하얀닭볶음

재료　닭 1마리, 다진생강 약간, 양파 1/2개, 마른고추 5개, 청양고추 2개, 대파 1뿌리, 다시마물 3큰술, 맛술 2큰술, 청주 1큰술, 소금 약간, 참기름 1/2큰술, 통깨 약간 ┊**닭밑간**┊ 다진마늘 2큰술, 소금 약간, 후춧가루 1작은술

1 닭은 부위별로 알맞게 토막내어 찬물에 담가 핏물을 빼고 깨끗하게 씻어 건진다.
2 손질한 닭을 다진마늘과 소금, 후춧가루로 밑간한다.
3 양파는 굵게 채썬다. 마른고추는 가위로 큼직하게 잘라 씨를 뺀다.
4 청양고추는 어슷하게 채썰고, 대파는 1cm 굵기로 송송 썬다.
5 팬에 기름을 약간 두르고 다진생강, 양파, 마른고추를 볶아 매운 향이 나면 밑간한 닭을 수분을 빼고 넣어 볶는다.
6 ⑤에 다시마물과 맛술, 청주를 넣어 중불에서 계속 볶아가면서 익힌다.
7 불을 약하게 줄여서 닭 속까지 익힌 다음 소금으로 마지막 간을 맞춘다.
8 청양고추, 대파, 참기름을 넣어 버무리고 통깨를 뿌린다.

🥢 멸치뽁장

재료　도토리묵 1모, 뜨거운 밥 4공기, 상추 50g, 파프리카 1/2개 ┊**멸치뽁장**┊ 잔멸치 1/4컵, 양파 1/2개, 된장 3큰술, 고추장 1큰술, 꿀 2큰술, 쌀뜨물 1/2컵, 청양고추 2개

1 잔멸치는 팬에 볶아 비린맛을 없애고 양파는 잘게 다진다.
2 양파와 잔멸치를 된장, 고추장, 꿀에 버무려 쌀뜨물을 붓고 끓으면 송송 썬 청양고추를 넣어 바특하게 끓여 뽁장을 만든다.

Tip **묵밥 만드는 법** ···→ 뜨거운 밥 위에 상추를 올리고, 길쭉길쭉 묵을 썰어 올린 다음 다진파프리카와 깨소금을 뿌리세요.

삼치아몬드강정

재료　삼치 1/2마리, 소금·후춧가루 약간씩, 녹말가루·찹쌀가루 2큰술씩, 아몬드 슬라이스 1/2컵, 포도씨오일 약간 ┊ **강정소스** ┊ 고추장 4큰술, 올리브오일·물엿·청주·케첩 1큰술씩, 설탕 3큰술, 간장 1작은술, 다진마늘·다진 아몬드 약간씩, 후춧가루·참기름 약간씩

1 삼치는 반 갈라 먹기 좋은 크기로 잘라 핀셋으로 가시를 제거한 다음 소금과 후춧가루로 밑간한다.
2 녹말가루와 찹쌀가루를 섞은 다음 밑간한 삼치 겉면에 골고루 묻힌다.
3 포도씨오일을 두른 팬에 삼치를 노릇하게 지진다.
4 다른 팬에 포도씨오일을 두르고 강정소스 재료를 넣어 끓인다. 여기에 지져 놓은 삼치를 넣어 재빨리 버무린다.
5 삼치강정을 그릇에 담고 아몬드 슬라이스를 얹어 완성한다.

🥄 고구마그라탱

재료 고구마 2개, 양파 1/4개, 양송이 3개, 브로콜리 50g, 소금 약간, 파슬리·버터 적당량씩, 다진모짜렐라치즈 3큰술, 빵가루 2큰술 ┊베샤멜소스┊ 버터·밀가루 1큰술반씩, 육수 1컵, 우유 1/2컵, 월계수잎 1장, 소금 약간, 흰후춧가루 약간

1 고구마는 깨끗이 씻어 큼직하게 썰고 김 오른 찜통에 올려 찐다.

2 양파는 반 갈라 채썰고, 양송이는 껍질을 벗겨 모양대로 썬다.

3 브로콜리는 한 송이씩 떼어 끓는 물에 데친다.

4 팬에 기름을 두르고 양파와 양송이를 넣고 소금간을 하면서 볶는다.

5 냄비를 불에 올려 뜨거워지면 버터를 녹이면서 밀가루를 넣고 볶는다.

6 밀가루가 노르스름하게 볶아지면 육수를 부어 묽게 풀고 한소끔 끓이면서 우유를 붓는다. 소스가 다 끓으면 월계수잎을 넣어 향을 낸 뒤 소금, 흰후춧가루로 간을 한다.

7 그라탱 그릇에 버터를 녹여 바르고 찐고구마와 양파, 양송이, 브로콜리를 넣고 베샤멜소스를 붓고 다진치즈와 빵가루를 뿌려서 180℃의 오븐에 넣고 굽는다. 치즈가 녹으면 꺼내서 다진파슬리를 뿌린다.

🥄 고구마닭조림

재료 고구마 150g, 닭고기 50g, 브로콜리·당근 50g씩, 곤약 30g, 표고버섯 2개 ┊닭고기양념┊ 간장 1작은술, 청주·생강즙 1큰술씩 ┊조림양념┊ 간장 2큰술, 설탕·청주 1큰술씩, 물 3/4컵

1 고구마는 적당한 크기로 비져서 물에 담가 녹말기를 뺀다.

2 닭고기는 물에 씻어 큼직하게 토막 낸 다음 간장과 생강즙, 청주에 잰다.

3 브로콜리는 한 줄기씩 떼어 소금물에 파랗게 데친다.

4 곤약은 끓는 물에 데쳐 고구마 크기의 삼각형으로 썬다.

5 표고버섯은 미지근한 물에 불렸다가 사방 1cm 크기로 썬다. 당근은 얇게 썬 다음 꽃모양 틀로 찍어서 준비한다.

6 냄비에 기름을 두르고 닭고기를 볶다가 고구마와 당근, 버섯, 곤약을 넣고 조림양념을 넣어 조린다.

7 윤기나게 조려지면 브로콜리를 넣고 한 번 더 뒤적인다.

고구마 녹말기 빼기

닭고기 밑간하기

조림장 부어 조리기

느타리간장소스 두부구이

재료 두부 1/2모, 소금 1/3작은술, 올리브오일 1큰술 ┃ **버섯소스** ┃ 느타리버섯 50g, 굴소스 1작은술, 다진마늘 1/3작은술, 물 1/5컵, 진간장 1큰술, 참기름 2작은술, 녹말물 2작은술, 통후추 1작은술

1 두부는 큼직하게 네모지게 잘라 물기를 닦은 후 소금을 약간 뿌려 간한다.

2 달군 팬에 올리브오일을 두르고 느타리버섯을 볶는다. 소금을 살짝 뿌려 간한다.

3 ②에 굴소스, 마늘을 넣어 볶다가 물을 붓고 한소끔 살짝 끓인다. 여기에 진간장과 참기름, 녹말물, 굵직하게 으깬 후추를 넣고 맛을 더해 중국식 버섯소스를 만든다.

4 밑간한 두부를 앞뒤로 노릇하게 구워 접시에 담고 버섯소스를 듬뿍 끼얹는다.

버섯잡채

재료 표고버섯·목이버섯 4장씩, 느타리버섯·쇠고기 80g씩, 오이 1개, 당근 1/4개, 양파 1/3개, 잣가루 약간 ┃ **양념** ┃ 간장 1큰술반, 설탕·다진파 2작은술씩, 다진마늘 1작은술, 깨소금·참기름 1/2작은술씩, 소금·후춧가루 약간씩

1 표고버섯은 불려서 기둥을 떼고 곱게 채 썬다. 느타리버섯은 끓는 물에 소금을 약간 넣고 데쳐 곱게 찢는다.

2 불린 목이버섯은 손질하여 씻은 후 곱게 채썰고 쇠고기도 채썰어 준비한다.

3 오이, 당근, 양파는 채썰어 준비한다.

4 분량의 재료를 섞어 양념장을 만들어 표고버섯, 느타리버섯, 쇠고기에 각각 넣고 버무린다.

5 팬에 기름을 두르고 준비한 버섯과 채소를 각각 볶는다.

6 볶은 재료를 모두 섞어서 고루 버무리고 잣가루를 뿌린다.

🥄 느타리버섯볶음

재료　느타리버섯 300g, 노랑 파프리카 1/3개, 올리브오일 1큰술, 검은깨·참기름 1작은술씩,
소금 1/2작은술

1 버섯은 끓는 물에 살짝 데친 후 결대로 굵직하게 찢는다.
2 파프리카는 반 갈라 씨를 털어낸 후 곱게 채썬다.
3 달군 팬에 올리브오일을 두르고 버섯과 파프리카를 넣어 볶다가 검은깨와 참기름을 넣어 맛
을 낸 후 소금으로 간을 맞춘다.

자반고등어튀김조림

재료　자반고등어 1마리, 당근 1/2개, 셀러리 1/2대, 실파 4뿌리, 녹말가루·튀김가루 적당량씩, 녹말물(물·녹말가루 1/2큰술씩) **| 자반고등어밑간 |** 청주 1큰술반, 생강즙 1작은술 **| 케첩소스 |** 토마토케첩·식초 2큰술씩, 설탕 1큰술, 생강즙 1작은술

1 자반고등어는 쌀뜨물에 담가 소금기를 뺀 다음 건져 큰 가시를 발라내고 적당한 크기로 썰어 밑간한다.

2 당근과 셀러리는 4㎝ 길이로 곱게 채썰어서 물에 담갔다 건져 물기를 뺀다. 실파는 송송 썬다.

3 토막낸 고등어에 녹말가루를 묻혀서 170℃의 기름에 노릇하게 튀긴다.

4 냄비에 케첩소스를 넣고 끓이다가 녹말물을 넣어서 걸쭉하게 끓여 튀긴 고등어에 끼얹고 채소와 실파를 얹어 낸다.

쌀뜨물에 자반고등어 담그기

튀김옷 입히기

분마기에 들깨 갈기

느타리버섯 데치기

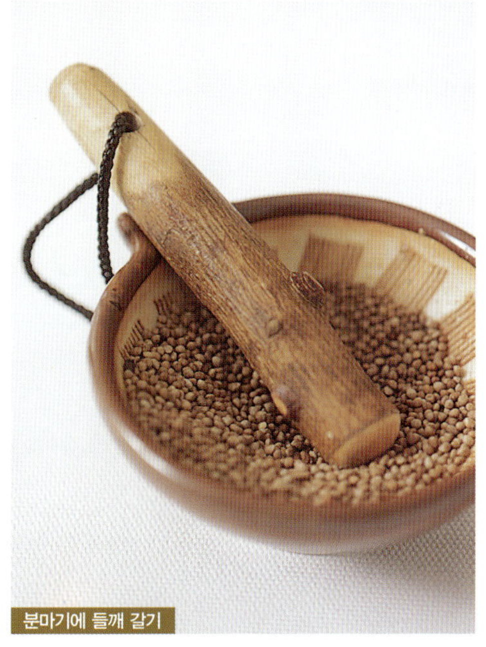

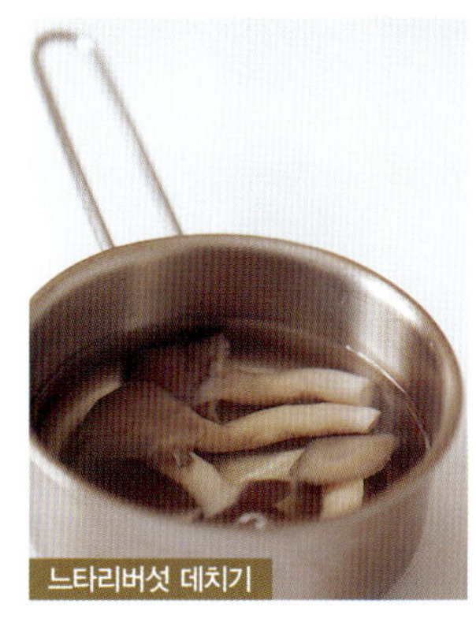

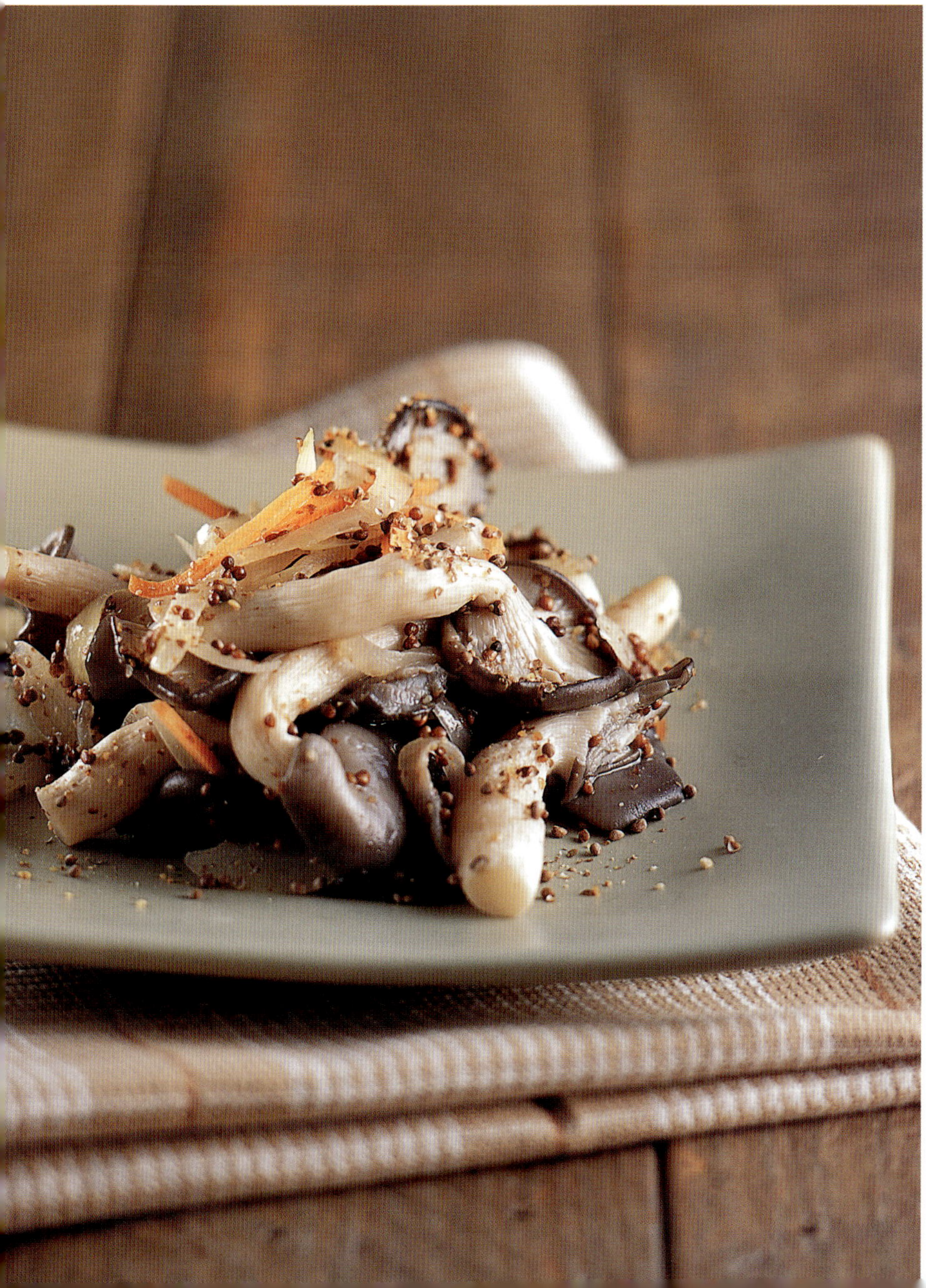

느타리버섯 들깨나물

재료 느타리버섯 200g(1팩 정도), 양파 1/4개, 당근 1/6개, 들기름 1큰술, 국간장 2작은술, 들깨 2큰술

1 들깨는 분마기에 살짝 갈고 양파와 당근은 손질하여 굵직하게 채썬다.
2 끓는 물에 느타리버섯을 넣고 살짝 데친 후 얼른 찬물에 담가 헹군 후 물기를 뺀다.
3 팬에 들기름을 두르고 양파와 당근을 넣어 볶다가 데친 느타리를 넣고 볶는다.
4 국간장으로 간을 맞춘 후 들깨를 넣어 맛과 향을 더한다.

🥄 토란고기찜

재료　토란 400g, 쌀뜨물 적당량, 쇠고기 100g, 밤 4개, 불린 표고버섯 2개, 당근 1/2개, 무 100g, 대추 8개, 물 1컵┊**고기양념**┊ 다진파·간장 1큰술반씩, 다진마늘 1/2큰술, 깨소금 1작은술, 참기름·깨소금 약간씩 ┊**양념장**┊간장 3큰술, 다진파 2큰술, 다진마늘·참기름·깨소금 1큰술씩, 후춧가루 약간

1 토란은 껍질을 벗기고 쌀뜨물에 삶아서 건져 둔다.
2 쇠고기는 고기양념에 재고, 밤은 껍질을 벗겨 반 자른다.
3 표고버섯은 4등분하고, 당근은 2㎝ 두께로 썰어 모서리를 도려낸다.
4 무는 2㎝ 두께로 썰어 4등분하여 모서리를 도려낸 후 끓는 물에 데치고 대추는 씨를 바른다.
5 삶은 토란에 일자로 칼집을 넣고 고기소를 넣어 채운다.
6 분량의 재료를 고루 섞어 양념장을 만든다.
7 냄비에 고기소 채운 토란, 무, 당근, 밤, 표고, 대추를 넣고 양념장을 얹어 고루 섞은 후, 물 1컵을 붓고 끓인다.

🥄 토란조림

재료　토란 400g, 표고버섯 3개, 당근 100g, 마른고추 1개, 은행 10알, 물 적당량 ┊**간장양념**┊ 간장 4큰술, 설탕·청주·다진파 2큰술씩, 다진마늘·깨소금·참기름 1큰술씩, 후춧가루 약간

1 토란은 작은 것으로 준비하여 껍질을 벗기고 소금을 조금 넣은 물에 살짝 삶아 건진다.
2 표고버섯은 미지근한 물에 불려 기둥을 떼어낸 후 갓만 4~6 등분한다. 당근은 토란과 비슷한 크기로 동그랗게 자른다.
3 마른고추는 씨를 털어낸 후 어슷 썬다. 은행은 달군 프라이팬에 기름을 두르고 살살 굴리며 볶아서 껍질을 벗긴다.
4 분량의 재료를 섞어 간장양념을 만든다.
5 냄비에 토란, 표고버섯, 당근, 은행, 마른고추를 넣고 간장양념을 2/3 정도 고루 끼얹어 물을 자작하게 부어서 끓인다.
6 재료가 끓으면 불을 줄이고 나머지 간장양념을 넣어 뒤적여 가며 조린다.

🥄 아욱된장나물

재료　아욱 200g, 된장 1큰술반, 참기름 1큰술, 소금 약간, 통깨 1/2큰술

1 아욱은 줄기에서 잎 쪽으로 겉껍질을 벗긴 후 적당한 길이로 자른다.
2 끓는 물에 아욱을 살짝 데친 후 찬물에 헹궈 물기를 뺀다.
3 넓은 그릇에 아욱을 담고 된장과 참기름을 넣어 무친다.
4 모자라는 간은 소금으로 맞춘다. 통깨를 갈아넣어 향을 더한다.

🥣 아욱국

재료　아욱 150g(1단), 마른새우 1/2컵, 국간장 1큰술, 다진마늘 2작은술, 대파 1뿌리, 소금 약간 ┆육수양념┆멸치다시마 국물 6컵, 된장 2큰술반

1 골이 있는 볼에 억센 줄기 부분 4~5cm 만 남기고 껍질을 벗긴 아욱을 담아 찬물에 빨래하듯 주물러 씻어 초록물을 뺀다.
2 멸치다시마국물에 된장을 체에 걸러 푼다.
3 새우의 가루를 털어낸 후 ②에 넣어 한 소끔 끓인다.
4 끓으면 아욱을 넣고 국간장, 마늘을 넣어 간한 후 중불에서 뭉근히 끓인다.
5 대파를 어슷 썰어 넣고 소금으로 간 한다.

추석 상차림

🥣 토란국

재료　토란 400g, 쌀뜨물 적당량, 쇠고기(양지머리) 100g, 다시마 10~15cm, 대파 1뿌리, 소금 1큰술, 후춧가루 약간, 물 6~8컵(3번에 나누어 넣을 분량)｜**쇠고기양념**｜국간장·다진마늘 1큰술씩, 후춧가루 1/2작은술, 참기름 1/2큰술

1 토란은 쌀뜨물에 소금을 넣어 데치고 양지머리는 결 반대 방향으로 납작하게 썰어 쇠고기양념에 무친다.
2 냄비에 양념한 쇠고기와 토란을 넣고 볶는다.
3 ②에 끓는 물을 자작하게 붓고 끓인다. 끓어오르면 물을 좀 더 붓고 다시마를 넣어 한 번 더 끓인다.
4 다시마를 건져서 2×3cm로 썰고, 대파는 4cm 길이로 어슷 썰어 나머지 물과 함께 한소끔 더 끓인다.
5 대접에 토란국을 담고 후춧가루를 조금 뿌려 낸다.

🥣 갈비찜

재료　쇠갈비 2kg, 무 200g, 당근·밤 100g씩, 대추 30g, 은행 10개, 꿀 2큰술, 참기름 1큰술, 잣가루 적당량｜**고기 삶는물**｜마늘 6쪽, 생강 1쪽, 양파 1개, 대파 1뿌리, 통후추 1큰술, 마른고추 2개, 매실주 1/3컵, 물 10컵｜**양념장**｜간장·조청 5큰술씩, 국간장·생강즙 1큰술씩, 매실주 3큰술, 배즙·양파즙·무즙·북어머리육수 1컵씩, 다진마늘 2큰술, 마른고추 3개, 후춧가루 약간

1 갈비를 찬물에 담가 핏물을 뺀 후 고기 삶는 물을 끓여 갈비에 핏기가 가실 정도로만 데친 후 찬물에 씻어 건진다. 육수는 면보에 밭쳐 걸러 놓는다.
2 무와 당근은 밤보다 약간 크게 잘라 모서리를 둥글게 다듬고, 밤·대추와 함께 데쳐 둔다.
3 갈비는 기름기를 떼어내고 곳곳에 칼집을 넣는다.
4 양념장을 만들어 손질한 갈비를 넣고 2시간 정도 재운다.

5 갈비를 압력밥솥에 넣고 뚜껑을 덮어 센불에서 끓인다. 추가 흔들리기 시작하면 중불로 줄여 5분 정도 더 익힌 후 불을 끄고 김이 자연히 다 빠질 때까지 둔다.
6 밥솥 뚜껑을 열고 데쳐 놓은 무, 당근, 밤, 대추를 넣어 뒤적여가며 졸인다.
7 갈비에 진한 갈색빛이 돌면서 양념이 거의 졸면 참기름과 꿀을 두르고 잣가루를 뿌린다.

🍴 삼색나물

고사리나물

재료 고사리 400g, 국간장 4큰술, 진간장 1큰술, 다진마늘 1큰술씩, 식용유·물 약간씩, 다진파 1큰술, 참기름 1/2큰술, 깨소금 약간

1 고사리는 끓는 물에 부드러워질 때까지 삶아 헹군 다음 고사리에 두 가지 간장을 넣고 조물조물 무친다.

2 식용유를 두른 팬에 마늘을 볶다가 고사리를 넣고 뚜껑을 덮는다. 중간에 뚜껑을 열어 적당량의 물을 붓고 물이 다 졸 때까지 볶아 다진파, 참기름, 깨소금을 넣어 무친다.

도라지나물

재료 도라지 400g, 설탕 2큰술, 소금 적당량, 다진마늘 1/2큰술, 식용유 약간, 참기름·통깨 1/2큰술씩, 다진파·실고추 약간씩

1 통도라지 껍질을 벗기고 4~5cm 길이로 채썰어 소금과 설탕을 넣은 끓는 물에 데친 뒤 찬물에 담갔다 건진다.

2 도라지에 소금과 다진마늘을 넣고 충분히 주무른다.

3 팬에 식용유를 두르고 도라지를 볶다가 참기름, 통깨, 다진파, 실고추 등으로 양념한다.

시금치나물

재료 시금치 400g, 굵은소금 적당량 ┊**양념**┊국간장·참기름·깨소금 1큰술씩, 다진마늘 1/2큰술

1 시금치는 밑동을 자르고 깨끗이 씻어서 시금치 양의 5배 정도 되는 끓는 물에 소금을 넣고 2분 정도 데친다.

2 데친 시금치를 찬물에 헹궈 물기를 꼭 짠다.

3 분량의 재료를 섞어 양념을 만들어 시금치에 넣고 조물조물 무친다.

냉동과 해동의 기초 테크닉

채소류

채소는 데쳐서 냉동한다

채소는 날 것을 냉동하면 신선함이 사라질 뿐만 아니라 수분이 얼면서 조직을 파괴해 맛도 떨어지므로 절대 생으로 보관하지 않는다. 살짝 데쳐 물기를 꼭 짠 뒤 냉동해야 한다. 보통 2~6개월 정도 보관이 가능한데 시간이 지날수록 조리했을 때 질감이 질겨진다. 무, 부추, 배추, 양파는 얼리면 색이 변하거나 향이 사라지기 때문에 냉동하지 않는다.
채소를 냉동하지 않을 때는 햄이나 소시지 안에 들어 있는 방부제를 넣어 서늘한 곳에서 보관하면 시들지 않아 오래 두고 먹을 수 있다.

1 냉동했던 채소는 상온에 두면 금세 시들기 때문에 바로 조리하기 쉽도록 조리법에 따라 채썰거나 굵직하게 토막내 밀폐용기에 담아 보관한다.

2 고구마, 당근과 같이 딱딱한 채소는 찐 뒤 굵직하게 토막 내 밀폐용기나 지퍼백에 담아 냉동한다. 시금치, 고사리 등의 각종 나물은 살짝 데쳐 물기를 꼭 짠 뒤 냉동한다. 수분을 많이 포함한 오이는 슬라이스한 후 피클을 만든다.

3 고추와 표고버섯, 마늘 정도가 신선한 상태로 보관할 수 있는 채소다. 향이 사라지거나 색이 변할 수 있으므로 랩으로 1회 사용 분량으로 나눠 싼 뒤 지퍼백에 넣고 공기를 뺀다. 표고버섯은 냉동 상태 그대로 가열조리를 할 수 있도록 미리 기둥을 떼어내고 필요한 형태로 자른 후 물에 젖지 않도록 주의한다.

4 무는 냉동했다 해동하면 사용할 수 없지만 갈아 냉동한 것은 사용이 가능하다. 강판에 간 후 냉동실 얼음 용기에 조금씩 나누어 냉동해두면 필요할 때마다 갈지 않아도 되어 편리하다.

어패류

생선은 용도에 맞게 손질해 냉동한다

생선은 쉽게 부패하기 때문에 아무리 추운 겨울이라도 냉동 보관을 해야 한다. 냉동하기 전 내장은 빼고 물기를 최대한 제거해야 한다. 구이, 조림, 찜 등 조리법에 맞게 적당한 크기로 토막을 낸다. 소금간을 살짝 한 뒤 냉동하면 최대 2개월 정도는 보관이 가능하다.

생선 비린 맛 줄이는 해동법

비닐에 담아 흐르는 물에 담궈 녹이거나 냉장실에 넣어 천천히 해동해야 요리했을 때 생선살이 부서지지 않는다. 전자레인지에 해동하면 시간은 단축할 수 있지만 수분이 빠져나와 요리해서 먹을 때 씹히는 질감이 퍽퍽해진다. 생선 튀김을 할 때는 해동하지 않고 그대로 조리한다.

1 구이용 생선은 올리브유를 발라 냉동하면 공기와 직접 닿지 않으므로 산화가 느려질 뿐만 아니라 건조되지 않는다.

2 조림용 생선은 냉동실에 보관할 때 넓적한 배춧잎에 싸서 보관한다. 생선끼리 달라붙지 않고 배춧잎이 생선보다 먼저 냉동되어 수분이 증발하는 것을 막아 신선하게 보관할 수 있다.

3 한 번 해동한 생선을 다시 냉동하고 또 해동하는 것을 반복하면 산화 속도가 빨라지게 되므로 먹을 만큼만 분리해 냉동한다. 또한 생선 조림은 시간이 지날수록 비린내가 강해진다. 따라서 생선을 조린 후 한 끼 분량씩 나눠 냉동해 두면 항상 신선한 맛의 생선 조림을 먹을 수 있다.

Tip 냉동실은 부패는 막을 수 있지만 산화를 막지는 못하기 때문에 일주일에 한 번씩 체크해 냉동기간은 15일 이상을 넘기지 않도록 하세요.

10월에
참 맛있는
제철음식

10월은 버섯의 계절이다. 느타리버섯·양송이버섯·표고버섯·팽이버섯이 절정을 맞이하는 계절인 만큼 다양한 조리법으로 버섯요리를 즐겨보자. DHA가 풍부해 성장기 아이들에게 꼭 먹여야 하는 꽁치, 고등어가 제철이고 집 나간 며느리를 돌아오게 만든다는 전어가 제맛 나는 달이다. 싱싱한 새우, 연어, 홍합도 놓치지 말자.

토란대와 버섯, 고구마를 말려두는 달이다. 갈치와 대구는 소금에 절이고 무와 고춧잎, 풋고추는 간장에 절여두는 것도 잊지 말자. 명란젓과 대구알젓, 토하젓도 이때 담그고 고춧잎장아찌와 송이장아찌, 가지장아찌도 이 달에 만든다.

10월의 채소　느타리버섯, 양송이버섯, 표고버섯, 팽이버섯, 무, 고들빼기, 단호박, 토란, 당근

10월의 해산물　꽁치, 고등어, 대하, 연어, 홍합, 꽃게, 전어, 미꾸라지, 삼치, 갈치, 낙지, 오징어, 광어(넙치)

10월의 과일　사과, 감, 밤

10월에 맛있는
제철식품

제철 맛나는 재료들이 다른 때 보다 많은 달이다. 고등어도 살이 올라 기름이 흐르고, 새우, 낙지도 맛이 좋다. 조리법의 다양성을 살려 여름동안 잃었던 입맛을 찾아보자.

감 | 사과의 8배에 해당하는 비타민 C를 함유하고 있는 건강식품으로, 예부터 각종 민간 요법의 재료로 쓰였다. 비타민 C가 많아서 감기 예방에 좋고, 비타민 A의 함유량이 높아 당뇨병·고혈압 같은 성인병에 좋다.

밤 | 단백질과 탄수화물이 풍부하여 아이들 성장발육에 좋으며 무기질이 풍부하고 영양이 고루 들어 있어 유아나 회복기 환자에게 도움이 되는 식품이다. 알이 굵고 도톰하며 껍질에 윤기가 흐르는 것을 고른다.

사과 | 사과의 껍질에는 퀄세틴이라는 성분이 있어 항산화작용이 뛰어나며 항바이러스, 항균작용에 도움이 된다. 껍질에 광택이 있고 탄력이 있으며 단단한 것이 좋다. 변비와 설사에 모두 효능을 발휘한다.

느타리버섯

느타리버섯은 칼로리가 매우 낮고 섬유소와 수분이 풍부해 포만감을 주며, 대장 내에서 콜레스테롤 등 지방의 흡수를 방해하여 비만을 예방하는 건강다이어트 식품이다. 갓의 표면에 회색빛이 돌고 뒷면의 빗살무늬가 선명하며 흰빛을 띠는 것이 신선하다.

양송이버섯

버섯 중 단백질 함량이 가장 뛰어난 양송이버섯은 트립신, 아밀라제, 프로테아제 등의 소화효소가 들어 있어 원활한 소화를 돕는다. 무기질과 단백질을 고루 갖춘 종합영양식품 양송이는 갓이 둥글고 두터우며 광택이 나고 전체적으로 흰빛이 나는 것을 고른다.

표고버섯

암 증식을 억제하는 면역력과 암에 대한 저항력이 강한 식품이다. 풍부한 식이섬유소는 배변의 양과 속도를 조절해준다. 색어 선명하고 갓이 너무 피지 않고 주름지지 않는 것을 골라 돼지고기와 함께 조리하면 궁합 맞춘 요리가 된다.

팽이버섯

식이섬유소가 풍부해 혈중 콜레스테롤 수치를 낮춰주므로 동맥경화증을 예방한다. 완샹씨개, 버섯전골 등에 다양하게 이용되는 팽이버섯을 고를 때는 크림색의 갓이 적고 가지런한 것을 고른다. 뿌리부분이 다갈색이거나 줄기가 가는 것은 신선도가 떨어진다.

무

배추와 함께 가장 친숙한 채소 중의 하나. 수분이 90%를 차지하며 비타민C가 풍부하다. 김치류는 물론 각종 요리에 들어가 음식물을 중화시켜주는 작용을 하고 디아스타제라는 소화효소가 음식물의 소화흡수를 돕는다.

고들빼기

고들빼기에는 비타민이 많이 들어 있으며 쓴맛을 내는 사포닌 성분은 위를 튼튼하게 하고 소화기능을 촉진한다. 잠을 쫓는 효과가 있어 수험생에게 유효하며 피부미용에도 도움을 준다. 고들빼기는 뿌리가 굵고 잎이 연한 것을 고른다.

단호박

쪄서 먹으면 달콤해 누구나 좋아하는 영양만점 식품. 죽이나 떡을 만들어 먹기도 한다. 호박에 풍부한 베타카로틴은 체내에서 비타민A로 전환되어 눈 건강에 도움을 주며, 비타민과 무기질도 풍부해 감기예방에 도움이 된다. 색이 짙고 단단한 것을 고른다.

토란

주성분은 당질, 단백질이지만 칼륨도 풍부하게 들어 있다. 토란의 미끈거리는 성질은 갈락틴이라는 당질 때문인데, 소화성은 좋지 않지만 뱃속의 열을 내리고 간장과 신장을 튼튼히 해주며 노화방지에 효과를 나타낸다. 토란은 생으로 먹으면 중독 증세를 보일 수 있다.

고등어

우리나라 전 연안에 분포되어 있는 등푸른 생선의 대표격. 값이 쌀 뿐만 아니라 몸에 좋은 양질의 단백질을 함유하고 있고 EPA, DHA와 각종 영양소가 풍부하여 자라나는 아이들에게 좋은 식품이다. 가을고등어가 가장 맛이 좋다.

꽃게

지방의 함량이 적어 맛이 담백하고 소화성도 좋아 병후 회복기에 있는 사람이나 허약체질, 노인에게 좋은 식품이다. 저지방·고단백을 필요로 하는 비만증·고혈압·간장병 환자에게도 권장할만하다. 게는 산성식품이므로 알칼리성식품과 어울려 먹으면 좋다.

대하

단백질과 칼슘, 각종 비타민이 풍부하게 들어 있는 강장·강정식품이며 각종 성인병에 효과가 있다. 세계적으로 널리 애용되는 식품으로 튀김이나 찜을 하고 국물을 내는데도 이용한다. 껍질에 항암작용을 하는 요소가 있으므로 조리 시 껍질째 이용하면 좋다.

연어

다른 어류에서는 별로 볼 수 없는 비타민A가 풍부하며 해산물로서는 드물게 비타민D가 들어 있다. 위장을 따뜻하게 하여 혈액순환을 촉진하기 때문에 체력이 약한 사람에게 안성맞춤이다. 살색은 투명한 분홍빛을 띠며 소금구이와 버터구이에 많이 이용한다.

홍합

홍합과의 바닷조개로 껍데기는 삼각형에 가까우나 길고 둥글며 두껍다. 단백질은 적은 편이지만 철, 비타민A, B₂의 좋은 보급원이다. 유럽에서는 수프, 찜, 구이 등 다양한 조리법으로 즐긴다.

광어 (넙치)

광어는 쫄깃한 감칠맛에 비린내도 없어 횟감으로 많이 이용된다. 단백질이 잘이 우수하고 지방함량이 적어 비만을 방지하며, 맛이 담백하여 간장질환이 있는 사람이나 당뇨병 환자에게 좋은 식품이다.

갈치

단백질 함량이 높고 지방이 알맞게 들어 있어 맛이 좋다. 갈치는 우리나라 주요 어종의 하나로 서민에게 친숙한 생선인데, 칼슘에 비해 인의 함량이 많은 산성식품이므로 채소를 곁들여 먹는 것이 좋다.

미꾸라지

우수한 단백질이 많고 칼슘과 비타민A, B₂, D가 풍부한 강장·강정식품. 또 뼈째먹을 수 있는 칼슘원이어서 여름철이면 보양음식으로 사랑받는다. 피의 흐름을 좋게 하며 빈혈에도 효과가 있다.

꽁치

질좋은 단백질 함량이 풍부해 가을의 스태미너식품으로 손꼽는다. 영양이 풍부하고 값이 싸서 서민들에게 사랑받는 생선이기도 하다. 껍질과 껍질 바로 밑의 살에 영양성분이 풍부하므로 껍질째 먹는다.

삼치

고기 맛이 좋고 가격이 저렴해 고등어, 꽁치와 함께 우리 식탁에 자주 오르는 생선. 단백질을 비롯한 각종 영양소가 풍부하다. 혈압을 내리는 효과가 있는 칼륨도 많이 함유하고 있어 고혈압 예방에 좋다. 지방이 비교적 많은 편이지만 소금구이나 회로 많이 먹는다.

전어

집 나간 며느리도 돌아오게 한다는 가을 전어는 DHA와 EPA 등 불포화지방산이 풍부해 혈액을 맑게 해줌으로써 성인병을 예방한다. 잔뼈가 많아 먹기 불편한 단점이 있지만 뼈째 먹으면 칼슘을 다량 섭취할 수 있다. 골다공증 예방에도 도움이 되는 생선이다.

낙지

단백질이 풍부하며 동맥경화를 비롯한 각종 성인병에 효과가 있는 타우린이 풍부하게 들어 있는 낙지, 영양도 풍부하지만 쫄깃쫄깃 씹히는 맛이 연체류 중 가장 좋아 매우 인기있는 식품이다. 낙지는 살이 두툼하고 성싱한 것이 좋으며 중간크기가 맛있다.

오징어

사철 내내 시장에 나오지만 가을에 나오는 것이 살이 올라있고 몸통이 단단해 맛있다. 오징어에는 질 좋은 단백질이 어떤 생선류보다 많이 들어있고 타우린도 풍부해 고혈압, 동맥경화, 심장병, 당뇨병, 시력감퇴, 여성의 갱년기장애에 효과를 발휘한다.

오징어다리무국

재료 무 1/5개, 오징어 다리와 귀 2~3마리 분량, 대파 1/2뿌리, 풋고추 1개, 붉은고추 1/2개, 참기름·
다진마늘 1/2큰술씩, 국간장 1큰술, 다시마물 5컵, 소금·후춧가루 약간씩

1 오징어다리는 빨판을 훑어내고 잘 씻어 5cm 길이로 썰고 귀는 먹기 좋은 크기로 썬다.

2 무는 잘 씻어 칼끝으로 껍질을 긁어낸 후 2×3cm 크기로 나박 썬다.

3 대파와 고추는 어슷 썰어 준비한다.

4 냄비에 나박 썬 무와 참기름, 국간장을 넣고 달달 볶아 무를 익힌 후 다시마물을 붓고 끓인다.

5 끓으면 오징어와 다진마늘을 넣어 익힌 후 대파와 고추를 넣고 소금, 후춧가루로 간을 맞춘다.

⛀ 낙지연포탕

재료   낙지 2마리, 무 100g, 대파 1뿌리, 마늘 3쪽, 마른고추 1개, 청주 1큰술, 소금 약간, 청양고추 2개
┊ **탕국물** ┊ 북어머리 2개, 국물멸치 5마리, 생강즙 1/2작은술, 생수 5컵, 다시마(사방 10cm 크기) 2장

1 냄비에 북어머리와 국물멸치를 볶아 비린맛을 없앤 후 생강즙과 생수를 부어 끓인다. 다시마를 사방 2cm
크기로 잘라 넣어 5분 정도 끓여 다시마는 건지고 20분 정도 더 끓여 진한 국물을 만들어 체에 받친다.
2 낙지는 소금을 뿌려 바락바락 주물러 씻어 먹통을 빼내고 헹궈 건진다.
3 무는 사방 3cm 크기로 납작하게 썰고 청양고추와 대파는 굵게 채썬다.
4 마른고추는 가위로 잘게 자르고 마늘은 얇게 저민다.
5 냄비에 탕국물을 붓고 끓으면 무와 대파, 마늘, 마른고추를 넣고 청주를 넣어 끓인다.
6 무가 익으면 소금으로 간하고 낙지를 넣어 한소끔 더 끓인 후 청양고추를 넣는다.

⛀ 낙지배추탕

재료   낙지 2마리, 배춧잎 4장, 마늘 3쪽, 박속 50g, 마른청양고추 1개, 국간장
1작은술, 굵은소금 적당량, 물 3컵

1 낙지는 내장을 제거한 다음 소금 1큰술을 넣어서 바락바락 주물러 씻은 뒤 헹궈
서 찬물에 30분간 담근다.
2 배추는 3×4cm 크기로 썰고 마늘은 저민다.
3 박속은 사방 2.5cm 크기로 나박하게 썬다.
4 뚝배기에 물을 붓고 마른청양고추를 1cm 크기로 잘라 넣어 바글바글 끓이다가
낙지, 배추, 박속을 넣고 마저 끓인 뒤 소금과 국간장으로 간한다.

팽이미소된장국

재료 팽이버섯 1봉지, 쪽파 2뿌리, 다시마 (5×5cm) 1장, 가쓰오부시 반 줌, 물 6컵, 미소된장 2큰술, 소금·후춧가루 약간씩

1 팽이버섯은 밑동을 자르고 가닥을 나눈 후 3~4등분하고 쪽파는 송송 썬다.
2 찬물에 다시마를 넣고 끓이다가 끓어 오르면 불을 끄고 가쓰오부시를 넣는다.
3 가쓰오부시가 숨이 죽으면 체에 걸러 다시마가쓰오부시육수를 만든다.
4 육수에 미소된장을 풀고 끓이다가 소금, 후춧가루로 간을 한다.
5 팽이버섯과 쪽파를 넣고 그릇에 담는다.

표고버섯차돌박이된장찌개

재료 표고버섯 5개, 차돌박이 80g, 양파 1/3개, 감자 1개, 청양고추 1개, 된장 2큰술, 고춧가루 2작은술, 물 4컵

1 표고버섯은 6등분하고 차돌박이는 얇게 썬다.
2 양파와 감자는 한입에 먹기 좋은 크기로 썰고 청양고추는 잘게 다진다.
3 냄비에 물을 붓고 차돌박이를 먼저 넣어 끓이다가 버섯과 양파, 감자를 넣고 끓인다.
4 재료가 다 익으면 된장을 넣어 고루 푼 후 5분 정도 끓이다가 고춧가루를 약간 뿌려 칼칼한 맛을 더한다.
5 불에서 내린 후 청양고추를 얹으면 텁텁한 맛이 없어지고 개운하다.

홍합 삶기

육수에 가다랭이포 넣기

홍합 넣어 끓이기

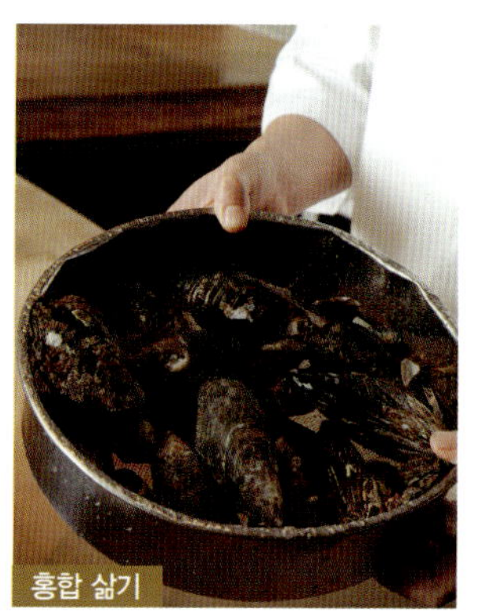

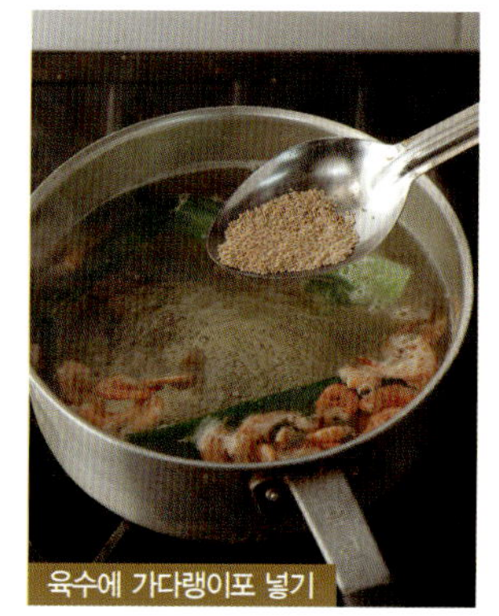

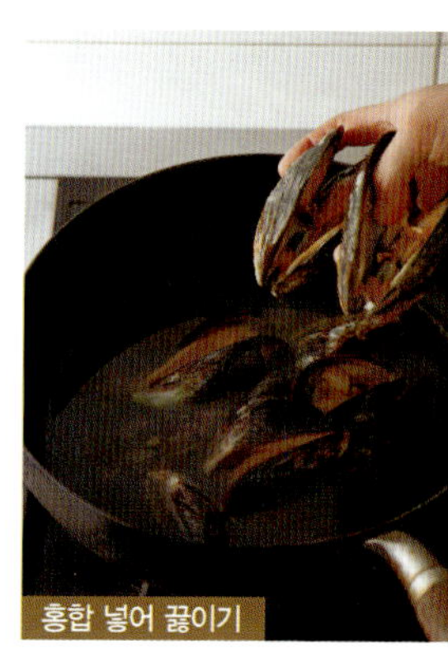

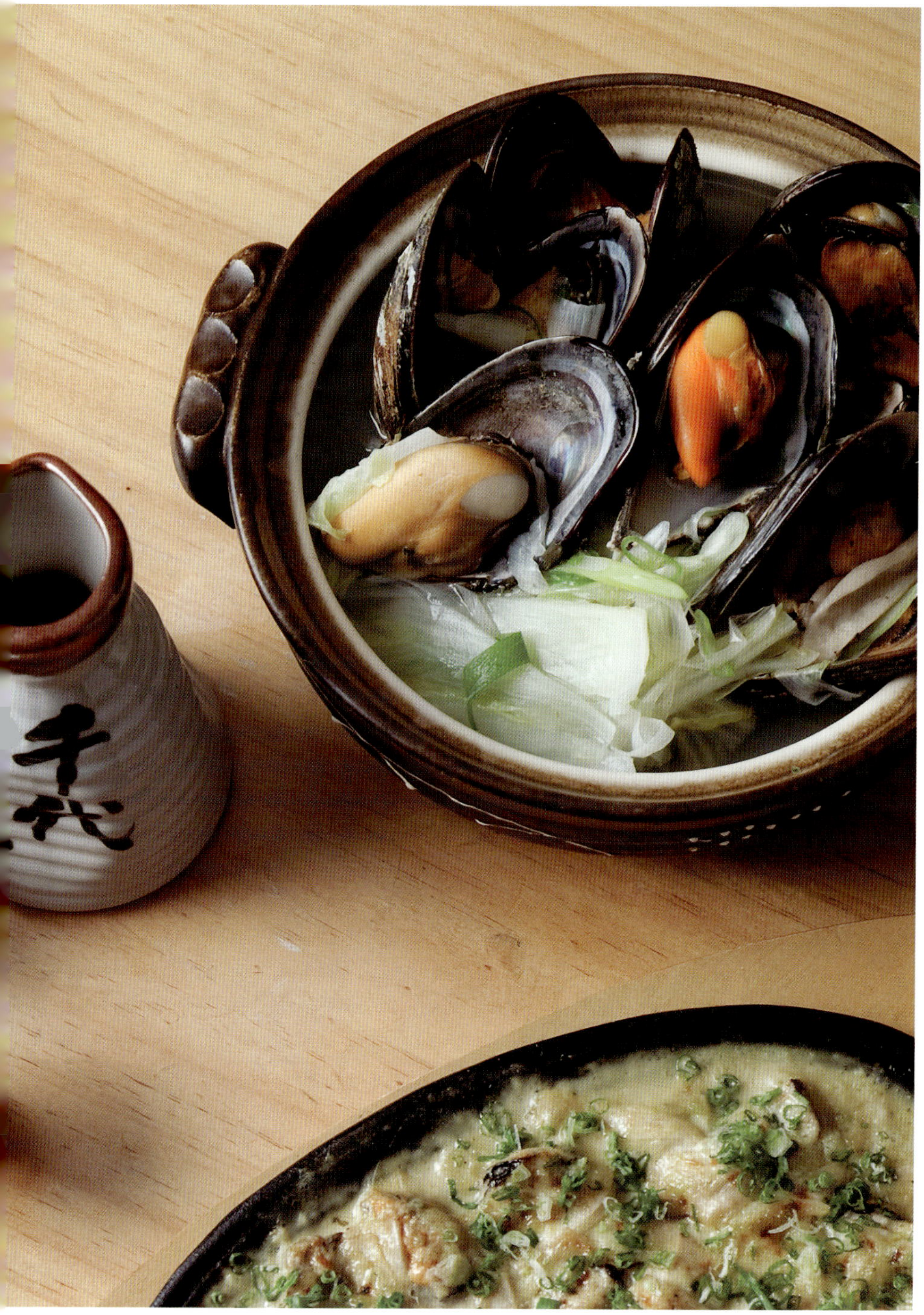

홍합맑은탕

재료 홍합 10~15개, 물 6컵, 다시마(10×10cm) 1장, 마른새우 20마리, 대파 1뿌리, 가다랭이포 1큰술, 알배추·느타리버섯 한 줌씩, 청양고추·소금 약간씩

1 홍합은 칼로 입을 열어 가위로 수염을 제거한 후 깨끗이 씻고 배추는 먹기 좋게 썰고 느타리버섯은 찢어 둔다.

2 냄비에 분량의 물을 붓고 다시마, 마른새우, 대파 1/2뿌리를 넣고 팔팔 끓이다 가다랭이포를 넣고 5분 정도 더 끓인다.

3 육수는 고운 체에 밭쳐 맑은 국물만 받아 홍합을 넣어 끓인다.

4 홍합이 살짝 익으면 남은 대파를 어슷 썰어 넣고 배추, 느타리버섯을 넣어 한소끔 끓인다.

5 기호에 따라 어슷 썬 청양고추를 넣고 소금으로 간을 맞춘다.

🥢 버섯전골

재료　느타리버섯 100g, 표고버섯 6개, 양송이버섯 6개, 팽이
버섯 1봉지, 쇠고기 100g, 양파 1/2개, 실파 100g, 붉은고추
2개, 육수　3컵(소금·간장 1작은술씩) ┇**양념장**┇간장 2큰술, 설탕
1큰술, 다진파·마늘·소금·후춧가루·깨소금·참기름 약간씩

1 느타리버섯은 끓는 물에 소금을 약간 넣고 데쳐서 찬물에 헹
군 다음 가늘게 찢고, 표고버섯은 불려서 기둥을 떼고 채썬다.
2 양송이는 껍질을 벗기고 모양을 살려서 도톰하게 저미고, 팽
이버섯은 밑동을 잘라 가닥을 나눈다.
3 쇠고기와 양파는 채썬다. 실파는 다듬어서 4cm 길이로 썬다.
4 붉은고추도 갈라서 씨를 털어내고 4cm 길이로 채썬다.
5 육수 3컵에 간장과 소금을 넣어 간한다.
6 분량의 재료를 섞어서 양념장을 만든다.
7 표고, 느타리와 쇠고기는 양념장을 조금 덜어 양념한다.
8 전골냄비에 양파를 두툼하게 깔고 준비한 재료를 돌려 담아
육수를 부어 끓여가며 먹는다.

🥢 버섯쇠고기국

재료　쇠고기(양지머리) 300g, 생표고버섯 100g, 팽이버섯 1/2팩,
애느타리버섯 1팩, 양지머리육수 8컵, 쪽파 70g ┇**쇠고기양념**┇
국간장·다진마늘·참기름 1큰술씩, 후춧가루 약간

1 쇠고기는 나붓나붓 썰어 키친타월에 올려 핏물을 뺀 후 국간
장, 다진마늘, 후추로 양념해 참기름으로 볶는다.
2 쇠고기가 익으면 양지머리육수를 붓고 끓이면서 거품은 걷어
낸다.
3 표고버섯은 미지근한 물에 불려 기둥을 뗀 다음 채썰고, 느타
리버섯은 끓는 물에 데쳐 길게 찢는다. 팽이버섯은 밑동을 자르
고 몇 가닥씩 떼어 놓는다.
4 육수가 푹 끓으면 표고와 느타리버섯을 넣고 다시 한 번 끓
인 후 소금으로 간을 맞춘다.
5 4cm 길이로 자른 쪽파와 팽이버섯을 넣어 마무리한다.

🥄 간장게장

재료 꽃게(알 밴 것으로) 1kg, 레몬 1개, 청양고추 5개, 물 3컵반, 다시마(10X10cm) 3장, 가쓰오부시 2컵, 붉은고추·통깨·참기름 약간씩
| **양념간장** | 마른고추 6개, 진간장 3컵, 국간장 4큰술, 맛술 1컵, 마늘 6쪽, 통후추 1큰술, 생강 1쪽, 참기름 약간

1 꽃게는 칫솔로 깨끗이 구석구석을 닦은 다음 발끝을 잘라낸다.

2 물 3컵에 다시마를 넣고 1시간 정도 물에 불린 다음 10분 정도 끓인다.

3 끓는 다시마물에 가쓰오부시를 넣고 불을 꺼 5분 식힌 후 베보자기에 내려 거른다.

4 ③에 양념간장을 만들어 붓고 끓인다.

5 양념간장을 충분히 식힌 다음 손질해둔 게에 붓는다.

6 ⑤에 레몬을 굵게 썰어 넣고, 청양고추는 반을 갈라 넣는다.

7 3~4일 후 양념간장을 따라내 다시 끓인다. 이때 물 1/2컵을 같이 부어 끓인 후 식힌다. 꽃게를 아래, 위로 바꾸어 담은 다음 끓여 식힌 양념간장을 다시 부어 무거운 것으로 눌러 놓는다. 게장이 잘 삭을 때까지 밖에 놓았다가 냉장고에 보관하여 먹는다.

Tip 먹을 때는 아가미와 모래주머니, 허파를 떼어 낸 후 게딱지를 떼어 내장을 한 곳으로 모으고, 몸통은 2~4등분으로 잘라 접시에 담고, 송송 썬 붉은고추와 통깨·참기름를 뿌리세요.

🥄 새우콩나물겨자채

재료　중하 200g, 콩나물 50g, 배 1/4개, 당근·오이 1/3개씩, 밤 1개, 달걀 1개┊소스┊연겨자 1큰술, 멸치다시마국물 1/2큰술, 식초 1큰술반, 설탕 1/2큰술, 소금 약간

1 새우는 등 쪽 내장을 빼고 끓는 물에 삶아 껍질을 벗기고 머리를 뗀 후 얇게 저민다.
2 콩나물은 소금을 넣고 데쳐 물기를 뺀다.
3 배, 오이, 당근은 가늘게 채썬다.
4 밤은 껍질을 벗겨 납작하게 저민다.
5 달걀은 소금을 약간 넣고 황백으로 지단을 부쳐 채소와 비슷한 길이로 채썬다.
6 새우와 채소, 지단을 섞어 담고 소스를 만들어 곁들인다.

🥄 새우파인애플탕수

재료　새우 10마리, 오징어 1마리, 소금·흰후춧가루 약간, 레몬즙 약간, 녹말가루 1/2컵, 파인애플(통조림) 2쪽, 체리 5개, 브로콜리 50g ┊소스┊설탕 2큰술, 파인애플주스·마요네즈 3큰술씩

1 새우는 꼬치로 등 쪽의 내장을 빼고 껍질을 벗긴 다음 칼집을 넣는다.
2 오징어는 내장을 빼고 껍질을 벗겨 손질한 후 대각선으로 잔칼집을 넣고 길이 6cm, 너비 2cm 크기로 썬다.
3 손질한 새우와 오징어에 소금, 흰후춧가루, 레몬즙을 뿌리고 녹말가루를 묻혀 170℃의 기름에 튀긴다.
4 파인애플은 8등분으로 잘라서 준비한다.
5 체리는 반으로 썰고 브로콜리는 송이를 떼어서 끓는 물에 소금을 넣고 데친 다음 찬물에 헹궈 물기를 뺀다.
6 팬에 설탕과 파인애플주스를 넣고 잘 섞은 후 마요네즈를 넣어 소스를 만든다.
7 소스가 완성되면 튀긴 새우와 오징어, 파인애플을 넣고 재빨리 버무린 다음 브로콜리를 넣고 접시에 담는다.

고등어조림

재료　고등어 1마리, 마늘종 200g, 붉은고추 1개, 통후추 1작은술, 물 적당량 ┊**조림장**┊간장 3큰술, 생강즙 2큰술, 맛술 1큰술, 다진마늘·참기름 1/2큰술씩, 후춧가루 약간

1 고등어는 살만 포를 떠 길이로 반을 자른다.

2 마늘종은 5cm 길이로 자르고, 붉은고추는 채썬다.

3 분량의 재료를 넣고 고루 섞어 조림장을 만든다.

4 냄비에 고등어와 통후추를 담고 조림장을 2/3만 얹은 후 물을 자작하게 부어 조린다. 조림장이 반으로 졸아들면 마늘종과 붉은고추를 얹고 남은 조림장을 부어 더 조린다.

Tip 뇌손상을 예방하고 우울증을 완화하려면 연어, 정어리, 고등어, 청어 같이 오메가-3 지방이 많은 생선이나 조개류를 섭취하세요.

대하잣즙무침

재료　대하 4마리, 사태 100g, 밤 3개, 죽순 50g, 오이 1/2개, 소금·식용유 적당량씩 ┆ **잣즙소스** ┆ 잣 4큰술,
설탕 1작은술, 소금 1/2작은술, 흰후춧가루 1/8작은술, 레몬즙 1큰술, 참기름 1/2작은술, 양지머리육수 2큰술

1 대하는 손질해서 씻은 후 소금을 약간 뿌리고 김 오르는 찜통에 살짝 찐 후 껍질을 벗기고 어슷하게 반으로
자른다.

2 사태는 삶아서 대하와 같은 크기로 썬다. 밤은 편으로 썬다.

3 죽순은 반으로 잘라서 빗살 모양으로 썰어 끓는 물에 살짝 데친 후 찬물에 헹궈 달군 팬에 식용유만 약간
두르고 소금을 넣어 볶아 식힌다.

4 오이는 반으로 썰어 다시 어슷하게 썰고 소금물에 살짝 절였다가 달군 팬에 볶아서 넓은 그릇에 펴서 식힌다.

5 곱게 다진 잣가루에 분량의 재료를 넣어서 잣즙소스를 만든다.

6 준비한 재료에 잣즙소스를 끼얹어 살살 버무려 가며 섞는다.

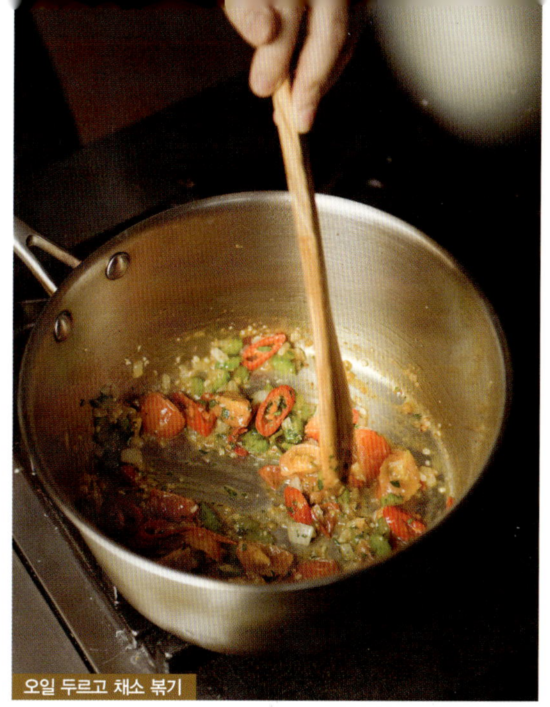

🥄 홍합찜

재료　　홍합 1kg, 양파 1/4개, 셀러리 1/2줄기, 붉은고추 1개, 방울토마토 6개, 다진마늘 1작은술, 통후추 간 것 약간, 바질잎 2장, 다진파슬리·올리브오일 약간씩, 화이트와인 1/2컵, 토마토소스 150g, 채소육수 1컵

1 홍합은 수염을 제거하고 깨끗하게 손질한다.

2 양파와 셀러리는 다지고, 붉은고추는 어슷하게 썬다.

3 방울토마토는 꼭지를 따고 반으로 가른다.

4 달군 냄비에 올리브오일을 두르고 다진마늘, 양파, 셀러리를 먼저 넣어 볶다가 방울토마토와 붉은고추를 함께 넣고 다시 한 번 볶는다.

5 손질해놓은 홍합을 냄비에 넣고 센불에서 볶다가 화이트와인을 넣어 볶는다.

6 ⑤에 분량의 토마토소스와 채소육수 1컵을 넣고 뚜껑을 덮어 홍합이 입을 열 때까지 끓인다.

7 끓으면 통후추 간 것과 바질잎, 다진파슬리를 넣고 소금으로 간을 맞춘다.

🥄 새우튀김

재료　새우(중하) 10마리, 소금·후춧가루 약간씩, 밀가루·빵가루 약간씩, 달걀 1개, 물 약간 ┊베샤멜소스┊ 양파 1/4개, 버터·밀가루 1큰술씩, 우유 1컵, 소금·흰후춧가루·월계수잎 약간씩

1 새우는 등 쪽의 내장을 뺀 후 꼬리 쪽 한마디만 남기고 껍질을 벗겨서 등 쪽에 칼집을 넣고 편다.
2 새우 가장자리에 칼집을 넣고 소금, 흰후춧가루로 간한다.
3 양파를 다져서 볶다가 버터를 둘러 밀가루를 볶고 우유를 조금씩 부으면서 풀어준 후 월계수잎을 넣고 끓이다가 소금, 흰후춧가루로 간해 베샤멜소스를 만든다.
4 새우에 밀가루를 살짝 묻히고 베샤멜소스를 조금씩 얹는다.
5 새우에 다시 밀가루, 달걀물, 빵가루 순으로 튀김옷을 입혀 170℃의 기름에서 튀긴다.

Tip 튀김옷을 입힐 때 머리와 꼬리 부분은 묻히지 마세요.

🥄 모둠버섯탕수

재료　표고버섯 4개, 새송이버섯 2개, 새우(중하) 8마리, 붉은고추 2개, 식용유 3컵 ┊튀김옷┊ 밀가루 1컵, 달걀흰자 2개, 물 1큰술, 소금 1작은술반 ┊탕수소스┊ 물 2컵, 물엿 1큰술, 설탕·소금 2작은술씩, 레몬즙·식초 1큰술씩, 녹말물 3큰술

1 표고버섯은 불려서 4등분하고, 새송이버섯은 길이로 3등분해 얇게 저민다.
2 중하는 끓는 물에 데친 뒤 머리와 꼬리를 제외하고 껍질을 벗긴다.
3 붉은고추는 잘게 썰어 튀김옷 재료에 섞은 후 표고버섯과 새송이버섯을 튀김옷에 버무려 끓는 기름에 노릇하게 튀긴다.
4 다른 팬에 물을 붓고 끓이다가 설탕, 물엿, 소금, 레몬즙, 식초를 넣고 한소끔 끓으면 녹말물을 넣어 걸쭉하게 만든다.
5 중하와 튀긴 버섯을 그릇에 담은 뒤 탕수소스를 끼얹는다.

🥄 새우꼬치구이

재료 중하 8마리, 관자·양송이버섯 4개씩, 대파 1뿌리, 마늘 4쪽, 로즈메리 4줄기 ¦ 재움소스 ¦
올리브오일·화이트와인 1/4컵씩, 발사믹식초 5작은술, 로즈메리 2줄기, 소금·후춧가루 약간씩
¦ 소스 ¦ 피시소스 5큰술, 청주 1/2컵, 마늘 1쪽, 설탕·물엿 1큰술씩, 청양고추 2개

1 새우는 손질한 다음 관자와 함께 재움소스에 버무려 1시간 정도 둔다.
2 양송이버섯은 이등분하고, 대파는 3cm 길이로 썬다. 마늘은 껍질만 까둔다.
3 청양고추는 송송 썰고 마늘은 얇게 저며 썰어 나머지 소스 재료들과 섞어 냉장고에 하루 정도
둔다.
4 준비한 새우, 야채, 관자를 번갈아 가며 꼬치에 끼워 달군 팬이나 그릴에 굽는다. 이때 냉장
보관해둔 소스를 골고루 바르면서 뒤집어 가며 익힌다. 남은 소스는 찍어 먹는다.

🥄 전어구이

재료   전어 1마리, 라임즙 1큰술 ┆ **소스** ┆ 다진바질 2작은술, 올리브오일 3큰술, 화이트와인 2큰술, 소금·후춧가루 약간씩

1 전어는 옆구리를 잘라 내장을 제거한 후 깨끗이 씻어 몸통에 칼집을 넣는다.

2 그릇에 분량의 재료를 넣고 잘 섞어 소스를 만든다.

3 손질한 전어에 섞어 둔 소스를 붓으로 고루 바른 후 냉장고에 넣어 1시간 정도 재운다.

4 소스 맛이 밴 전어를 꺼내어 석쇠에 노릇하게 구운 뒤 라임즙을 고루 뿌려 낸다.

Tip 생선을 많이 먹으면 우울증이나 심장병에 걸릴 확률이 낮아져요.

마늘간장소스갈치조림

재료 갈치 1마리, 감자·양파 1개씩, 당근 1/2개, 마늘 8쪽, 생강 1쪽 ┆ **조림양념** ┆ 간장 6큰술, 설탕·청주 3큰술씩, 다진마늘 1큰술, 다진생강 1/2작은술, 후춧가루·포도씨오일 약간씩, 물 1/2컵

1 갈치는 비늘을 긁어내고 내장을 꺼낸 다음 토막내어 흐르는 물에 씻는다.

2 감자와 당근은 껍질을 벗겨 2×2cm 크기로 자른 다음 모서리를 둥글게 다듬는다.

3 양파는 껍질 벗겨 4등분하고, 마늘은 껍질을 벗겨 통으로 준비한다.

4 생강은 껍질 벗겨 2×2cm 크기로 자른다.

5 분량의 재료를 섞어 조림양념을 만든다.

6 냄비에 양파와 마늘, 생강을 깔고 갈치를 얹은 다음 감자와 당근을 넣고 조림양념을 끼얹어 중불에서 5분간 끓인다.

7 불을 줄이고 감자와 당근이 익을 정도로 조림양념을 위로 끼얹어 가며 10분간 바글바글 조린다.

갈치 토막내기

채소 손질하기

조림양념 만들기

🥄 단호박두부무침

재료　단호박 1/2통, 두부 1/2모, 소금 약간 ┆ **무침양념** ┆ 된장·
다진마늘·흑임자·깨소금 1작은술씩, 참기름 1큰술, 소금 약간

1 단호박은 씨와 껍질을 제거하고 사방 2cm 크기로 썰어 소금
을 살짝 뿌려 둔다.
2 두부는 곱게 으깨어 면보에 짠 후 수분을 제거한다.
3 김이 오른 찜통에 호박을 넣어 부드럽게 찐 후 한김 식힌다.
4 무침양념에 두부를 버무린 후 호박을 넣어 살살 무친다.

🥄 표고버섯산적

재료　표고버섯 200g, 쇠고기 100g, 중파 3뿌리, 식물성기름 적당량, 꼬치 4~5개
┆ **양념** ┆ 다진파·다진마늘·간장·깨소금·참기름·후춧가루·고춧가루·설탕 약간씩

1 생표고는 물에 살짝 씻은 후 기둥을 잘라내고 갓만 1cm 폭으로 채썬다.
2 쇠고기는 잔칼질을 해 부드럽게 만든 후 5cm 길이, 1~1.5cm 폭으로 썬다.
3 파는 깨끗이 다듬어 씻어 표고버섯 길이와 같은 5cm 정도로 자른다.
4 표고버섯과 쇠고기를 각각 양념에 재워 두었다가 표고버섯과 쇠고기, 파 순서로 꼬
치에 꿴다.
5 달구어진 팬에 기름을 두르고 표고버섯산적을 넣어 앞뒤로 뒤집어 가며 지진다.

꽁치감자찜

재료   꽁치 2마리, 감자 2개, 대파 1뿌리, 청양고추 3개, 가다랭이포 1큰술, 소금·쌀뜨물 약간씩
┊**양념장**┊ 간장 2큰술, 물엿·다진마늘·청주 1큰술씩, 쌀뜨물 1/2컵

1 꽁치는 손질해 흐르는 물에 헹군 후 소금 푼 쌀뜨물에 씻어 건진다.
2 감자는 껍질을 벗겨 4등분으로 큼직하게 썬다. 대파는 굵게 저미고 청양고추는 어슷하게 썬다.
3 쌀뜨물에 분량의 재료를 넣고 잘 섞어 양념장을 만든다.
4 냄비에 꽁치, 감자, 대파를 넣고 양념장을 부어 중불에서 끓인다.
5 꽁치와 감자에 간이 배면 청양고추와 가다랭이포를 넣어 약불에서 10분 정도 조린다.

연어샐러드

재료   연어슬라이스 200g, 레몬즙 1큰술, 흰후춧가루 약간, 크레송(베이비채소) 1팩,
양상추·양파 1/4개씩 ┊**드레싱**┊ 올리브오일 4큰술, 발사믹식초 1큰술, 케이퍼 1작은술,
다진마늘·소금 1/2작은술씩, 후춧가루 약간

1 연어는 키친타월 위에 올려 기름기를 제거하고 레몬즙과 흰후춧가루를 살짝 뿌린 후
먹기 좋게 2~3등분한다.
2 크레송과 양상추는 먹기 좋게 손질해 찬물에 담갔다 건진다.
3 양파는 곱게 채썰어 찬물에 담갔다 건진다.
4 케이퍼를 굵직하게 다져 분량의 재료와 섞어 드레싱을 만든다.
5 샐러드 채소를 담고 연어를 올린 후 드레싱을 끼얹어 낸다.

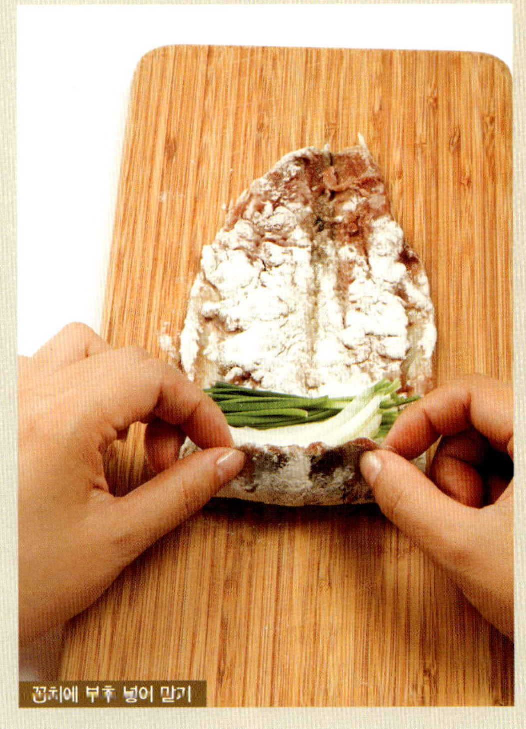

🥄 꽁치부추말이

재료 꽁치 2마리, 부추 1/3단, 양파 1/2개, 청주 1/2컵, 밀가루 2큰술, 소금·후춧가루 약간씩, 튀김기름 적당량 ┊ **튀김옷** ┊ 밀가루·빵가루 약간씩, 달걀 1개 ┊ **소스** ┊ 돈가스소스 2큰술, 레몬즙 1작은술, 연겨자 약간

1 꽁치는 머리를 떼고 흐르는 물에 씻어 2장으로 포를 뜬 다음 핀셋으로 뼈를 모두 골라낸다.
2 꽁치 안쪽을 청주로 씻은 뒤 소금과 후춧가루로 밑간해 밀가루를 묻힌다.
3 부추는 5cm 길이로 썰고 양파는 얇게 채썰고 달걀은 풀어 놓는다.
4 포 뜬 꽁치를 잘 펴서 부추와 양파를 넣고 돌돌 말아 준다.
5 ④를 밀가루, 달걀물, 빵가루 순으로 튀김옷을 입혀 180℃ 기름에 노릇하게 튀긴다.
6 돈가스소스에 연겨자와 레몬즙을 잘 섞어 소스를 만들어 곁들인다.

Tip 생선 섭취로 치매와 노인성치매를 예방할 수 있어요.

🥄 해물필라프

재료　밥 3공기, 오징어 1마리, 그린홍합 8개, 칵테일새우 8마리, 당근 30g,
양파 1/2개, 마늘 2쪽, 옥수수콘 50g, 소금 약간　┆소스┆ 토마토홀·토마토
케첩 2큰술씩, 핫소스 1큰술반, 설탕 1작은술, 물엿 2작은술, 물 1/3컵

1 깨끗이 다듬어 씻은 오징어에 칼집을 넣어 사방 3cm 크기로 썬다.
2 그린홍합과 칵테일새우는 옅은 소금물에 헹궈 건진다.
3 양파와 당근은 사방 1cm 크기로 썰고 마늘은 얄팍하게 저민다.
4 옥수수콘은 뜨거운 물을 끼얹어 찬물에 헹궈 물기를 턴다.
5 분량의 재료를 섞어 소스를 만들어 둔다.
6 달군 팬에 기름을 두르고 마늘과 양파, 당근을 볶아 향이 올라오면 해물을
넣어 볶는다.
7 채소와 해물이 익으면 옥수수콘과 밥을 넣어 자르듯이 섞어서 볶는다.
8 밥과 해물, 채소가 어우러지면 소스를 부어 버무려 볶은 후 소금으로 간한다.

🥄 꽁치소금구이

재료　꽁치 2마리, 소금·식용유 약간씩

1 꽁치는 깨끗이 씻어 키친타월로 닦아 물기를 거둔다.
2 꽁치에 소금을 뿌려 20분 정도 두어 간이 배면 반으로 자른다.
3 호일에 식용유를 조금 발라 그릴에 깔고, 꽁치를 놓은 뒤 윗
면에 기름을 살짝 발라 굽는다.

Tip 꼬리와 지느러미를 호일로 감싸 구우면 타지 않아요.

🥄 대하소금구이와
레몬파채

재료　대하 10마리, 굵은소금 1컵, 올리브
오일·청주 1큰술씩, 대파(흰 부분) 3뿌리,
레몬 2조각

1 대하는 소금물에 헹궈 건진 다음 올리브
오일과 청주를 뿌린다.
2 달군 팬에 호일을 펼치고 굵은소금을 두
텁게 깐 후 대하를 가지런히 올린다. 팬 뚜
껑을 덮고 중불에서 대하를 굽는다.
3 대파는 껍질 벗겨 채썬 다음 물에 헹궈
건져 둔다.
4 슬라이스한 레몬에 대파채를 버무려 구운
대하 위에 소복하게 올린다.

생표고나물

재료　생표고버섯 8개, 마늘 1쪽, 쪽파 2뿌리, 양파 1/2개, 참치액 1작은술씩, 들기름 1큰술, 소금·통깨 약간씩

1 생표고버섯은 갓 부분의 지저분한 잡티를 떼어내고 기둥을 자른 후 소금물에 헹궈 건진다.

2 버섯은 얇게 저며 썰고 마늘은 곱게 채썬다.

3 쪽파는 1cm 길이로 썰고 양파는 곱게 채썬다.

4 그릇에 버섯과 마늘채, 양파채, 쪽파를 넣고 참치액과 들기름을 넣어 조물조물 무친다.

5 달군 팬에 기름을 두르고 무쳐 놓은 버섯을 센불에서 재빨리 볶는다. 모자란 간은 소금으로 맞추고 통깨를 뿌린다.

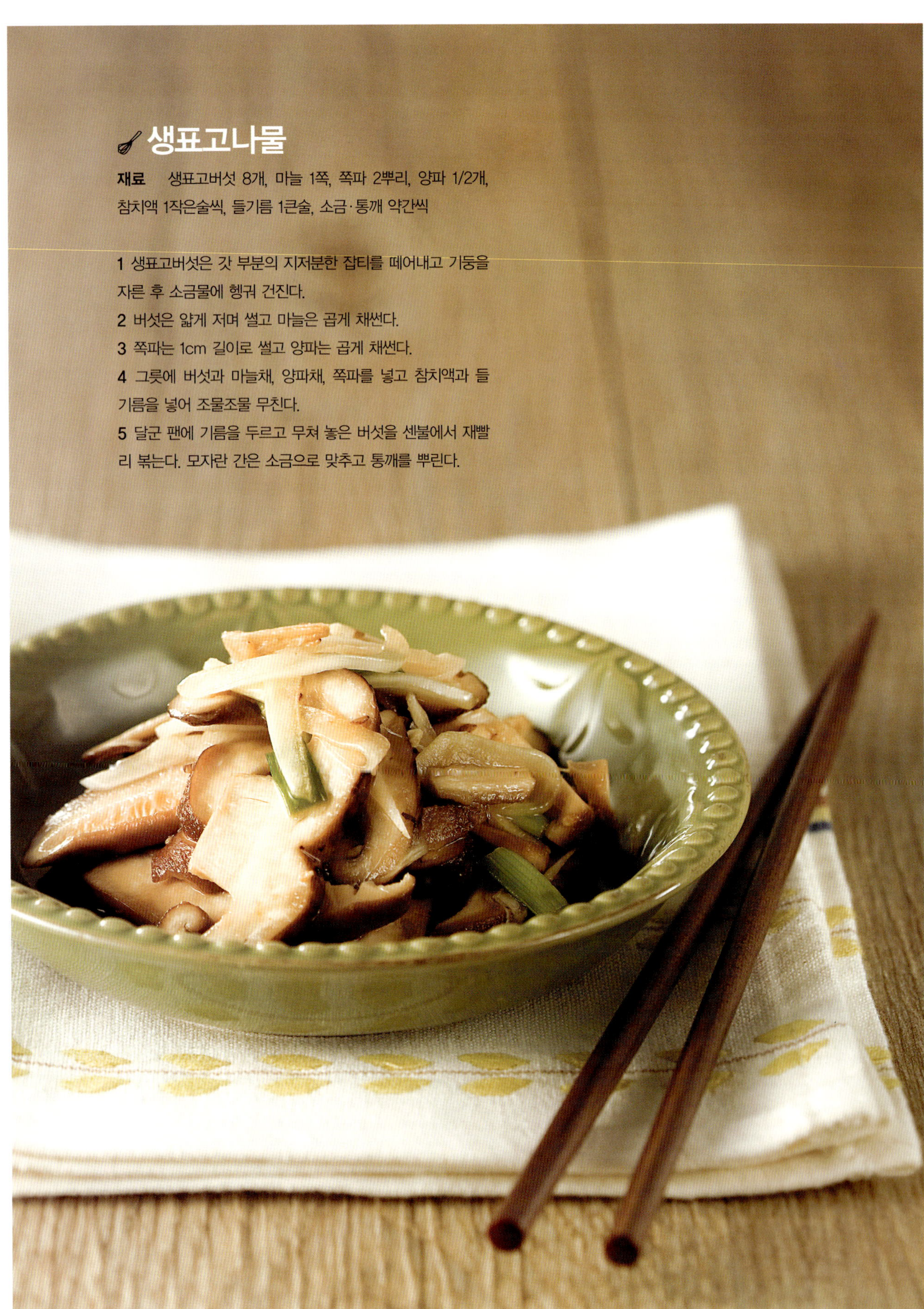

🥢 낙지볶음

재료　낙지 1마리(300g), 양파 70g, 붉은고추 1개, 풋고추 2개,
당근 30g, 애호박 50g, 깻잎 1묶음, 대파 1/2뿌리, 참기름·통깨
1/2큰술씩 ┆ **볶음양념** ┆ 고운고춧가루 3큰술, 들기름 2큰술, 생강즙
·소금 1작은술씩, 굵은고춧가루·다진마늘·설탕·매실청·깨소금
1큰술씩, 간장·액젓 1/2큰술씩

1 낙지는 잘 주물러 씻어 한입 크기로 썬다.
2 양파·고추는 채썰고, 당근·애호박은 골패 모양으로 길게 썬다.
3 깻잎은 깨끗이 씻어 송송 썰고, 대파는 어슷 썬다.
4 분량의 재료를 섞어 볶음양념을 만든다.
5 달군 팬에 들기름을 두르고, 채소를 볶다가 낙지를 넣어 살짝
볶은 후 볶음양념을 넣어 마저 볶는다.
6 참기름을 두르고 깻잎과 통깨를 뿌려 낸다.

🥢 낙지파강회

재료　낙지 1마리, 실파 100g, 붉은고추 1개, 잣 약간 ┆ **초고추장** ┆
고추장·설탕·식초 1큰술씩, 생강즙 약간

1 낙지는 머리를 갈라 내장을 빼고 눈을 떼어낸 후 껍질을 벗기고
소금으로 문질러 씻어 끓는 소금물에 데쳐서 5cm 길이로 썬다.
2 실파는 다듬어서 끝은 잘라내고 끓는 물에 소금을 넣고 데쳐 찬
물에 헹구어 물기를 제거한다.
3 붉은고추는 반으로 잘라 씨를 털어내고 2cm 길이로 채썬다.
4 분량의 재료를 섞어 초고추장을 만든다.
5 낙지와 붉은고추를 실파로 말고 잣도 한 알씩 박는다.
6 접시에 모양 있게 담고 초고추장을 곁들인다.

🥢 표고두부조림

재료　부침두부 1모, 마른표고버섯 4개 ┆ **양념장** ┆ 간장 2큰술, 표고버섯 불린 물 1/2컵,
마른고추 1/2개, 대파 1/2뿌리, 요리엿 1/2큰술, 설탕·맛술 1큰술씩, 마늘 2~3쪽, 후춧가루
약간

1 두부는 면보에 싼 후 무거운 도마를 올려 물기를 없애고 3x4cm 정도로 도톰하게 썬다.
2 표고는 미지근한 물에 불려 기둥을 떼고 2등분한다.(너무 크면 4등분)
3 팬에 기름을 넉넉하게 두르고 두부를 앞뒤로 튀기듯이 노릇하게 굽는다.
4 분량의 양념장 재료를 모두 섞어 끓이다가 마른고추와 대파는 건져내고, 표고를 넣어 한
소끔 끓인 후 구운 두부를 넣어 국물이 없어질 때까지 조린다.

꽃게튀김조림

재료　꽃게 2마리, 녹말가루 3큰술, 식용유 1컵, 생강 1/2쪽, 마늘 4쪽, 마른고추 2개, 진간장 1/2큰술, 굴소스 2작은술, 새송이버섯 2개, 쪽파 4뿌리

1 꽃게는 너무 크지 않은 것으로 준비해 딱지를 떼고 깨끗하게 손질한 후 먹기 좋은 크기로 썬다.

2 꽃게에 녹말가루를 뿌려 옷을 입힌 다음 끓는 기름에 넣어 바삭하게 두 번 튀겨 건진다.

3 생강과 마늘은 도톰하게 저며 썰고, 마른고추는 송송 썰어 꽃게 튀긴 기름 2큰술을 덜어 두르고 달달 볶아 기름에 향이 배도록 한다.

4 ③에 튀긴 게를 넣어 기름이 배도록 볶다가 진간장과 굴소스를 넣어 감칠맛을 더하면서 볶는다.

5 새송이버섯을 길이대로 저며 썰어 접시에 담고 꽃게를 얹은 후 송송 썬 쪽파를 듬뿍 뿌려 색과 맛을 더한다.

🥄 꽁치꿀소스구이

재료　꽁치 3마리, 소금·후춧가루 약간씩, 마늘 2쪽, 포도씨오일 2큰술, 땅콩 10알 ┆꿀소스┆꿀 2큰술, 화이트와인 3큰술, 식초 2큰술, 레몬즙 1큰술, 다진마늘 1/2작은술, 간장 1작은술, 후춧가루 약간

1 꽁치는 내장을 손질한 뒤 속까지 물로 잘 씻어 소금, 후추로 밑간하고 칼집을 넣는다.
2 꽁치를 구울 때 기름이 튀지 않도록 겉면의 물기를 키친타월로 닦는다.
3 꿀과 화이트와인 등 꿀소스 재료를 분량대로 섞는다.
4 포도씨오일을 두른 팬에 통마늘을 으깨 넣고 볶다가 꽁치를 넣어 노릇하게 굽는다.
5 꽁치가 거의 다 익었을 때 꿀소스를 넣고 재빨리 뒤집어 가며 코팅하듯 굽는다.
6 꽁치를 접시에 담고 잘게 부순 땅콩을 솔솔 뿌려 상에 낸다.

🥄 단호박찜

재료　단호박 1/2개, 양파 100g, 파마산치즈 2큰술 ┆소스┆올리브오일 3큰술, 꿀 1큰술, 레몬즙·소금 1/2작은술씩, 후춧가루 약간

1 단호박은 껍질을 대강 벗긴 후 도톰하게 썰어 김이 오른 찜통에 살캉하게 찐다.
2 양파는 채썰어 소금을 뿌렸다가 살짝 헹궈 물기를 뺀다.
3 찐 호박은 도톰하게 썰어 소금을 뿌려 두었다가 물기를 뺀 후 팬에 앞뒤로 구워 낸다. 양파도 살짝 볶는다.
4 올리브오일과 꿀 등 소스 재료를 합해 고루 섞어 둔다.
5 호박에 소스를 버무려 접시에 담고 볶은 양파와 파마산치즈를 뿌려 낸다.

279

이·달·의·밥·상

🥣 차돌박이달래된장찌개

재료 차돌박이 30g, 감자 1/2개, 애호박·달래·두부 30g씩, 대파 1/2뿌리, 청양고추 1개, 팽이버섯 약간, 집된장 2큰술 ┊육수┊멸치(중간크기) 8~9마리, 마른새우 3~4마리, 마른표고버섯 1개, 물 3~4컵

1 뚝배기에 육수 재료를 넣고 끓여 체에 거른다.
2 육수가 준비되면 감자를 주사위 모양으로 썰어 넣고 끓인다.
3 애호박과 두부도 주사위 모양으로 썰고, 대파와 청양고추는 어슷하게 썬다.
4 달래와 팽이버섯은 손질해 적당한 길이로 썬다. 차돌박이도 먹기 좋게 썬다.
5 감자가 익으면 집된장을 풀고 차돌박이와 애호박, 두부, 대파를 넣어 끓인다.
6 맛이 어우러지면 청양고추와 팽이버섯, 달래를 차례로 넣고 후루룩 끓여 낸다.

🥄 갈치무조림

재료 갈치 4토막, 무 200g, 양파 1/4개, 대파 1뿌리, 풋고추 1개, 붉은고추 1/2개, 물 2컵 ┊양념장┊진간장 3큰술, 다진마늘·고춧가루 1/2큰술씩, 물엿 1큰술반, 국간장·설탕·배즙 1큰술씩, 청주 2큰술, 후춧가루 약간

1 갈치는 비늘을 벗겨내고 씻어 물기를 뺀다.
2 무는 큼직하게 잘라 가장자리를 다듬고, 양파와 대파, 고추는 어슷 썬다.
3 볼에 분량의 재료를 넣고 섞어 양념장을 만든다.
4 냄비에 무를 담고 물을 부어 끓이다가 양념장을 푼 다음 갈치를 넣고 대파와 양파, 고추를 얹어 중불에서 은근히 조린다.

🥄 두릅초고추장무침

재료 두릅 1팩, 소금 약간, 양파 1/4개 ┊초고추장소스┊고추장 2큰술, 식초·레몬즙 1큰술씩, 설탕 1/2큰술, 깨소금 1작은술

1 두릅은 나무 부분을 잘라내고 밑의 가시를 긁어낸 후 흐르는 물에 씻는다.
2 끓는 물에 소금을 넣고 두릅을 넣어 데친 다음 찬물에 헹구어 물기를 뺀다.
3 양파는 곱게 다져 놓는다.
4 분량의 재료를 넣고 섞어 초고추장소스를 만든다.
5 접시에 데친 두릅을 담고 다진양파를 얹은 다음 초고추장소스를 끼얹는다.

낙지홍합양파구이

재료　낙지 2마리, 홍합살 150g, 양파 1개, 붉은양파 1/2개, 실파 3뿌리, 로즈메리 2줄기, 후춧가루 1/4작은술, 소금 1/3작은술, 올리브오일 2큰술, 굵은소금 약간

1 낙지와 홍합살은 각각 연한 소금물에 담가 살살 흔들어 헹궈 끓는 물에 데쳐 건진 다음 먹기 좋은 크기로 자른다.
2 양파와 붉은양파는 동그란 모양을 살려 동글납작하게 저며 썬다.
3 팬에 올리브오일을 두르고 낙지와 홍합살을 넣은 다음 소금과 후춧가루로 간하고 로즈메리를 잘라 얹어 굽는다.
4 구운 낙지와 홍합을 팬 한쪽으로 밀어 놓고 양파를 넣어 살캉거릴 정도로 굽는다.
5 구운 낙지와 홍합을 양파 위에 올려 접시에 담는다.

땅콩소스고등어구이

재료　고등어 1마리, 소금·후춧가루 약간씩 ┆**땅콩소스**┆ 땅콩 10알, 마요네즈 3큰술, 멸치국물 2큰술, 사과·양파 1/8개씩, 땅콩버터·청주 2큰술, 설탕 1큰술, 레몬즙·간장 약간

1 땅콩을 제외한 소스 재료를 믹서에 넣고 간 다음 땅콩을 잘게 부숴 넣고 섞는다.
2 고등어는 살이 통통하게 오른 것으로 준비해 3~4토막으로 썬 다음 소금과 후춧가루로 밑간한다.
3 220℃로 예열한 오븐에서 애벌로 10분 정도 굽는다. 오븐이 없을 때는 생선그릴에 살짝 굽는다.
4 땅콩소스를 골고루 발라 오븐 온도를 220℃에 맞춰 다시 굽는다.

Tip 쿠킹호일을 덮어 구우면 겉면이 타지 않아요.

✎ 낙지양념꼬치

재료 낙지 4마리, 풋고추·붉은고추 4개씩, 대파 2뿌리, 무순 20g, 양파 1/2개, 마늘 3쪽, 소금 약간, 식용유 3큰술 ┊ **양념** ┊ 고춧가루 2큰술, 다진마늘 1작은술, 참기름 1큰술, 청주 2작은술, 설탕 1/2컵, 소금·후춧가루 약간씩

1 낙지는 너무 크지 않은 것으로 준비해 소금을 약간 뿌려 바락바락 문질러 씻어 흐르는 물에 헹궈 물기를 뺀 후 다리를 한 가닥씩 자르고, 동그란 머리 부분도 적당한 크기로 자른다.

2 고추는 반으로 갈라 씨를 털고 대파는 3~4cm 길이로 토막낸다.

3 무순은 씻어 물기를 털고 양파와 마늘은 굵직하게 채썬다.

4 준비한 양념 재료를 고루 섞어 매콤한 양념장을 만들어 낙지를 넣고 조물조물 무쳐 둔다.

5 꼬치에 양념한 낙지와 고추, 대파를 번갈아가며 꿴다.

6 달군 팬에 꼬치를 올려 앞뒤로 뒤집어 가며 타지 않게 굽는다.

7 접시에 낙지꼬치와 무순과 양파, 마늘 등 곁들이채소를 함께 담는다.

chapter eleven

11월에 참 맛있는 제철음식

끝물에 들어선 야채를 말려 보관해두고 햇살 좋은 날 부각도 만들어 저장해 놓는다. 다가올 겨울을 대비해 영양을 충분히 섭취해야 하므로 이들 생선류와 쇠고기, 닭고기, 돼지고기 등 고단백과 양질의 지방질도 섭취하자. 이 달에는 김장도 해야 하고 메주도 쑤어야 한다. 김장에 사용할 젓갈 같은 것은 값이 저렴할 때 미리 마련하는 것이 경제적이다.

이 달에는 무청과 무를 말리고, 김과 무를 된장이나 고추장에 박아 장아찌를 만들어보자. 전복젓, 명란젓, 창란젓, 어리굴젓, 소라젓, 새우젓, 오징어젓을 담그는 달이기도 하다. 귤과 모과, 유자, 생강으로 차를 만들어두면 겨울철 감기는 걱정 없다.

11월의 채소　브로콜리, 배추, 무, 연근, 당근, 대파, 늙은호박, 마

11월의 해산물　옥돔, 방어, 연어, 참치, 대구, 오징어, 코다리, 고등어, 양미리, 미꾸라지, 갈치, 대하, 굴, 삼치, 전어, 넙치(광어), 임연수, 홍합

11월의 과일　배, 사과, 귤, 키위

11월에 맛있는 제철식품

야채류보다 생선, 조개, 해초류가 맛있을 때.
따끈하게 매운탕도 끓이고 조림, 볶음, 찜도 만들어
본다. 김장철이므로 양념거리와 젓갈 준비도
잊지 말도록.

과일

키위 | 단백질 분해효소인 아티니딘을 다량 함유하고 있어 고기의 육질을 부드럽게 해준다. 열량이 낮아 다이어트에도 도움이 된다.

배 | 펙틴이 풍부해 혈중 콜레스테롤 수치를 낮춰주고 변을 부드럽게 해주어 변비를 예방한다. 칼로리가 낮아 비만인 사람에게 좋은 과일.

사과 | 껍질에 퀄세틴이라는 성분이 있어 항산화작용이 뛰어나며 항바이러스, 항균작용에 도움이 된다. 광택이 있고 단단한 것이 좋다.

귤 | 신진대사를 원활히 하고 피부와 점막을 튼튼하게 하는 비타민C가 풍부해 감기 예방에 효과가 뛰어나다. 껍질이 얇고 단단한 것이 좋다.

채소

브로콜리

데치거나 볶아서 각종 요리에 곁들이로 이용되는 브로콜리. 서양채소 중에서 가장 보편적으로 쓰이는 식품 중 하나이다. 비타민 A와 C가 풍부하고 칼륨, 인, 칼슘 등 각종 무기질이 많이 들어 있어 영양 덩어리로 알려져 있다.

배추

비타민C와 식물성섬유가 풍부하고 칼슘, 철분, 카로틴 등이 많이 들어 있어 비타민이 결핍되기 쉬운 겨울철 영양공급원으로 훌륭하다. 김치를 담가먹으면 무기질을 효율적으로 섭취할 수 있는데다 김치가 익으면 유산균 등 장내 세균이 생겨 정장효과도 높아진다.

대파

우리 음식에 빼놓을 수 없는 양념. 독특한 향을 지니고 있어 고기와 생선의 냄새를 없애준다. 특유의 냄새를 내는 유화알릴성분이 소화액의 분비를 촉진하여 식욕을 증진시켜준다. 흰부분에 광택이 있고 초록색과 흰색 부분 사이의 경계가 선명한 것이 좋다.

연근

주성분은 탄수화물이고 식물성 섬유도 풍부하다. 연근의 식물성 섬유는 장을 적당히 자극해 장운동을 활발하게 해주어 콜레스테롤 수치를 떨어뜨리는 작용을 하게 한다. 마디 사이가 상처 없이 매끈하고 통통하며 묵직한 느낌이 드는 것으로 고른다.

당근

당근에 함유된 카로틴은 우리 몸 안에서 비타민A로 바뀐다. 카로틴 외에도 비타민 E를 제외한 거의 모든 비타민과 철분, 칼슘, 칼륨 등이 균형 있게 들어있다. 당근은 붉은색이 도는 것이 더 달고 손으로 잡아 묵직한 느낌이 들고 껍질이 매끈한 것이 좋다.

무

배추와 함께 가장 친숙한 채소 중의 하나. 수분이 90%를 차지하며 비타민C가 풍부하다. 김치 종류는 물론 각종 요리에 들어가 음식물을 중화시켜주는 작용을 하고 디아스타제라는 소화효소가 음식물의 소화흡수를 돕는다.

늙은호박

호박의 당분은 소화흡수가 잘 되기 때문에 위장이 약하고 마른사람과 회복기의 환자에게 아주 좋다. 비타민A와 C 및 B$_2$가 풍부한 늙은호박은 저장성이 좋기 때문에 겨우내 두고 먹을 수 있으며 겨울에 부족하기 쉬운 비타민A의 훌륭한 공급원이다.

마

마의 단백질과 비타민B$_1$은 몸의 영양 상태를 개선하고 비타민C는 스트레스에 대한 저항력을 길러준다. 소화가 잘 안 될 때 마를 갈아서 즙을 내어 먹으면 좋다. 굵기가 도톰하고 균일하며 들어보아 묵직한 것이 좋은 것이다.

옥돔

흰색, 붉은색, 노란색이 있는데 흰색이 가장 맛있고 클수록 더 맛있다. 살에 수분이 많아 부드럽고 달며 지방이 적어 담백하다. 고급 어종으로 취급되며, 제주도 특산 어종으로서 건조, 냉동 처리된 상품이 일반화되어 있다.

방어

겨울철에 특히 맛이 좋은 방어는 동해, 남해의 전 연안에 많고 일본과 대만에도 널리 분포되어 있다. 방어는 긴 방추형으로 등쪽은 청색, 복부는 은백색이며 몸길이는 1m 정도이다. 크면 클수록 맛이 좋은 생선이다.

연어

다른 어류에서는 별로 볼 수 없는 비타민A가 풍부하며 해산물로서는 드물게 비타민D가 들어 있다. 위장을 따뜻하게 하여 혈액순환을 촉진하기 때문에 체력이 약한 사람에게 안성맞춤이다. 살색은 투명한 분홍빛을 띤다.

참치 (참다랑어)

DHA와 EPA가 풍부하고 칼로리와 지방은 낮아 바다의 닭고기라고 불리는 참치는 혈관계질환 예방에 효과적이다. 육질이 붉은색을 띠고 고운 육질을 갖고 있는 것이 최상급이며, 회로 먹을 때는 살균작용이 있는 생강을 곁들인다.

임연수

부드러우면서도 기름진 맛이 입맛회복을 돕는 생선이다. 아미노산과 미량원소가 풍부하며 구이나 찜, 조림하여 안주로 많이 이용된다. 표면이 깨끗하고 비린내가 심하지 않은 것으로 고른다.

대구

참대구는 수분이 많고 부드러우며 담백한 맛이 난다. 대구알젓과 간유는 우수한 영양소이며 특히 간유는 비타민A와 D, 타우린이 풍부하게 들어있다. 통통하면서 탄력이 있는 것을 고른다.

홍합

홍합과의 바닷조개로 껍데기는 삼각형에 가까우나 길고 둥글며 두껍다. 단백질은 적은 편이지만 철, 비타민A, B₂의 좋은 보급원이다. 유럽에서는 수프, 찜, 구이 등 다양한 조리법으로 즐긴다.

오징어

가을에 나오는 것이 살이 올라있고 몸통이 단단하다. 오징어에는 질 좋은 단백질이 어떤 생선류보다 많이 들어있고 타우린도 풍부해 고혈압, 동맥경화, 심장병, 당뇨병, 시력감퇴, 여성의 갱년기장애 등에 효과를 발휘한다.

코다리

마른북어보다 촉촉하고 부드럽고, 생태보다는 쫀득하고 구수한 맛이 나는 생선. 값이 매우 싸서 겨울철 반찬거리로 자주 등장한다. 코다리는 너무 꾸덕하거나 축축한 것을 피하고 살이 많은 것을 고른다.

자반고등어

자반고등어를 구입할 때는 살에 뼈가 단단히 붙어있는지 살피고 노르스름한 기름 덩어리가 겉돌지 않고 배를 눌러보아 즙액이나 내장이 밀리지 않는 것을 고른다. 쌀뜨물에 담가두어 소금기를 뺀 다음 조리한다.

양미리

몸은 가늘고 길며 배지느러미가 없다. 몸 빛깔은 등이 갈색이고 배는 은백색이다. 우리나라 동해와 일본 근해에서 많이 잡히며 말려서 멸치 대신 쓰기도 한다. 겨울철에 많이 잡히는데 주로 꾸덕하게 말린 상태로 판매가 된다.

미꾸라지

우수한 단백질이 많고 칼슘과 비타민A, B₂, D가 풍부한 강장·강정식품이다. 또 뼈째먹을 수 있는 칼슘원이어서 여름철이면 보양음식으로 사랑받는다. 내장을 따뜻하게 하고 피의 흐름을 좋게 하며 빈혈에도 효과가 있다.

갈치

단백질 함량이 높고 지방이 알맞게 들어 있어 맛이 좋다. 갈치는 우리나라 주요 어종의 하나로 서민에게 친숙한 생선인데, 칼슘에 비해 인의 함량이 많은 산성식품이므로 채소를 곁들여 먹는 것이 좋다.

새우

단백질과 칼슘, 각종 비타민이 풍부하게 들어 있는 강장·강정식품이며 각종 성인병에 효과가 있다. 세계적으로 널리 애용되는 식품으로 튀김이나 찜을 하고 국물을 내는데도 이용한다. 껍질에 항암작용을 하는 요소가 있다.

삼치

고기 맛이 좋고 가격이 저렴해 고등어, 꽁치와 함께 우리 식탁에 자주 오르는 생선. 단백질을 비롯한 각종 영양소가 풍부하다. 혈압을 내리는 효과가 있는 칼륨도 많이 함유하고 있어 고혈압 예방에 좋다. 지방이 비교적 많은 편이다.

♥ 오징어불고기전골

재료 　오징어 2마리, 쇠고기(불고깃감) 200g, 팽이버섯 1봉지, 애호박·양파 1/2개씩, 청양고추·붉은고추 1개씩, 대파 1/2뿌리 ┊ **쇠고기밑간** ┊ 간장 1큰술, 설탕 1/2큰술, 참기름 1작은술, 다진파·마늘·후춧가루 약간씩 ┊ **오징어밑간** ┊ 고춧가루 2큰술, 고추장 1큰술, 설탕 1/2큰술, 참기름 약간, 다진파·다진마늘 약간씩 ┊ **전골육수** ┊ 육수 4~5컵(무 300g, 다시마(5×5cm) 1장, 멸치 10마리, 물 6컵, 고춧가루·고추장 1큰술씩, 소금·청주 약간씩), 국간장 1/2큰술, 청주 1큰술, 소금 약간

1 오징어 몸통은 링 모양으로 썰고 다리는 적당히 잘라 밑간한다.

2 쇠고기는 한입 크기로 썬 후 분량의 양념으로 밑간한다.

3 팽이는 밑동을 자르고 가닥을 나눈다. 애호박은 반달썰기하고 양파는 굵게 채썬다.

4 고추와 대파는 어슷 썬다.

5 전골팬에 오징어를 제외한 재료들을 가지런히 돌려담고 육수를 반 정도 부어 쇠고기가 반쯤 익을 때까지 끓인다.

6 재료들이 익으면 오징어를 넣고 나머지 육수를 모두 부어 끓인다.

새우콩나물탕

재료 콩나물 200g, 중하(새우) 10마리, 대파 1뿌리, 마늘 4쪽, 다시마물 5컵, 소금 약간 ┊**양념장**┊ 고운 고춧가루·청주 1큰술씩, 간장 1작은술

1 콩나물은 다듬어 씻어 물기를 턴다.
2 중하는 소금물에 헹궈 꼬치로 등에 있는 내장을 빼고 껍질을 말끔하게 벗긴다.
3 대파는 큼직하게 어슷 썰고 마늘은 얄팍하게 저민다.
4 냄비에 콩나물과 중하를 담고 다시마물 1컵을 부은 뒤 약간의 소금을 넣어 뚜껑 덮어 삶는다.
5 그릇에 고운고춧가루와 간장, 청주를 넣어 고루 섞어 양념장을 만든다.
6 콩나물 익는 냄새가 나면 뚜껑을 열고 양념장과 남은 다시마물을 붓고 끓인다. 끓는 중간에 대파와 마늘을 넣는다.
7 콩나물의 시원한 맛과 새우의 감칠맛이 우러나면 소금으로 간해 완성한다.

대파도가니탕

재료 도가니 600g, 쇠고기(사태) 400g, 물 10컵, 대파 5뿌리, 다진마늘 1큰술, 다진생강 1/4작은술, 소금·후춧가루 약간씩 ┊**양념장**┊ 간장 3큰술, 식초 1큰술, 다진파 2큰술, 참기름 1/2작은술, 후춧가루 약간

1 도가니와 쇠고기 사태는 찬물에 담가 핏물을 뺀다.
2 냄비에 물을 넉넉하게 붓고 마늘과 생강, 소금, 후춧가루를 넣어 끓으면 도가니와 쇠고기 사태를 넣어서 푹 끓인다.
3 대파는 4cm 길이로 썰어 끓고 있는 도가니에 넣어서 함께 끓인다.
4 사태와 도가니가 무르게 익으면 꺼내 먹기 좋은 크기로 썬다.
5 썬 도가니와 사태를 뽀얀 고기 국물에 다시 넣고 은근하게 한소끔 더 끓인다.
6 대파도가니탕을 그릇에 담고 분량의 재료를 고루 섞어 만든 양념장을 곁들여 낸다.

🥄 도미찜

재료　도미 1마리, 청주 1큰술, 소금 약간, 대파 2뿌리, 배춧잎 5장 ┊**양념장**┊진간장 3큰술,
다진 풋고추·붉은고추 1큰술씩, 레몬즙 3큰술

1 도미는 비늘을 벗기고, 아가미 쪽으로 내장을 꺼낸 후 몸통에 ✕자 모양의 칼집을 넣는다.
2 칼집 넣은 도미에 청주를 흩뿌린 후 소금을 뿌려 간한다.
3 깨끗하게 손질한 대파와 배춧잎을 찜통에 깔고 도미를 올려 25분 정도 찐다.
4 도미를 찌는 동안 분량의 재료를 섞어 양념장을 만든다.
5 접시에 도미를 담고 양념장을 듬뿍 끼얹는다.

🥄 늙은호박전

재료　늙은호박 1/4통, 달걀노른자·양파 1개씩, 찹쌀가루
2컵, 실파·깻잎·풋고추·소금·식용유 약간씩

1 늙은호박과 양파를 믹서에 곱게 갈아 찹쌀가루와 달걀노른
자를 넣고 전 반죽을 완성한다.
2 실파와 깻잎, 풋고추를 먹기 좋은 크기로 썰어 반죽과 골고
루 혼합한다.
3 뜨겁게 달군 프라이팬에 식용유를 두르고 준비한 반죽을
한 수저씩 떠 넣어 동그랗게 모양을 만들어가며 지진다.

🥄 갈치양념구이

재료　　갈치 1마리, 풋고추·붉은고추 1개씩, 레몬·파슬리 약간씩 ┆ **양념장** ┆ 간장 2큰술,
설탕·생강즙 1작은술씩, 다진마늘 1/2큰술, 다진파·청주 1큰술씩, 소금·후춧가루 약간씩

1 갈치는 비늘을 긁어내고 손질하여 씻은 뒤 10cm 길이로 토막내고 양면에 칼집을 낸다.
2 붉은고추와 풋고추는 씨를 빼고 굵직하게 다져 준비한 양념장 재료에 섞어 놓는다.
3 칼집을 낸 갈치의 양면에 양념장을 고루 발라 재워 둔다.
4 석쇠에 기름을 바르고 갈치를 얹어 양념장을 덧바르면서 앞뒤로 굽는다.
5 레몬과 파슬리를 곁들여 상에 낸다.

🥄 자반고등어김치찜

재료　　자반고등어 1손, 배추김치 200g, 쌀뜨물 2컵, 양파 1/2개, 물 1/2컵 ┆ **양념장** ┆ 붉은고추
1개, 청양고추 2개, 대파 1뿌리, 다진마늘 1큰술, 고춧가루 1/2큰술, 다진생강·참기름 약간씩

1 자반고등어는 물에 깨끗이 씻은 후에 머리와 꼬리를 떼고 2등분해서 쌀뜨물에 30분 정도
담가 짠맛을 뺀다.
2 배추김치는 잘 익은 것으로 준비해서 국물을 짜지 말고 길게 찢는다.
3 대파와 양파는 곱게 채썰고 붉은고추, 청양고추는 반 갈라 씨를 뺀 후에 곱게 채썬다.
4 채썬 고추에 대파, 마늘, 고춧가루, 생강, 참기름을 넣고 고루 섞어 양념장을 만든다.
5 냄비에 김치를 깔고 손질한 자반고등어를 펼쳐 놓은 후에 양파를 올리고 양념장을 골고루
끼얹는다. 물을 붓고 뚜껑을 덮어 끓이면서 중간중간 국물을 끼얹어 준다.

🥢 참치회덮밥

재료　참치 200g, 무순·치커리 50g씩, 래디시 2개, 깻잎 5장, 밥 3공기, 소금 약간 ┇**초고추장양념장**┇고추장 5큰술, 생강즙 1작은술, 다진마늘·설탕 1큰술씩, 사이다·식초 2큰술씩

1 참치는 사방 1.5cm 크기로 썰어 냉장고에 넣어 차게 둔다.
2 무순은 깨끗이 씻어 물기를 털고, 치커리는 적당하게 손으로 뜯는다.
3 래디시는 곱게 채썰고, 깻잎은 돌돌 말아 채썬다.
4 분량의 재료를 고루 섞어 초고추장양념장을 만든다.
5 그릇에 밥을 적당하게 담고 참치, 무순, 치커리, 래디시, 깻잎을 소복하게 올리고 초고추장을 곁들여 낸다.

🥢 브로콜리닭볶음

재료　브로콜리 250g, 굵은소금 약간, 닭안심살 150g, 올리브오일 2큰술, 마른고추 1개, 진간장 1/2큰술, 굴소스 1/3작은술 ┇**닭고기양념**┇소금·후춧가루 1/3작은술씩, 저민마늘 3쪽 분량, 청주 1/2큰술

1 브로콜리는 작은 송이로 잘라 굵은소금을 약간 넣은 물에 넣어 파르스름하게 데친 후 찬물에 헹궈 물기를 뺀다.
2 닭은 먹기 좋은 크기로 잘라 준비한 닭고기양념을 모두 넣어 조물조물 무쳐 양념한다.
3 달군 팬에 올리브오일을 두르고 양념한 닭고기를 넣어 볶는다.
4 닭고기가 완전히 익으면 주방용 가위로 자른 마른고추와 브로콜리를 넣어 고루 섞이도록 볶는다.
5 ④에 진간장과 굴소스를 넣어 맛을 낸다.

삼치된장구이

재료　삼치 1마리, 깻잎 2장 ┆ **된장양념** ┆ 미소된장 2큰술, 청주 1큰술, 설탕·다진마늘 1작은술씩

1 삼치는 비늘을 긁어내고 지느러미와 꼬리를 손질한다.

2 삼치를 3장으로 포를 떠 껍질 쪽에 촘촘하게 잔칼집을 넣고 먹기 좋게 4~5등분한다.

3 분량의 재료를 고루 섞어 된장양념을 만들고 삼치 안쪽에 양념을 고루 바른 후 20~30분 정도 재운다.

4 깻잎은 깨끗하게 씻어 곱게 채썬다.

5 기름 두른 달군 팬에 삼치를 껍질 쪽부터 올려놓고 70% 정도 익힌 후 뒤집어서 익힌다.

6 접시에 삼치를 담고 깻잎채를 올려 낸다.

해물녹두전

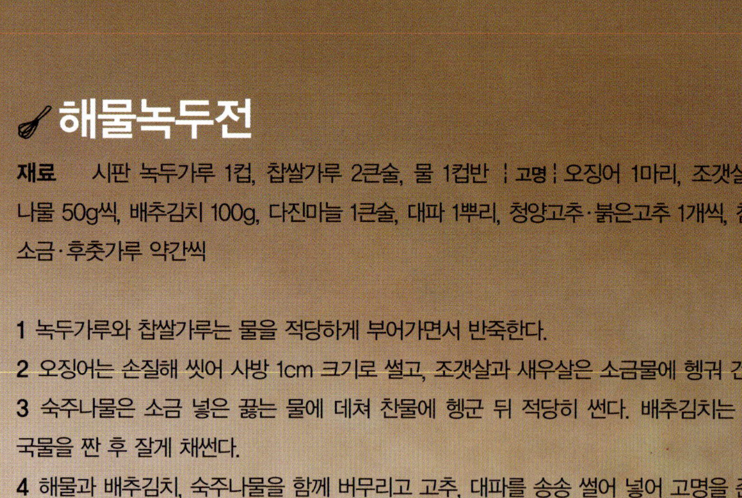

재료　시판 녹두가루 1컵, 찹쌀가루 2큰술, 물 1컵반 ┇ **고명**┇오징어 1마리, 조갯살·새우살·숙주
나물 50g씩, 배추김치 100g, 다진마늘 1큰술, 대파 1뿌리, 청양고추·붉은고추 1개씩, 참기름 1작은술,
소금·후춧가루 약간씩

1 녹두가루와 찹쌀가루는 물을 적당하게 부어가면서 반죽한다.
2 오징어는 손질해 씻어 사방 1cm 크기로 썰고, 조갯살과 새우살은 소금물에 헹궈 건진다.
3 숙주나물은 소금 넣은 끓는 물에 데쳐 찬물에 헹군 뒤 적당히 썬다. 배추김치는 속을 털어내고
국물을 짠 후 잘게 채썬다.
4 해물과 배추김치, 숙주나물을 함께 버무리고 고추, 대파를 송송 썰어 넣어 고명을 준비한다.
5 달군 팬에 기름을 넉넉히 두르고 ①의 반죽을 한 국자씩 떠 넣어 반쯤 익으면 ④의 고명을 소복
이 올리고 다시 녹두 반죽을 한 수저 정도 얇게 발라 뒤집어 노릇하게 지진다.

🥄 콩고등어조림

재료　고등어 1마리, 서리태 1/2컵, 무 1/8개, 풋고추 1개 ┆ **조림양념장** ┆ 고추가루 5큰술, 간장 4큰술, 설탕 1/2작은술, 청주 4큰술, 고추장·다진마늘·다진파 1큰술씩, 다진생강 1/2작은술, 통깨·후춧가루 약간씩

1 고등어는 머리를 자르고 내장을 꺼낸 다음 흐르는 물에 씻는다. 양옆 지느러미를 가위로 잘라낸 다음 서너 토막을 낸다.

2 서리태는 약 30분에서 2시간 정도 미리 물에 불려 둔다.

3 무는 도톰하게 썰고 풋고추는 어슷하게 썬다.

4 분량의 재료를 섞어 조림양념장을 만든다.

5 냄비에 무와 콩을 깔고 물을 약간 부은 다음 중불에서 1~2분간 먼저 끓인다.

6 고등어와 풋고추를 넣고 조림양념장을 부어 중불에서 15분간 조린다.

Tip 임신 중에 생선 섭취를 늘리면 조산이나 미숙아 출산의 위험을 줄일 수 있고 태아의 발육상태도 좋아져요.

콩 불리기　　고추 썰기　　냄비 바닥에 무 깔기

🥄 홍합버터볶음

재료　생홍합 300g, 버터 1큰술, 다진마늘·다진파슬리 1큰술씩, 소금 약간, 후춧가루 약간

1 홍합은 소금물에 흔들어 씻어 물기를 뺀다.

2 끓는 물에 홍합을 넣고 살짝 데친다.

3 팬에 버터를 두르고 다진마늘을 넣고 볶다가 데친 홍합을 넣어 볶는다.

4 다진파슬리를 넣어 볶다가 소금, 후춧가루로 간한다.

🥢 연어날치알스테이크

재료 생연어 2조각, 소금·후춧가루 약간씩, 밀가루 적당량, 버터 1작은술, 올리브오일 2큰술, 레몬 1/2개, 곁들이채소 적당량 ┆ **소스** ┆ 날치알 50g, 레드와인 1큰술, 레몬즙 2큰술, 다진양파 3큰술, 떠먹는 요구르트 1개(100g), 생강즙 1작은술, 소금·후춧가루 약간씩

1 생연어에 소금, 후춧가루를 살짝 뿌려 밑간하고 밀가루를 고루 묻힌다.
2 날치알을 제외한 모든 소스 재료를 믹서에 넣고 살짝 간 다음 날치알을 넣어 잘 섞는다.
3 레몬은 4등분하고 채소는 흐르는 물에 씻는다.
4 팬에 버터, 올리브오일을 두르고 버터가 녹으면 연어를 껍질 쪽부터 앞뒤로 노릇하게 굽는다.
5 그릇에 소스를 깔고 구운 연어를 올린 뒤 날치알소스를 얹는다. 레몬조각, 채소를 곁들여 낸다.

🥢 오징어덮밥

재료 오징어 1마리, 양파 100g, 붉은고추 1개, 풋고추 2개, 대파 1/2뿌리, 당근 30g, 애호박 50g, 깻잎 1묶음, 들기름 적당량, 밥 적당량 ┆ **볶음양념** ┆ 고운고춧가루 3큰술, 들기름 2큰술, 굵은고춧가루·다진마늘·설탕·매실청·깨소금·액젓 1큰술씩, 간장 1/2큰술, 생강즙·소금 1작은술씩

1 오징어는 내장을 제거하고 깨끗이 씻어 한입 크기로 자른다.
2 양파·고추는 채썰고, 당근·애호박은 골패 모양으로 썰고, 깻잎은 송송, 대파는 어슷 썬다.
3 달군 팬에 들기름을 두르고, 채소를 볶다 오징어를 넣어 볶는다.
4 ③에 볶음양념을 넣고 고루 버무린다.
5 깻잎과 들기름을 넣어 다시 한 번 볶는다. 그릇에 밥을 담고 오징어 볶음을 곁들인다.

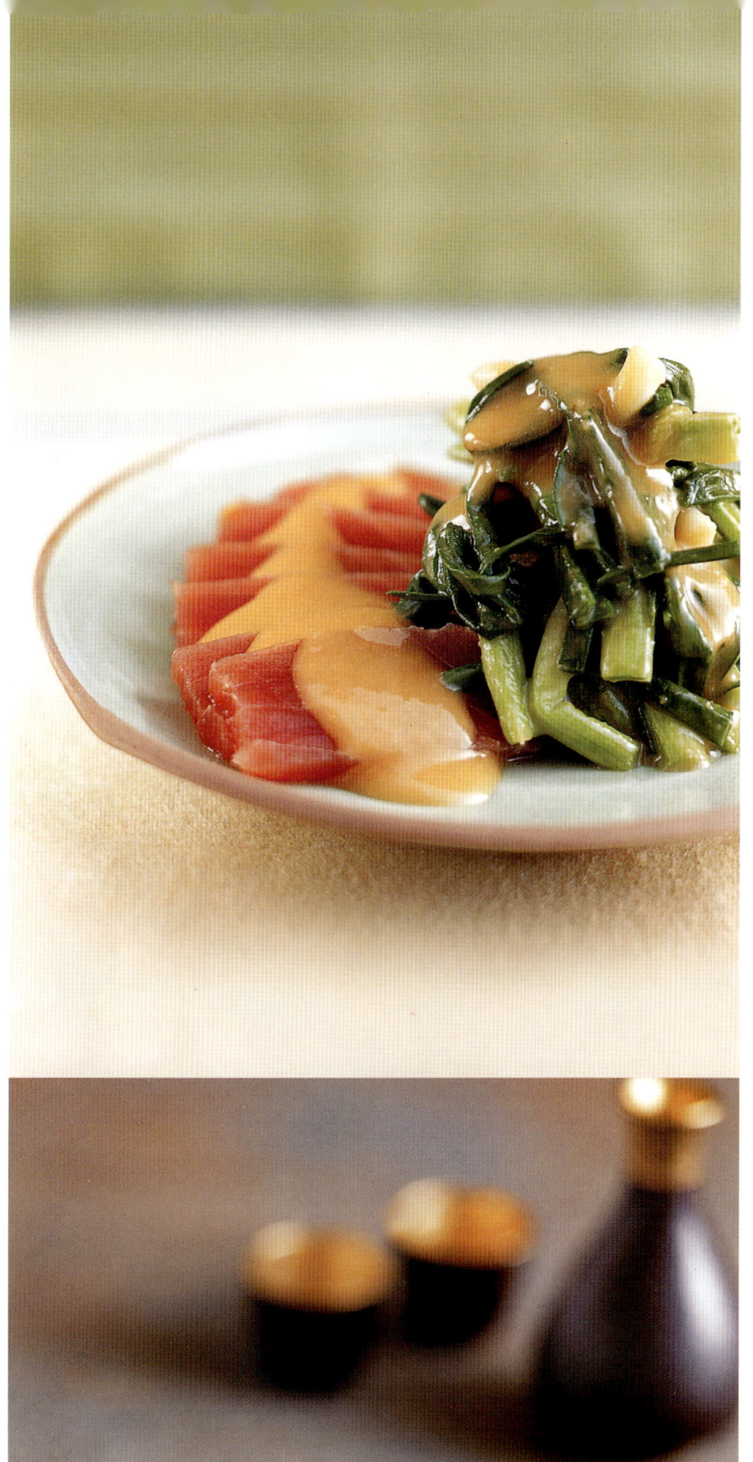

🥄 참치쪽파샐러드

재료　참치 100g, 쪽파 150g ┊소스┊
된장 50g, 식초 2큰술, 생강즙·참기름
1/2작은술씩

1 참치를 먹기 좋은 크기로 자른다.
2 쪽파는 끓는 물에 데친 후 헹궈 물기를
제거한다.
3 분량의 재료를 섞어 소스를 만든다.
4 접시에 참치와 쪽파를 가지런히 담고 그
위에 소스를 먹음직스럽게 끼얹는다.

Tip 식초 같은 산성 식품은 혈당 지수가
급상승하는 것을 막아 뇌를 보호합니다.

🥄 연어고추장구이

재료　생연어 350g(1팩), 감자 2개, 버터
1큰술, 올리브오일 1큰술, 새싹채소 30g,
청양고추 1~2개, 포도씨오일 2큰술 ┊소스┊
고추장 2큰술, 매실즙·다진대파 2큰술씩,
다진마늘 1큰술, 참기름·깨소금 1큰술씩,
후춧가루 약간

1 감자는 껍질을 벗겨 찜통에 넣어 찐 다음
뜨거울 때 으깨 버터, 올리브오일을 넣고
잘 버무린다.
2 그릇에 소스 재료를 넣고 잘 섞어 놓는다.
3 연어는 4x4cm 크기로 썬다.
4 청양고추는 어슷하게 저며 썰어 물에 헹
궈 씨를 빼고 새싹채소는 씻어 물기를 뺀다.
5 오븐팬에 포도씨오일을 두르고 연어를
올린 다음 그 위에 소스를 넉넉히 바른다.
6 230℃로 예열한 오븐에 소스 바른 연어
를 넣고 25분간 구워 낸다.
7 소스 부분이 노릇하게 되거나 연어에서
육즙이 나오지 않으면 완성.
8 그릇에 구운 연어를 얹고 으깬 감자를
둥글게 모양을 잡아 곁들이고 새싹채소와
청양고추를 얹어 낸다.

고등어된장구이

재료 고등어 1마리, 식촛물 적당량
┆된장양념장┆된장 1큰술, 매실청·맛술·
청주 1큰술씩, 생강즙 1작은술

1 고등어는 내장을 깨끗이 다듬어 석 장으
로 포를 뜬다.
2 포를 뜬 고등어를 깨끗이 씻은 후 식촛
물에 헹궈 물기를 뺀다.
3 분량의 재료를 잘 섞어 된장양념장을 만
들어 고등어살 안팎에 발라 재운다.
4 200℃로 예열한 오븐에 된장으로 양념
한 고등어를 넣고 노릇하게 굽는다.

삼치생강양념조림

재료 삼치 1마리, 생강 1쪽, 배춧잎 6장,
물 1/2컵┆양념장┆고춧가루 1큰술반, 다진
마늘 1작은술, 물엿 2작은술, 청주 1/2큰술,
소금·후춧가루 약간씩

1 삼치는 머리와 꼬리를 잘라내고 3~4cm
길이로 토막낸다.
2 생강은 손질해 도톰하게 저며 썰고, 배춧
잎은 씻어 곱게 채썬다.
3 분량의 재료를 섞어 양념장을 만든다.
4 냄비에 배추를 깔고 삼치를 올린 후 양
념장과 생강을 얹고, 냄비 가장자리로 물을
부어 조린다.

Tip 조리는 도중에 국물을 계속 끼얹어 양
념이 고루 배게 하세요.

오징어김치순대

재료　오징어 2마리, 배추김치 1/5포기,
두부 1/4모, 참기름 1큰술, 다진마늘 1작은술,
소금·후춧가루 약간씩, 밀가루 3큰술

1 오징어는 통으로 준비해 다리를 잡아당겨
뗀 후 내장을 빼내고 깨끗이 씻는다. 다리
의 빨판을 손으로 훑어낸 후 잘게 다진다.
2 배추김치는 속을 털고 물기를 짠 후 잘
게 다지고, 두부도 물기를 짠 후 으깬다.
3 ②에 다진 오징어 다리를 섞은 후 참기
름과 다진마늘, 소금, 후춧가루를 넣고 잘
버무려 소를 만든다.
4 손질한 오징어 몸통 안에 밀가루를 넣고
살살 흔들어 옷을 입힌다.
5 통오징어에 소를 채우고 이쑤시개로 입
구를 아물린 후 한김 오른 찜통에 넣어
20분 정도 푹 쪄 먹기 좋은 크기로 썬다.

양미리고추장조림

재료　양미리 20마리 ┆**조림장**┆고추장 2큰술, 진간장 1큰술, 소금 1작은술,
참기름 1작은술, 대파 1뿌리, 다진마늘 1큰술, 다진생강 1/2작은술, 설탕 1큰술,
후춧가루 약간

1 양미리는 꼬리를 떼고 세 토막 정도로 잘라 얼른 씻어 건져 물기를 뺀다. 딱
딱한 것은 물에 잠시 불렸다가 사용한다.
2 분량대로 재료를 섞어서 조림장을 만든다.
3 양미리를 조림장에 버무려 냄비에 넣고 양념을 끼얹어가며 조린다.

Tip 뚜껑을 열고 조려야 비린내가 나지 않아요.

🥄 전어고추장구이

재료   전어 4마리, 소금·후춧가루 약간씩, 식용유 약간 ¦ **고추장소스** ¦ 고추장 3큰술, 설탕 2큰술,
간장 1작은술, 청주·다진양파·물엿 1큰술씩, 다진마늘 1/2작은술, 참기름·후춧가루 약간씩

1 전어는 내장을 제거하고 비늘을 살살 긁어낸 후 칼집을 넣는다.

2 칼집 넣은 전어에 소금과 후춧가루를 약간 뿌려 밑간한다.

3 분량의 재료를 넣어 고추장소스를 만든 다음 실온에서 30분 정도 숙성한다.

4 식용유를 바른 석쇠에 전어를 올리고 센불에서 어느 정도 익힌다. 중간에 석쇠를 들었다 내렸다
하며 불의 세기를 조절한다.

5 ④에 고추장소스를 붓으로 발라가며 완전히 굽는다.

전어 손질해 칼집 넣기

전어에 고추장소스 발라 굽기

🥄 굴소스전어볶음

재료　전어 2마리, 소금·후춧가루 약간씩,
밀가루 2큰술, 청·홍피망 1/2개씩, 양송이
버섯 8개, 죽순 1대, 양파 1/2개, 마늘 3쪽,
마른고추 3개, 포도씨오일 약간 ┆**볶음양념**┆
굴소스 3큰술, 간장·설탕·청주 1큰술씩

1 전어는 내장을 꺼내고 흐르는 물에 씻은
다음 비늘을 긁어낸다. 지느러미는 가위로
잘라내고 소금과 후춧가루로 밑간한 다음
밀가루를 묻혀 놓는다.
2 피망, 양송이버섯, 죽순, 양파는 모두 큼
지막하게 썬다. 마늘은 통으로 준비한다.
3 팬에 기름을 두르고 마늘과 마른고추를
볶다가 전어를 넣어 노릇하게 익힌다.
4 익힌 전어를 건져내고 팬에 준비한 채소
들을 모두 넣어 볶다가 소금과 후춧가루로
간을 한다.
5 ④에 볶음양념을 넣고 바글바글 끓이면
서 볶는다.
6 채소가 절반 정도 익으면 전어를 다시
넣어 재빨리 함께 볶는다.

🥄 개성무찜

재료　무 200g, 대파 2뿌리, 마늘 3쪽, 다시마물 1컵, 참기름 1작은술 ┆**찜양념장**┆ 간장
2큰술, 청주 1큰술, 고추장·통깨 1작은술씩, 다진생강 약간

1 무는 껍질째 씻어 사방 3cm 크기로 썰고 모서리를 다듬어 물에 헹궈 건진다.
2 대파는 2cm 길이로 썰고 마늘은 도톰하게 저며 썬다.
3 냄비에 참기름을 두르고 대파와 마늘을 볶다가 무를 넣고 다시마물을 부어 끓인다.
4 무가 투명하게 반 정도 익으면 간장과 고추장, 다진생강, 청주를 넣어 약한 불에서 찐다.
5 무에 간이 배고 무르게 익으면 통깨를 넣어 버무린 후 남은 국물을 뿌려 그릇에 담아 낸다.

🥄 브로콜리쇠고기볶음

재료 브로콜리 150g, 쇠고기 200g, 식용유 1큰술 ┆**쇠고기양념**┆참기름 1큰술, 다진마늘 1/3작은술, 소금 1/2작은술, 후춧가루 약간, 청주 1작은술, 굴소스 2큰술

1 브로콜리는 작은 송이로 분리한 후 끓는 소금물에 1분간 데쳐 찬물에 헹군다.
2 쇠고기는 안심이나 등심으로 준비해 얇게 저며 썰어 쇠고기양념에 재운다.
3 달군 팬에 식용유를 두른 뒤 쇠고기를 먼저 넣어 볶는다.
4 익은 쇠고기를 팬 한쪽으로 밀어놓고 브로콜리를 넣어 살짝 볶다가 쇠고기와 어우러지도록 섞어가며 볶는다.

🥄 연어데리야키

재료 연어 2토막, 소금·후춧가루 약간씩, 포도씨오일 2큰술, 레몬즙 약간 ┆**데리야키소스**┆ 간장 4큰술, 설탕 3큰술, 청주 2큰술, 다진마늘 1/2작은술, 다진생강 1/4작은술, 후춧가루 약간

1 연어는 소금과 후춧가루로 밑간해 둔다.
2 데리야키소스의 재료를 모두 섞은 후 작은 냄비에 넣어 가볍게 끓인다.
3 팬에 포도씨오일을 두르고 연어를 올린 다음 앞뒤로 가볍게 익힌다.
4 연어살이 부서지지 않도록 조심하면서 데리야키소스를 뿌려가며 조리듯이 굽는다. 마지막에 레몬즙을 뿌린다.

오징어링지짐샐러드

재료 오징어 1마리, 소금·후춧가루 약간씩, 어린잎채소 적당량, 밀가루 약간 ┊ 소 ┊ 다진양파·새우살 50g씩,
다진오징어 다리살 1마리 분량, 다진쪽파 2큰술, 달걀 1개 ┊ 초간장 ┊ 간장·물·매실청 1큰술씩, 식초 1/2큰술

1 오징어는 통째로 내장을 빼내고 껍질을 벗긴 후 동그란 모양을 살려 썬다. 다리와 윗부분의 날개는 다진다.
2 새우와 오징어 다리살, 양파, 쪽파 다진 것을 다 합한 후 달걀을 풀고 소금으로 간하여 양념한다.
3 오징어 링에 날밀가루를 묻힌 후 남은 가루를 털어낸다.
4 달군 팬에 식용유를 두르고 약한 불에 오징어 링을 익힌 후 가운데 소를 넣어 앞뒤로 노릇하게 굽는다.
5 접시에 어린잎채소와 오징어 링을 담고 초간장을 곁들여 낸다.

chapter twelve

12월에 참 맛있는 제철음식

계절의 진미인 굴과 꽃게를 이용한 별미반찬을 만들어보자. 시금치와 배추, 무도 제맛이 들어 달착지근 입에 착착 감기고 문어, 맛살, 꼬막 등도 맛있는 달이다. 말려두었던 야채로 여러 가지 음식을 만들어 영양의 균형을 잡도록 하고 각종 비타민류는 제철과일인 귤과 바나나로 섭취하면 좋겠다.

홍합을 된장이나 고추장에 박아 장아찌를 만들고 굴젓과 뱅어젓을 담그는 달이다. 더불어 굴마말레이드나 배잼을 만들어두면 유용하다. 메주를 쑤고, 청국장을 만들고, 육포와 어포를 만들기에 적합한 달이기도 하다.

12월의 채소　　컬리플라워, 산마, 연근, 무, 브로콜리, 시금치, 배추, 늙은호박
12월의 해산물　굴, 홍게, 영덕게, 꽃게, 넙치, 문어, 맛살조개, 미역, 명태, 참치, 꼬막, 김, 코다리, 양미리, 홍어, 동태, 아귀, 대구, 임연수, 홍합
12월의 과일　　귤, 바나나

12월에 맛있는 제철식품

야채류보다 생선, 조개, 해초류가 맛있을 때. 따끈하게 매운탕도 끓이고 조림, 볶음, 찜도 만들어 본다. 김장철이므로 양념거리와 젓갈 준비도 잊지 말도록.

바나나 | 바나나는 칼로리가 낮아 비만인 사람에게 적합하다. 저열량 식품으로 지방이 거의 없고 나트륨이 아주 적은 과일이다. 상온에 보관해야 하며 껍질에 검은 반점이 하나씩 나타날 때가 가장 맛있다.

굴 | 귤에는 신진대사를 원활히 하고 피부와 점막을 튼튼하게 하는 비타민C가 풍부해 겨울철 감기 예방에 효과가 뛰어나다. 껍질이 얇고 단단한 것이 맛있다.

콜리플라워

양배추의 한 종류. 비타민C와 베타카로틴, 칼슘, 무기질, 철분, 필수 아미노산 등이 풍부해 성장기 어린이와 노약자에게 특히 좋다. 콜리플라워를 포함한 겨자씨 식물엔 DNA 손상을 막고 발암을 억제하는 성분이 들어 있다.

마

마의 단백질과 비타민B₁은 몸의 영양 상태를 개선하고 비타민C는 스트레스에 대한 저항력을 길러준다. 소화가 잘 안 될 때 마를 갈아서 즙을 내어 먹으면 좋다. 굵기가 도톰하고 균일하며 들어보아 묵직한 것이 좋은 것이다.

연근

주성분은 탄수화물이고 식물성 섬유도 풍부하다. 연근의 식물성 섬유는 깅을 끽딩이 자극해 장운동을 활발하게 해주어 콜레스테롤 수치를 떨어뜨리는 작용을 한다. 마디 사이가 매끈하고 통통하며 묵직한 느낌이 드는 것이 좋다.

무

배추와 함께 가장 친숙한 채소 중의 하나. 수분이 90%를 차지하며 비타민C가 풍부하다. 김치 종류는 물론 각종 요리에 들어가 음식물을 중화시켜주는 작용을 하고 디아스타제라는 소화효소가 음식물의 소화흡수를 돕는다.

브로콜리

데치거나 볶아서 각종 요리에 곁들이로 이용되는 브로콜리. 서양채소 중에서 가장 보편적으로 쓰이는 식품 중 하나이다. 비타민 A와 C가 풍부하고 칼륨, 인, 칼슘 등 각종 무기질이 많이 들어 있어 영양 덩어리로 알려져 있다.

시금치

비타민A가 채소 중에서 가장 많고 비타민C와 칼슘, 철분 등이 풍부한 알칼리성 식품. 잎이 부드럽고 소화가 잘 되며 섬유질이 많아 변비에도 좋다. 갖은양념으로 나물을 무치거나 된장을 풀어 국을 끓이면 구수한 맛이 일품이다.

배추

비타민C와 식물성섬유가 풍부하고 칼슘, 철분, 카로틴 등이 풍부해 비타민이 결핍되기 쉬운 겨울철 영양공급원으로 훌륭하다. 김치를 담가 먹으면 무기질을 효율적으로 섭취할 수 있고 장내세균이 생겨 정장 효과도 높아진다.

늙은호박

호박의 당분은 소화흡수가 잘 되어 위장이 약하고 마른사람, 회복기 환자에게 아주 좋다. 비타민A와 C, B₂가 풍부한 늙은호박은 저장성이 좋아 겨우내 두고 먹을 수 있으며 겨울에 부족하기 쉬운 비타민A의 훌륭한 공급원이다.

굴

어패류 중 여러 가지 영양소를 가장 이상적으로 갖고 있는 영양식품이어서 '바다에서 나는 우유'라는 말이 있을 정도다. 비타민과 미네랄의 보고인 굴은 콜레스테롤치를 감소시키는 작용을 하며 철분이 풍부해 빈혈 치료에도 좋다.

명태

갓 잡은 것을 생태, 얼린 것을 동태, 말린 것을 북어, 건조해서 코를 꿰어 놓은 것을 코다리라 부른다. 명태는 양질의 단백질과 칼슘, 철, 인이 풍부해 기력을 높이는데 좋고 라이신 성분이 세포발육과 뼈, 연골의 형성, 칼슘 흡수를 돕는다.

꽃게

지방의 함량이 적어 맛
이 담백하고 소화성도
좋아 회복기 환자나 허
약체질, 노인에게 좋은
식품이다. 저지방·고단
백을 필요로 하는 비만
증·고혈압·간장병 환자
에게도 권장할만하다.
알칼리성식품과 어울려
먹으면 좋다.

광어 (넙치)

광어는 쫄깃한 감칠맛
에 비린내도 없어 횟감
으로 많이 이용된다. 단
백질이 질이 우수하고
지방함량이 적어 비만
을 방지하며, 맛이 담백
하여 간장질환이 있는
사람이나 당뇨병 환자
에게 좋은 식품이다. 광
어는 눈이 좌측에 있다.

홍합

홍합과의 바닷조개로
껍데기는 삼각형에 가
까우나 길고 둥글며 두
껍다. 단백질은 적은 편
이지만 철, 비타민A, B₂
의 좋은 보급원이다. 유
럽에서는 수프, 찜, 구이
등 다양한 조리법으로
즐긴다.

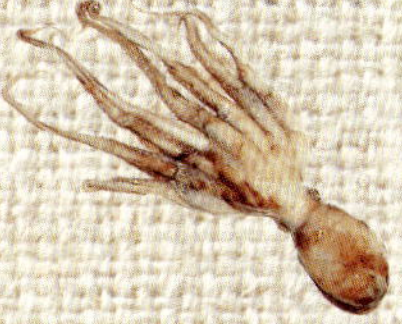

문어

연체동물 중 머리가 제
일 좋은 것으로 알려져
있는 문어는 난소가 성
숙할 때 맛이 제일 좋은
데, 난소는 영양이 좋을
뿐 아니라 맛도 일품이
다. 문어는 대개 날 것으
로 먹지 않고 익히거나
말려서 먹는다. 술안주
로 널리 이용되는 재료.

맛살조개

조개류의 단백질 속에
는 히스티딘, 라이신 등
의 아미노산이 많고 글
리코겐이 풍부하다. 간
장질환과 담석증 환자
에게는 조개 종류가 아
주 좋은 식품인데 소화
력이 떨어지는 사람이
라면 끓인 국물을 마시
면 좋다.

미역

칼슘이 풍부한 바다의
채소. 골다공증 예방에
제격인 식품이다. 녹색
이 짙고 광택이 있으며
두껍고 탄력 있는 것으
로 고른다. 쇠고기, 홍합
등을 넣고 국을 끓이는
것이 일반적이며 초무
침이나 냉채로도 많이
만들어 먹는다.

참치 (참다랑어)

DHA와 EPA가 풍부하
고 칼로리와 지방은 낮
아 바다의 닭고기라고
불리는 참치는 혈관계질
환 예방에 효과적이다.
육질이 붉은색을 띠고
고운 육질을 갖고 있는
것이 최상급이며, 회로
먹을 때는 살균작용이
있는 생강을 곁들인다.

꼬막

특유의 풍미와 쫄깃한
살을 떼어먹는 재미가
있어 많은 사람들이 좋
아한다. 양질의 단백질
과 비타민, 필수아미노
산이 균형있게 들어있
어 성장발육에 좋으며
철분과 각종 무기질이
다량 함유되어 있어 빈
혈에도 도움이 된다.

김

채취 시기에 따라 품질
이 다른데, 대개 겨울에
딴 것이 가장 맛있다. 자
연이 인간에게 준 최고
의 선물이라 불리는 김
은, 빛깔이 검고 광택이
나면서 특유의 향이 있
는 것이 상품. 질이 좋은
김일수록 구웠을 때 청
록색이 선명하다.

코다리

마른북어보다 촉촉하고
부드럽고, 생태보다는
쫀득하고 구수한 맛이
나는 생선. 값이 매우 싸
서 겨울철 반찬거리로
자주 등장한다. 코다리
는 너무 꾸덕하거나 축
축한 것을 피하고 살이
많은 것을 고른다.

양미리

몸은 가늘고 길며 배지
느러미가 없다. 몸 빛깔
은 등이 갈색이고 배는
은백색이다. 우리나라
동해와 일본 근해에서
많이 잡히며 말려서 멸
치 대신 쓰기도 한다. 겨
울철에 많이 잡히는데
주로 꾸덕하게 말린 상
태로 판매가 된다.

홍어

제철이 아니면 질기고
맛도 싱거워 겨울에서
이른 봄 산란기에 먹어
야 연하고 좋다. 홍어는
고단백·저지방 식품이
다. 가오리와 다른 점은
등이 거무스름하고 살
색이 희다는 것이다. 삭
혀서 막걸리와 함께 먹
는 홍탁이 유명하다.

동태

명태를 얼린 것. 명태의
주성분은 단백질이며
인, 비타민B₂ 등이 함유
되어 있다. 지방함량이
적어 맛이 개운하고 간
을 보호해주는 메티오
닌과 같은 아미노산이
풍부해 해장국으로 많
이 이용된다. 겨울철 찌
갯거리로 인기만점.

아귀

겨울철에 잡히는 것이
싱싱하고 맛이 있다. 아
귀는 만져보아 살에 탄
력이 느껴지면서 까실
까실한 가시가 솟아있
는 것이 싱싱하다. 몸 밖
으로 미끌미끌한 진이
흘러나온 것은 선도가
떨어진 것이므로 조심
한다.

대구

참대구는 수분이 많고
부드러우며 담백한 맛
이 난다. 대구알젓과 간
유는 우수한 영양소이
며 특히 간유는 비타민
A와 D, 타우린이 풍부
하게 들어있다. 전체적
으로 통통하면서 탄력
이 있는 것을 고른다.

▽ 미역국

재료 ｜ 미역 30g, 쇠고기(등심) 200g, 참기름 1/4큰술, 물 5컵 ｜ **국양념** ｜ 다진마늘 1/2큰술, 국간장 1큰술, 소금·후춧가루 조금씩

1 미역은 물에 불려서 미끈거림이 없어질 때까지 잘 씻은 다음 먹기 좋은 크기로 썬다.

2 쇠고기는 등심으로 준비해서 기름기를 떼내고 채썰거나 네모나게 썬다.

3 냄비에 참기름을 두르고 쇠고기를 먼저 넣어 볶다가 불린 미역을 넣어 함께 달달 볶는다.

4 미역과 쇠고기가 어느 정도 볶아지면 재료가 충분히 잠길 만큼 물을 붓고 센불에서 끓인다.

5 미역국이 한소끔 끓어오르면 분량의 국양념으로 간을 한 뒤 은근한 불에서 10분 정도 더 끓인다.

Tip '자른미역'을 이용하면 쉽게 불려지고 자를 필요도 없어 편리해요.

굴전골

재료 굴 300g, 배추 2장, 양파 1개, 무 200g, 당근 1/2개,
대파 1뿌리, 표고버섯 2장, 쇠고기(살코기) 150g, 참기름 약간
┆쇠고기양념┆다진파 1큰술, 다진마늘 1작은술, 간장 1큰술반,
설탕 1/2큰술, 후춧가루·참기름 약간씩 ┆장국┆ 간장 1큰술,
소금 2작은술, 통후추 50알, 물 3컵

1 굴은 이물질을 제거하고 소금물에 살살 흔들어 씻어 건진다.
2 배추는 1㎝ 두께로 채썰고 양파는 도톰하게 채썬다.
3 무와 당근은 4㎝ 길이, 0.5㎝ 두께로 채썰고 대파는 4㎝
길이로 길게 4등분한다.
4 표고는 미지근한 물에 불려 기둥을 떼고 도톰하게 채썬다.
5 쇠고기는 채썰어 쇠고기양념에 재워 둔다.
6 당근과 무는 끓는 물에 살짝 데쳐 각각 참기름으로 무친다.
7 전골냄비에 쇠고기와 준비한 채소, 굴을 돌려 담고 장국을
부어 끓인다.

굴 씻어 건지기

채소 준비하기

쇠고기 양념장에 무치기

배추새우젓찌개

재료 배추 300g, 다진마늘·새우젓·미강유 1큰술씩, 쌀뜨물 1컵반, 대파 1/2뿌리, 표고버섯가루
1/2큰술, 들깨가루 3큰술

1 배추는 끓는 물에 데쳐 건져 손으로 길게 찢은 다음 물기를 대충 짜 놓는다.
2 배추에 다진마늘, 새우젓, 미강유를 넣어 조물조물 무친다.
3 달군 냄비를 중불에 놓고 배추를 먼저 볶다가 분량의 쌀뜨물을 부어 뚜껑을 닫고 끓인다.
4 송송 썬 대파, 표고버섯가루, 들깨가루를 넣고 새우젓으로 간을 맞춘 다음 한소끔 더 끓인다.

홍합무국

재료 홍합 300g, 소금 1큰술, 무 100g

1 무는 깨끗이 씻어 사방 2㎝ 정도로 얄팍하게 나박나박 썬다.

2 홍합의 내장과 수염 등 지저분한 것을 가위로 깨끗이 제거한다.

3 손질한 홍합을 소금을 넣은 물에 살살 흔들어 씻어 건진다.

4 냄비에 물을 넉넉히 붓고, 썰어 놓은 무를 넣고 끓인다.

5 무가 어느 정도 익으면 씻어 건진 홍합을 넣고 끓이다가 소금으로 간을 맞춘다.

홍합 손질하기

소금물에 홍합 씻어 건지기

소금 간하기

❤ 무콩나물국

재료 무 150g, 대파 10g, 콩나물 100g, 다시마 5g, 물 6컵, 쇠고기 100g, 다진마늘 1큰술, 고운고춧가루 1큰술, 소금 약간

1 무는 연필 깎듯이 비껴 썰고, 대파는 어슷 썬다.
2 콩나물은 꼬리를 다듬어 깨끗이 씻어 준비한다.
3 냄비에 물을 붓고 다시마와 핏물 뺀 쇠고기를 넣어 끓인다.
4 육수가 끓기 시작하면 다시마를 건진다.
5 다시마 건진 국물에 무를 먼저 넣고 끓이다가 무가 익으면 콩나물을 넣어 다시 한소끔 끓인다.
6 대파, 다진마늘, 고춧가루, 소금으로 맛을 낸다.

❤ 홍합매운탕

재료 홍합 400g, 청양고추 2개, 대파 1/4뿌리, 쑥갓 1/5단, 고춧가루 3큰술, 물 3컵, 간장·다진마늘 1큰술씩, 굵은소금 적당량

1 홍합은 수염을 제거하고 껍데기를 솔로 문지른 다음 깨끗하게 헹군다.
2 고추, 대파는 송송썰고 쑥갓은 물에 5분간 담갔다가 건져 4cm 길이로 썬다.
3 뚝배기에 고춧가루와 물을 넣고 끓으면 간장을 넣고 홍합도 넣어 끓인다.
4 홍합이 입을 벌리면 청양고추, 대파, 마늘을 넣고 소금으로 간하고, 불을 끄고 쑥갓을 얹어 낸다.

시금치깨소스볶음

재료 시금치 1/2단, 양송이 3개, 양파 1/4개, 청피망·홍피망 1/4개씩, 식용유 약간 ┆ 깨소스 ┆ 검은깨소금
2큰술, 참기름 1큰술, 다진파·간장 1작은술씩, 다진마늘 1/2작은술, 소금·후춧가루 약간씩

1 시금치는 밑동을 잘라내고 잘 씻은 후 길이로 3~4등분한다.

2 양송이는 모양을 살려 저며 썰고 양파, 피망은 5cm 길이로 곱게 채썬다.

3 분량의 깨소스 재료를 고루 섞어 둔다.

4 달군 팬에 식용유를 약간 두르고 양파를 볶아 향을 낸다.

5 같은 팬에 시금치와 양송이를 넣고 센불에서 재빨리 볶는다.

6 양송이와 시금치가 약간 숨이 죽으면 피망과 깨소스를 넣고 재빨리 볶아 낸다.

Tip 시금치 300g을 먹는 것이 비타민C 1,250mg을 먹는 것보다 혈액 속의 항산화 능력을 더 크게 향상시킵니다.

굴전

재료 굴 1컵반(통통한 것 30개 정도), 밀가루 1/2컵, 풋고추 1개, 붉은고추 1/2개, 양파 1/4개, 달걀 2개, 소금·후춧가루·식용유 약간씩

1 굴은 옅은 소금물에 여러 번 씻어 체에 건져 물기를 뺀 후 밀가루를 살살 입힌다.
2 고추, 양파는 입자가 약간 보이게 다진다.
3 달걀은 고루 풀어 다진 고추와 양파를 넣고 섞는다.
4 굴을 달걀물에 적셔 기름 두른 팬에 올려 노릇하게 구워 낸다.

김쪽파무침

재료 돌김 4장, 쪽파 20뿌리, 소금 약간, 포도씨 오일 1/4작은술 | **양념장** | 고운고춧가루·참치액· 다진마늘 1작은술씩, 간장·참기름·깨소금 1큰술씩

1 돌김은 불에 바삭하게 구워 비닐봉지에 넣고 부순다.
2 쪽파는 다듬어 씻어 냄비에 물을 붓고 소금과 포도씨오일을 넣어 파랗게 데친다.
3 데친 파는 찬물에 헹궈 물기를 짠 후 2cm 길이로 썬다.
4 그릇에 양념장 재료를 분량대로 넣어 고루 섞는다.
5 양념장에 김과 쪽파를 넣어 젓가락으로 버무린 후 소금으로 간을 맞춘다.

🥄 김찹쌀부각

재료 김 6장, 통깨 약간, 튀김기름 적당량
╎**찹쌀풀**╎ 찹쌀가루 3큰술, 물 2/3컵, 소금
1/2작은술, 생강즙 약간

1 김은 잡티를 골라내고 깨끗이 손질한 후
반으로 잘라 다시 6등분한다.
2 찹쌀가루에 물을 조금씩 흘려 부어 멍울
없이 푼 후 불에 올려 한소끔 끓이다가 불
을 낮춰 끓인다.
3 찹쌀풀이 윤기가 나면서 되직해지면 소
금, 생강즙을 넣고 간하여 식힌다.
4 김 한 면에 찹쌀풀을 얇게 펴 바른 후 다
른 김 한 장을 겹쳐 붙인다. 채반에 펼쳐
그늘에서 잘 말린다.
5 풀이 다 마르면 그 위에 다시 풀을 바르
고 통깨를 적당히 뿌린 후 채반에 펼쳐 습
기가 없고 바람이 잘 통하는 곳에서 말린다.
6 바싹 마른 김을 160℃로 예열한 튀김기
름에 튀긴 후 키친타월에 올려 기름을 뺀다.

🥄 김치오코노미야키

재료 다진김치 1컵, 마 60g, 베이컨 2장,
밀가루 1컵, 달걀 1개, 물 3/4컵, 간장 1큰술,
발사믹식초·마요네즈·어린잎채소·식용유
적당량씩

1 김치는 물에 씻어 쫑쫑 썬 다음 물기를
꼭 짠다.
2 마는 껍질을 벗긴 다음 곱게 갈고, 베이
컨은 잘게 채썬다.
3 다진김치와 마 간 것, 베이컨, 밀가루, 달
걀, 물, 간장을 넣고 골고루 잘 섞어 오코노
미야키 반죽을 만든다.
4 달군 팬에 기름을 두르고 반죽을 한 국
자씩 떠 넣어 앞뒤로 뒤집어 가며 노릇하게
굽는다.
5 구운 오코노미야키를 접시에 담고 마요
네즈와 발사믹식초를 뿌리고 어린잎채소를
곁들인다.

🥄 칠리소스꽃게튀김

재료　꽃게 2마리, 녹말가루 2큰술, 튀김기름 적당량, 쪽파 2뿌리 ¦ **꽃게 재움장** ¦ 소금·후춧가루 1/3작은술씩, 생강즙 1/2큰술, 맛술 1큰술, 간장 1/2작은술, 참기름 1작은술 ¦ **칠리소스** ¦ 고추기름·고추장·핫소스·식초 1큰술씩, 토마토케첩·물 3큰술씩, 다진양파 4큰술, 다진마늘 1/2큰술, 설탕 1큰술반, 간장 1작은술

1 꽃게는 너무 크지 않은 것을 구입한 다음 딱지를 떼내고 아가미와 발끝을 잘라낸 뒤 분량의 재움장으로 밑간해 둔다.
2 밑간한 꽃게에 녹말가루를 골고루 무쳐서 180℃로 달군 기름에 넣어 바삭하게 튀긴다. 두 번 정도 튀겨 기름기를 제거한다.
3 달군 뚝배기에 고추기름을 두른 뒤 다진양파와 마늘을 넣어 볶다가 칠리소스의 나머지 재료들도 모두 넣어 골고루 섞어 소스를 완성한다.
4 소스를 약한 불에서 은근히 졸이다가 튀긴 꽃게를 넣어 버무리고 불에서 내린다. 송송 썬 쪽파를 올려 상에 낸다.

꽃게 재움장으로 밑간하기

소스 끓이기

코다리튀김양념조림

재료　코다리 2마리, 양파 1/4개, 붉은고추 1개, 녹말가루 3큰술, 튀김기름 약간, 깨소금·
후춧가루·소금 약간씩 ┊**조림장**┊다시마물 1/2컵, 국간장·고춧가루·청주·다진마늘
1큰술씩, 참기름 1작은술, 다진파 2큰술, 다진생강 약간

1 꾸덕꾸덕하게 마른 코다리를 손질해 소금물에 재빨리 씻어 건져 물기를 닦는다.

2 코다리를 3cm 크기로 자르고 녹말가루를 고루 입혀 160℃의 튀김기름에 바삭하게 튀
겨 낸다.

3 양파는 채썰고 붉은고추는 송송 썰어 씨를 턴다.

4 분량의 재료를 넣고 골고루 섞어 조림장을 만든다.

5 달군 냄비에 기름을 두르고 채썬 양파와 튀긴 코다리를 넣고 조림장을 부어 조린다.

6 마지막에 붉은고추를 넣고 버무려 깨소금, 소금, 후춧가루로 간한다.

무밥과 양념장

재료　무 150g, 소금 약간, 불린 쌀 3컵, 물
2컵 ┊**양념장**┊송송썬 실파·다진오이 1/2컵씩,
다진마늘·매실청·참기름·깨소금·고추기름
1큰술씩, 간장 3큰술

1 무는 굵게 채썬 후 소금을 뿌려 재워 두었
다가 물기를 살짝 짠다.

2 솥에 불린 쌀과 물을 넣어 한소끔 끓이다가
무를 넣고 중불로 줄여 밥물이 잦아들 때까지
끓인다.

3 어느 정도 끓어 밥물이 잦아들면 밥을 아래
위로 훌훌 섞은 후 약불에서 뜸을 들인다.

4 밥이 뜨거울 때 훌훌 섞어 푼 다음 양념장
을 곁들여 낸다.

🥄 브로콜리참마무침

재료   참마 200g, 쌀뜨물 적당량, 브로콜리 100g, 소금 약간, 참깨가루 1큰술반 ┆**무침양념장**┆ 참기름 1큰술, 레몬즙·맛술 1작은술씩, 다진마늘 1/2작은술, 꿀 1/4작은술, 소금 약간

1 참마는 쌀뜨물에 씻어 껍질을 벗긴 다음 사방 1.5cm 크기로 썰어 소금물에 헹궈 건진다.
2 브로콜리는 한 송이씩 떼어 약간의 소금을 넣은 끓는 물에 파랗게 데쳐 찬물에 헹궈 물기를 뺀다.
3 참기름에 레몬즙과 맛술, 다진마늘, 꿀을 넣어 소금으로 간을 맞춰 무침양념장을 만든다.
4 그릇에 참마와 브로콜리를 담고 무침양념장을 뿌려 버무린 후 접시에 소복하게 담고 참깨가루를 듬뿍 뿌려 먹는다.

🥄 배추굴겉절이

재료   배추속대 500g, 굴·부추 100g씩, 대파 1뿌리, 붉은고추 2개, 소금·통깨 약간씩 ┆**소금물**┆ 물 3컵, 굵은소금 3큰술 ┆**무침양념**┆ 찹쌀풀 1큰술반, 고춧가루 4큰술, 다진마늘 1큰술, 다진생강 약간, 멸치액젓 6큰술, 매실청 5큰술, 레몬즙 3큰술, 물엿 1큰술

1 노란 배추속대는 잎을 한 장씩 뜯어 깨끗이 씻은 뒤 칼로 먹기 좋게 어슷 썰어 분량의 소금물에 살짝 절인다.
2 굴은 옅은 소금물에 흔들어 씻어 체에 건져 물기를 뺀다.
3 분량의 재료를 고루 섞어 무침양념을 만든다.
4 부추는 손가락 길이로 자르고 대파는 어슷 썰고, 붉은고추는 반으로 갈라 채썬다.
5 배추가 적당히 절면 물에 헹구고 소쿠리에 건져 물기를 뺀다.
6 절인 배추에 무침양념을 넣어 골고루 무친 후 굴, 부추, 대파, 붉은고추를 넣고 무친다. 모자란 간은 소금으로 맞추고 접시에 담아 낼 때 통깨를 뿌린다.

🥄 브로콜리무순샐러드

재료 브로콜리 200g, 무순 30g, 칵테일새우 8마리, 양파 1/2개, 소금 약간, 머스터드 1/2작은술,
올리고당 1작은술, 올리브오일 2큰술 ┆머스터드크림소스┆크림치즈 1큰술, 올리브오일 2큰술,
레몬즙·머스터드 1큰술씩, 꿀 1작은술, 소금 약간

1 브로콜리는 한 송이씩 떼어 소금물에 헹궈 건져 끓는 물에 파랗게 살짝 데친 다음 찬물에 헹
궈 건져 물기를 빼고, 칵테일새우는 브로콜리 삶은 물에 살짝 데쳐 찬물에 헹궈 건진다.
2 무순은 깨끗이 씻어 물기를 털고, 양파는 링으로 얇게 썰어 찬물에 담가 매운맛을 빼고 건진다.
3 크림치즈와 올리브오일을 거품기로 저어 고루 섞이면 레몬즙과 머스터드, 꿀, 소금으로 맛을
내어 소스를 완성한다.
4 접시에 브로콜리, 무순, 칵테일새우, 양파를 담고 머스터드크림소스를 듬뿍 뿌린다.

소금물에 굴 씻기

쌀 씻어 건지기

굴 넣어 뜸들이기

🥄 무굴밥

재료 　무 300g, 굴 200g, 쌀·물 2컵씩
┊**양념장**┊ 송송 썬 실파 1컵, 깨소금 1큰술,
다진마늘 2큰술, 간장 5큰술, 참기름 2큰술,
고춧가루·설탕 1큰술씩, 생강즙 1작은술

1 무는 5cm 길이의 보통 굵기로 채썬다.
2 굴은 옅은 소금물에 씻어 건진다.
3 쌀은 잘 씻어 체에 건져 물기를 거둔다.
4 돌솥에 무를 깔고 그 위에 쌀을 안친다.
5 분량의 물을 붓는다.
6 밥물이 끓어올랐다가 잦아들면 가운데를
우물 모양으로 파고, 굴을 넣은 후 다시 밥
을 덮어 뜸을 푹 들여 완성한다.
7 양념장을 만들어 비벼 먹는다.

🥄 콜리플라워샐러드

재료 콜리플라워 300g, 소금 약간, 다진잣 1큰술, 다진파슬리 약간 ¦ 마요네즈소스 ¦ 양파 1/2개, 오이 1/3개, 당근 1/4개, 마요네즈 4큰술

1 콜리플라워는 들어 보아 묵직한 것으로 준비해 작은 송이로 분리한다.
2 끓는 물에 콜리플라워를 넣고 소금을 약간 넣어 1~2분 정도 데친 후 찬물에 헹궈 물기를 뺀다.
3 양파와 오이, 당근은 껍질을 벗기고 씻어서 곱게 다진 다음 마요네즈와 함께 버무려 마요네즈소스를 만든다.
4 데친 콜리플라워에 마요네즈소스를 듬뿍 끼얹어 고루 버무려 접시에 담고 굵직하게 다진잣과 다진파슬리를 얹는다.

🥄 동태간장조림

재료 동태 1마리, 무 1/5개, 감자 1개, 대파 1/5뿌리 ¦ 조림장 ¦ 진간장 2큰술, 참기름 1큰술, 물엿 1작은술, 다진마늘 1/2작은술, 물 1/2컵, 소금 약간

1 동태는 깨끗하게 손질해 먹기 좋은 크기로 토막낸다.
2 무와 감자는 손질해 한입에 먹기 좋은 크기로 동그랗고 도톰하게 썬다.
3 진간장과 참기름, 물엿, 다진마늘, 물, 소금을 냄비에 담고 한소끔 끓여 조림장을 만든다.
4 조림장에 무와 감자, 동태를 넣어 국물이 자작하게 졸아들 때까지 조린다. 조리는 도중에 국물을 끼얹어 가며 양념이 고루 배도록 한다.
5 불에서 내리기 전에 대파를 굵직하게 채썰어 넣어 색과 맛을 더한다.

브로콜리돼지고기볶음

재료　브로콜리 300g, 돼지고기 안심 200g, 홍피망 1/3개, 소금·올리브오일 적당량 ¦ **돼지고기양념** ¦ 간장 1/2큰술, 생강즙 2큰술, 후춧가루 약간 ¦ **볶음소스** ¦ 굴소스 1큰술, 간장·맛술 1큰술씩, 다진마늘·설탕 1작은술씩, 후춧가루 약간

1 브로콜리는 한 송이씩 떼내어 소금물에 살짝 데친 뒤 식힌다. 홍피망은 4cm 길이로 썬다.

2 돼지고기 안심은 얇게 저며 간장, 생강즙, 후춧가루로 밑양념한다.

3 달군 팬에 올리브오일을 두르고 돼지고기를 볶는다.

4 고기가 익으면 브로콜리, 피망을 넣고 볶음소스를 넣어 센불에서 재빨리 볶아 낸다.

무간장가쓰오부시조림

재료　무 300g, 마른새우 10g, 실파 1뿌리, 가쓰오부시 2큰술, 검은깨 1/2작은술
양념장　간장 2큰술반, 설탕 1큰술반, 청주 1큰술, 생강즙·참기름 1작은술씩,
물 100ml

1 무는 3cm 두께로 동그랗게 썰고 마른새우는 잡티를 털어낸다.

2 냄비에 무와 마른새우를 담고 양념장을 부어 끓인다.

3 끓기 시작하면 불을 줄이고 약불에서 양념장을 끼얹어 가며 무가 말갛게 익을 때까지 조린다.

4 무가 거의 익으면 실파를 3cm 길이로 잘라 넣고 불을 끄고 가쓰오부시, 검은깨를 넣어 맛을 더한다.

동태살에 밑간하기

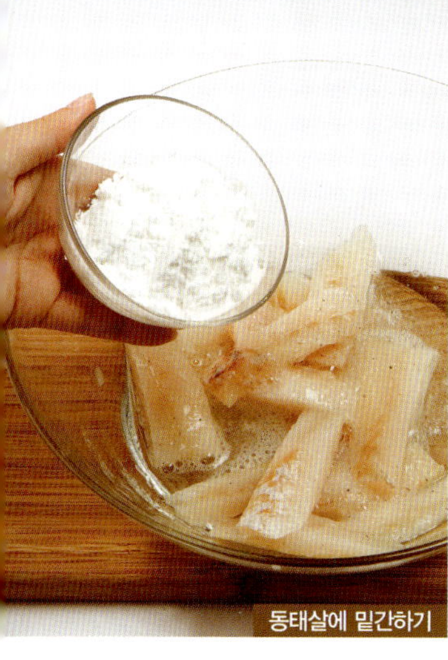

동태살유린기

재료 동태살 300g, 소금·후춧가루 약간씩, 청주 1큰술, 달걀흰자 1개, 녹말가루 4큰술, 송송썬 파 2큰술, 튀김기름 적당량 ¦ **유린기소스** ¦ 간장 3큰술, 식초 2큰술, 사이다·설탕 1큰술씩, 청주 약간, 생강즙 1작은술, 마른고추 2개, 대파(흰 부분) 1/2뿌리, 후춧가루 약간

1 동태살에 소금, 후춧가루, 청주를 넣어 밑간해 둔다.
2 동태살에 달걀흰자를 넣고 손으로 재빨리 주물러 거품을 낸 다음 녹말가루에 버무려 튀김옷을 입힌다.
3 튀김옷 입힌 동태살을 180℃의 끓는 기름에 두 번 튀긴다.
4 분량의 재료를 섞어 유린기소스를 만든다.
5 튀긴 동태살에 대파를 송송 썰어 올리고 유린기소스를 뿌린다.

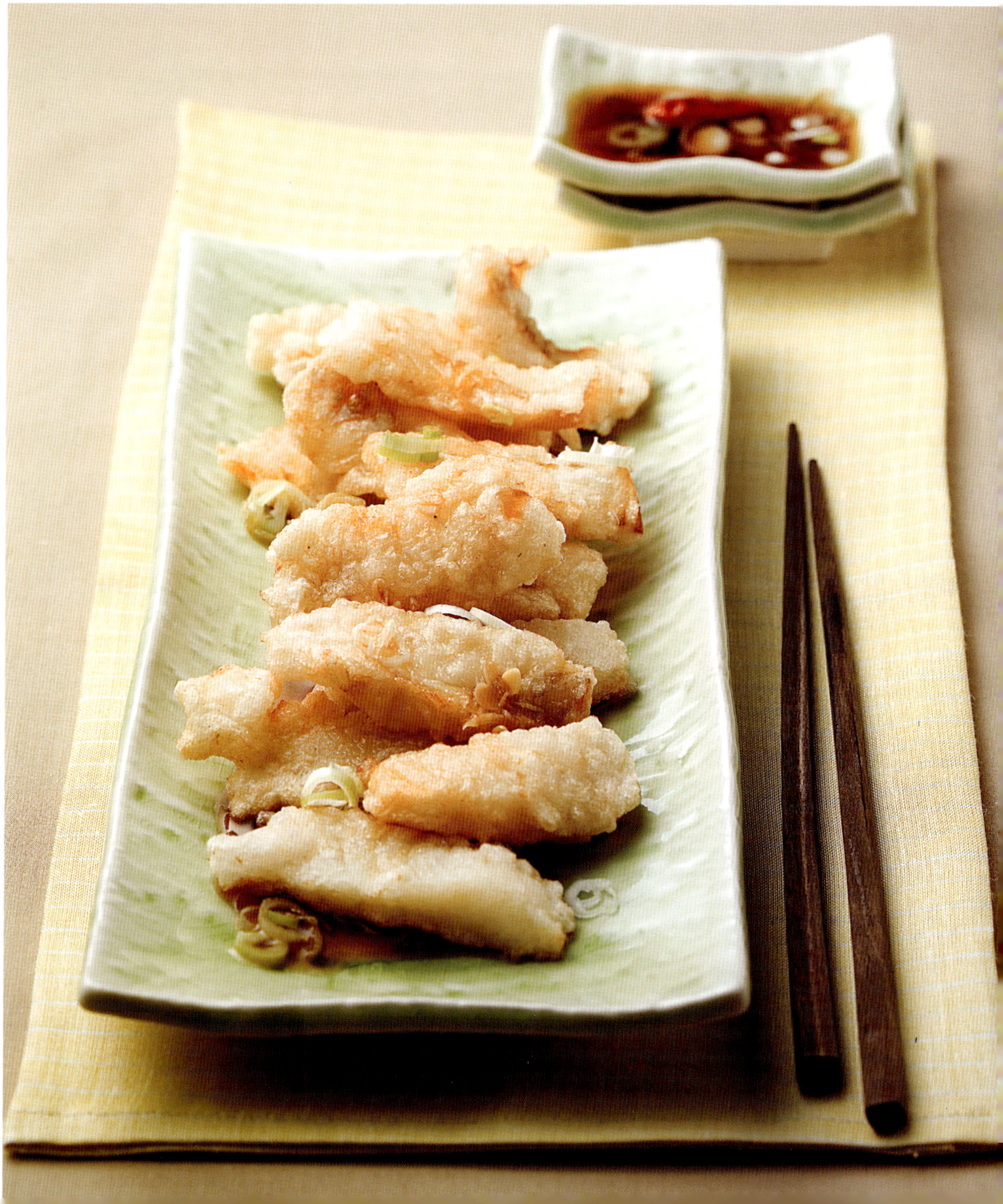

🥄 마튀김

재료   마 300g, 참깨 1/3컵, 파슬리가루 1작은술, 소금·올리브오일 약간씩

┆ **튀김반죽** ┆ 튀김가루 1/2컵, 물 1/3컵, 달걀노른자 1개

1 마는 껍질을 벗겨 동그랗게 썬다.
2 튀김가루, 물, 달걀노른자를 골고루 섞어 튀김반죽을 만들고 참깨에 파슬리
가루를 섞어 놓는다.
3 마에 약간의 밀가루를 입혀 여분의 가루는 털어낸 다음 반죽물을 입혀 참
깨, 파슬리가루를 한쪽 면에만 묻힌다.
4 기름을 넉넉히 두른 팬에 노릇하게 튀긴 후 건져 낸다.

김치양념에 김치 버무리기

🥄 임연수김치찜

재료　　임연수 1마리, 소금·후춧가루 약간씩, 청주 2큰술, 밀가루 3큰술, 포도씨오일 약간, 김치 1/8포기, 떡볶이떡 8개, 고추장 2큰술, 멸치다시마국물 4컵(물 5컵, 멸치 4개, 다시마 1개), 쑥갓 한 줌 ┆ **김치양념** ┆ 국간장 1작은술, 설탕 1작은술

1 임연수는 머리를 잘라내고 내장을 손질한 다음 소금과 후춧가루, 청주로 밑간한다.
2 밑간한 임연수에 밀가루를 묻힌 다음 포도씨오일을 두른 팬에 노릇하게 지진다.
3 김치는 속을 털어내고 김치양념에 버무린다.
4 냄비에 양념한 김치를 담고 멸치다시마국물을 부은 뒤 고추장을 풀어 15분간 팔팔 끓인다.
5 한소끔 끓으면 임연수와 떡볶이떡을 넣고 약불에서 15분간 더 끓인다.
6 불을 끄고 마지막에 쑥갓을 넣는다.

🥄 시금치나물수육무침

재료　　시금치나물 100g, 쇠고기(양지머리) 250g, 대파 1뿌리, 다시마(10×10㎝) 1장, 적채 5장, 참기름 1큰술, 다진마늘 1/3작은술, 고춧가루 1/2큰술, 소금·후춧가루 약간씩

1 쇠고기는 양지머리 덩어리로 준비해 대파를 1/3뿌리 정도 잘라 넣고 다시마도 넣어 물을 붓고 속까지 충분히 무르도록 삶는다.
2 남은 대파 2/3뿌리는 곱게 채썰고 적채도 채썰어 찬물에 살살 흔들어 헹궈 물기를 뺀다.
3 삶은 쇠고기는 먹기 좋은 크기로 저며 썬다.
4 시금치나물과 채썬 대파, 적채를 섞은 후 쇠고기를 넣고 참기름, 다진마늘과 고춧가루, 소금과 후춧가루를 넣어 무친다.

🥄 홍합마늘구이

재료　홍합살 1컵, 마늘 4쪽, 새송이버섯 1개반, 생겨자 1큰술, 마요네즈 3큰술, 일본간장 약간, 설탕 약간, 송송썬 쪽파 1큰술

1 홍합살은 끓는 물에 살짝 데쳐 물기를 꼭 짜둔다.
2 마늘은 얇게 저미고 새송이버섯도 마늘 크기로 자른 후 슬라이스한다.
3 마늘을 전자레인지에 넣고 1분 정도 데워 익힌다.
4 분량의 마요네즈와 생겨자를 섞은 후 데친 홍합살, 마늘, 새송이버섯을 넣어 고루 버무린 후 간장과 설탕으로 맛을 낸다.
5 철판에 준비한 구이 재료를 깔고 180℃로 예열한 오븐에 5분 정도 구운 후 다시 가스불에 올려 소스에 기포가 생기면서 바글바글 끓으면 송송 썬 쪽파를 올려 상에 낸다.

🥄 미역무채샐러드

재료　불린미역 50g, 무 200g, 비트 20g, 무순 30g, 땅콩 10g ┊ 드레싱 ┊ 유자청·레몬즙 1큰술씩,
미소된장·포도씨오일 2큰술씩, 다시마물 5큰술, 소금 약간

1 불린 미역은 끓는 물에 살짝 데친 후 찬물에 헹궈 물기를 꼭 짜고 곱게 채썬다.
2 무는 껍질째 씻어 4cm 길이로 곱게 채썬 다음 얼음물에 담가 놓는다.
3 비트도 무와 같은 굵기로 채썰고 무순은 잡티를 골라내 씻어 건진다. 땅콩은 굵게 다진다.
4 분량의 재료를 고루 섞어 드레싱을 만든다.
5 접시에 미역과 무, 비트, 무순을 섞어 담고 드레싱을 듬뿍 끼얹은 다음 땅콩을 뿌린다.